한국농업사학회 연구총서 ❶

조선시대 농업사 연구

한국농업사학회 편

국학자료원

국립중앙도서관 출판시도서목록(CIP)

조선시대 농업사 연구 / 한국농업사학회 편. -- 서울 : 국학자료원,
2003
  p. ;   cm. -- (한국농업사학회 연구총서 ; 1)

색인수록
ISBN 89-541-0062-7 93520

520.911-KDC4
630.9519-DDC21   CIP2003000575

한국농업사학회 연구총서 ❶
조선시대 농업사 연구

한국농업사학회 연구총서 발간사

　한국농업사학회에서 한국 농업사 연구사상 처음으로 『연구총서』를 발간하게 되었음을 기쁜 마음에서 진심으로 축하하는 바입니다.
　우리 나라에 있어 농업사는 농업기술, 농업경제, 농촌사회의 과거를 밝힘으로써 앞날에 대비하는 중요한 학문일 뿐 아니라 인접학문이나 국학연구에 매우 중요한 학문임에도 불구하고 그 동안 이 분야 연구가 활발하게 이루어지지 못하였던 게 사실이었습니다.
　그와 같은 원인은 이 분야 연구의 기초자료가 대부분 이해하기 어려운 한문으로 되어있을 뿐 아니라, 연구결과를 평가하고 이용하는 학술교류의 광장이 마련되어 있지 않았기 때문이었습니다.
　그러나 다행히도 2001년을 기하여 한국농업사학회가 발족되면서, 그 사이 4회의 「국내학술세미나」와 2회의 「국제세미나」를 가진 바 있고, 2회에 걸친 「동아시아농업사학회」에 여러 명의 국내학자들이 참가함으로써 사학(斯學) 발전의 기틀이 마련되어 가고 있습니다.
　이에 한국농업사학회는 이를 바탕으로 그 동안의 연구성과를 종설(綜說) 형식으로 엮어 이에 『연구총서』를 발간하게 되었습니다.

때늦은 감은 있으나 모처럼 마련된 이 연구총서가 계속 속간되어 연구자들에게 분발의 기회가 되기를 바라마지 않습니다.

이 연구총서를 통해 한층 높은 농업사 연구를 고대하면서 삼가 이로써 발간사에 가름하고자 합니다.

2003. 5
한국농업사학회 명예회장
김 영 진

농업사 연구에 신바람을…

　우리 농업사 연구는 몇몇 선구자들의 연구 성과를 기반으로 출발하였다. 식민지 시대의 유산이었던 조선사회정체론에 맞서 조선시대의 주요 산업이었던 농업에서부터 새로운 사회경제적 변혁이 일어났음을 밝혀낸 지도 벌써 30여 년의 세월이 흘렀다. 그러나 여전히 많은 논자들은 조선시대 사람들이 무엇을 먹었고 무슨 옷을 입었으며, 그리고 어디에 살았는지조차 제대로 모르면서 역사를 논하여 왔다.

　그 때문에 조선시대 농업생산에서 식품소비, 나아가 조선시대 사람들의 일상생활과 재해와 질병에 이르는 광범위한 참모습은 오랫동안 역사의 뒤안길에 가려질 수밖에 없었다. 그 결과 우리가 알고 있는 조선시대 사회경제사는 그 시대를 진실하게 살았던 사람들의 삶과 생활이 빠져버린 엉뚱한 내용으로 채워지게 되었다.

　최근 들어 눈이 맑은 몇몇 농업사학자들 사이에서 새로운 연구 경향이 싹트기 시작했다. 새로운 경향은 낡은 관념론적인 역사관을 넘어 전근대 농업에서 어떻게 근대사회를 준비하는 물질생활의 기초가 나타났는지를 밝혀내는 일에서 출발하였다. 그들은 '왜', '아니'라는 정당한 의문에 답하기 위해서는 무엇보다 우리 나라 사회경제사에 기초가 되는 우리 농서(農書)들을 정독하고, 그 깊이와 의미를 파악하는 일이 무엇보다 필요하다는 데 뜻을 같이하였다. 그들은 절실한 필요성에도 불구하고, 난해한 한문 독해의 어려움과 종합 과학적 탐구의 어려움 때문에 오랫동안 외면되어 온 우리 농서를 향한 탐험을, 선진국 학자들의 사례를 본받아 차근차근 진행해 왔다. 이제 우리는 조선시대 사람들의 역사적 실체를 '삶의 질'이란 관점에서 미시적으로 복원하려는 작업을 계속해야만 한다. 그리하여 동아시아 농업사에 대한 연구는 서구적 잣대가 아니라 동아시아인 스스로에 의해, 바로 그 내부에서부터 보다 정밀하게 요구되지 않으면 안 될 것이다.

사실 오래 전부터 동아시아 농업사에 주목해 온 사람들은 바로 서구의 학자들이었다. 근래 이 대열에 일본인 학자들이 뛰어들었지만, 이제 동아시아 농업사 연구는 우리들의 몫이다. 왜냐 하면, 동아시아 농업사의 세계는 인문·사회·자연 과학이 종합된 역사와 지혜의 타임 머신이며, 그 속살은 동아시아인 스스로에 의해서만 밝혀질 수 있기 때문이다. 따라서 이를 무시한 채 요즘 입버릇처럼 회자되는 동아시아 발전의 역동성 논의는 "숲에 가서 물고기를 잡으려는 것"과 다를 바 없다.

최근 들어 그 임무는 지난 2001년 12월 21일에 서둘러 발족한 '한국농업사학회'에 넘겨지게 되었다. 그간 세계적인 농업사 열풍에도 불구하고 쇄국정책(?)으로만 일관해 왔던 우리의 학문 풍토에서 이만한 전문학회가 발족하게 된 것은 2001년 11월말 중국 북경에서 열린 제1회 '동아시아농업사학회' 때문이었다. 이 학회는 지난 2002년 5일 29일 일본 오사카 대학에서 제2회 학회를 속개하였는데, 2003년 8월 26일부터는 '한국농업사학회'가 이를 앞장서서 주관할 예정이다. 사실 한국의 농업사학자들은 2001년의 북경학회(2001. 11 .28~12 .2, 중국 북경 중국농업박물관)와 2002년의 오사카학회(2002. 5. 29~6. 3, 일본 오사카경제대학)에 적극 참여하여 논문을 발표하였다. 이 두 차례 학회에서 내건 커다란 연구주제는 "동아시아 농업의 전통과 변화"였으며, 그 밖에 "서양농학의 도입과 수용"이란 작은 주제도 함께 마련되었다.

　이 책은 한국농업사학회가 지난 두 차례에 걸쳐 한국인 연구자들이 동아시아농업사학회에서 발표한 연구논문들을 저자들의 협조를 얻어 다시 수집·정리한 결과이다. 먼저 제1장은 김영진(한국농업사학회 명예회장)이 개화기의 서양농학 도입문제를 최초로 제기한 것이다. 이 글은 오사카 학회에서 발표되었는데, 중국 및 일본의 사례와 견주어 한국에 있어 서양농학 도입문제를 본격적으로 다룬 연구성과로 평가된다. 제2장과 제3장은 모두 조선후기 벼농사의 발전방향을 규명한 논문들로서 북경학회에서 발표되었다. 제2장은 이호철(경북대 교수)이 조선후기 수도품종의 분화·발전을 기반으로 전근대 벼농사의 발전방향을 밝힌 것이며, 제3장은 김영진이 17세기 농서의 수도작 기술체계를 밝힘으로써 우리 농법의 특성을 집중·분석한 내용이다. 제4장과 제5장은 박근필(경북대 강사)이 두 학회에서 각각 소빙기적 기후현상을 보였던 17세기 농업을 집중 분석한 것이다. 특히 제4장은 『병자일기』를 통해 당시의 기후와 농업 문제를 분석한 글이며, 제5장은 『조선왕조실록』을 통해 17세기 전반의 농업기후를 분석한 글이다.

　한편, 제6장과 제7장은 15세기에 세계 최초로 등장하였던 조선시대 온실의 존재형태를 분석한 것이다. 먼저 제6장은 이호철이 오사카 학회에서 『산가요록(山家要錄)』의 '동절양채(冬節養菜)' 항을 분석하여, 이를 통해 조선전기의 채소농법을 밝힌 내용이다. 특히 이는 서양 최초의 온실인 독일의 하이델베르그 온실(1619)보다 무려 169년 앞선 15세기의 한국에서 지중가온 방식의 온실이 실존하였음을 증명한 최초의 글이다. 끝으로 제7장은 김용원(계명문화대 교수)이 최근 그와 같은 15세기의 온실을 『산가요록』에 기록된 대로 정성껏 복원하여 시험 가동한 결과를 정리한 것이다. 여기에는 과연 이 시설을 이용하여 채소재배가 가능하였는지를 규명한 시험 데이터가 4장의 사진자료와 함께 정리되어 있다. 끝으로 제 8장은 이호철이 조선전기 농경기술의 발달과정을 농서분석을 통해 체계적으로 제시한 글이다. 이는 오사카시 문화재협회가 주최한 '한일 초기 농업—관련 학문과 고고학의 시도'를 주제로 한 국제심포지움(2003. 2. 8)에서 발표된 바 있다.

이와 같이 이 책은 서양농학의 도입 과정에서 조선후기 벼농사법의 구조, 소빙기적 기후현상과 농업, 그리고 세계 최초의 온실이 우리 나라에서 등장하게 된 경위와 그 과학성에 관한 글들을 모두 8장에 걸쳐 담고 있다. 물론 이 책은 동아시아농업사학회에서 발표된 모든 논문들을 실은 것은 아니다. 그렇지만 책의 제목에서 알 수 있듯이, 아마 독자들은 이 책을 통하여 최근 나타나고 있는 우리 나라 농업사 연구의 신바람을 이해할 수 있을 것이다. 이처럼 조선시대 농업사야말로 기존의 서구적 발전사관으로는 결코 닿을 수 없는, 우리 자연과 인간의 역사를 하나로 아우르는 새 분야이다. 우리의 눈으로, 우리의 손으로 쓰는 우리의 농업사를 우리는 이제 익혀나가야 할 때이다.

조선시대 사람들은 과연 무엇을 먹었고 어떻게 농사를 짓고 살았을까? 그리고 이 물음은 WTO 시대를 사는 우리들에게 어떤 의미를 가질까? 지난날 우리는 농업사를 어떻게 취급해 왔으며, 이에 대한 인식 전환 없이 녹색의 미래 건설은 가능할까? 분명한 사실은 새로운 21세기는 우리의 지난 50년처럼 서두르지 않고, 자연과 인간에 바탕을 둔 동양의 슬기를 밑그림으로 삼을 때 비로소 가능하다는 점이다. 그런 점에서 농업사에만 유독 각박하였던 우리의 학문 풍토 속에서 고군분투 우리 농업사를 본 궤도에 올린 한국농업사학회와 회원 여러분의 노력은 분명 의미를 갖는다고 하겠다.

끝으로 온갖 어려움 속에서 『한국농업사학회 연구총서』 간행에 도움을 주신 국학자료원 정찬용 사장님과 관계자 여러분의 노고에 가슴 깊이 감사의 말씀을 건네는 바이다.

2003. 4.
한국농업사학회 회장
이호철

목 차

한국농업사학회 연구총서 발간사	5
농업사 연구에 신바람을…	7

제1장 │ 개화기 한국의 구미 농학 수용

1. 머리말	13
2. 구미 농학의 수용	14
3. 농사시험 연구	19
4. 구미농학교육	23
5. 맺음말	27

제2장 │ 조선후기 농서의 수도품종 분석

1. 머리말	29
2. 조선후기 수도품종 분화의 전개	32
3. 재배법 변화에 따른 수도품종 분화와 그 이용방식	38
4. 파종기와 이앙기의 분화 및 변화	43
5. 새로운 우량 수도품종의 보급론 및 수입론	49
6. 일제의 조선도종 평가	54
7. 맺음말	56

제3장 │ 17세기 수도재배의 기술체계

1. 머리말	61
2. 17세기 수도작의 기술체계	62
3. 17세기 수도재배기술의 개선	78
4. 맺음말	82

제4장 │ 『병자일기』의 기후와 농업

1. 머리말	89
2. 『병자일기』의 기후와 농업	93
3. 『병자일기』의 농업 생산력	102
4. 『병자일기』의 생산 관계와 그 성격	112
5. 맺음말	118

제5장 | 17세기 조선의 기후와 농업

1. 머리말 123
2. 17세기 기후에 관한 연구사 126
3. 17세기 조선의 기후와 농업 140
4. 맺음말 160

제6장 | 『산가요록』의 채소 기술과 '동절양채'

1. 『산가요록』 발굴의 의의 163
2. 조선 전기 농서 가운데서 『산가요록』의 위치 167
3. 『산가요록』과 조선 전기의 채소 기술 172
4. 조선 전기의 온돌과 농업기술 191
5. '동절양채' 농법의 존재 형태 196
6. 맺음말 205

제7장 | 복원된 조선초기 온실의 실증적 고찰

1. 머리말 209
2. 난방 온실의 역사와 우리 나라 온실 211
3. 복원된 15세기 온실의 실증재배 212
4. 맺음말 221

제8장 | 조선전기 농경기술의 전개

1. 머리말 223
2. 조선전기의 농업환경과 그 성격 225
3. 조선전기 농업생산력의 발달 234
4. 맺음말 251

색인 255
한국농업사학회 원고투고 규정 285
한국농업사학회 회칙 292
한국농업사학회 연혁 295

제1장 | 개화기 한국의 구미 농학 수용

김영진
한국농업사학회 명예회장

1. 머리말

19세기말 한국의 정치는 조선후기 사회가 지향해 온 내수외양(內修外攘) 정책을 충실하게 계승하여 왔으나, 1876년에 일본과 병자수호조약[1])을 맺으면서 1882년의 한미수호통상조약, 1883년의 한·영 및 한·독, 1884년의 한·러시아 및 한·이태리, 1886년의 한·불, 1892년의 한·오스트리아, 1902년의 한·벨기에 및 한·덴마크 등 세계열강 등과 잇따라 수호조약을 맺고 문호를 개방하게 되었다.

이 시기(1876~1910)를 개화기라고 하자. 개화란 주역의 '개물성무 화민성속(開物成務 化民成俗)'에서 한 자씩을 취한 용어이다. 개화란 서양의 과학기술을 도입하여 국가를 부강하게 하자는 자강정책을 뜻하며, 동도서기

---

1) 丙子修好條約; 우리 나라와 日本間에 締結된 條約으로 一名 江華島條約이라고도 함. 1875年 8月 日本軍艦 雲揚號가 江華島 草芝鎭을 砲擊하자 이의 平和的 解決을 口實로 1876年 黑田淸隆을 全權大使로, 井上馨을 副使로하는 一行이 8隻의 軍艦과 더불어 江華島에 나타나 修好條約締結을 要請, 이에 韓國政府는 ① 世界大勢가 開國해야할 客觀的 條件의 成熟, ② 日本軍의 强力한 武力示威, ③ 鎖國은 執權閔氏派의 失脚과 大院君의 得勢를 가져오고, ④ 淸國도 開國을 贊成한다는 등의 理由로 申櫶을 接見大官으로, 尹滋承을 副官으로하여 全文 12條의 不平等條約을 日本과 締結.

(東道西器)로 요약할 수 있다. 이는 중국의 중체서용(中體西用)이나 일본의 화혼양재(和魂洋才)와 같은 의미이다.

이러한 개화업무를 담당하기 위해 청나라를 본 떠 1880년에 정부기구로 통리기무아문을 설치하였고, 1882년에는 대내문제를 전담하는 통리군국사무아문2)과 대외문제를 전담하는 통리교섭통상사무아문3) 등이 발족하였다. 당시의 통리군국사무아문 밑에 농상사(農桑司)가 있었는데, 1894년의 갑오개혁 때 이는 농상아문(農商衙門)으로 발족되었고, 1895년 3월 칙령 48호로 공무아문을 합쳐 농상공부(農商工部)로 개칭되어 개화기의 농정업무를 전담하였다.

2. 구미 농학의 수용

한국의 농학은 전통적으로 중국 농학의 수용과 이를 바탕으로 한 국내기술의 독자적 발달이 주된 것이었으나, 개화기 대내외 정세의 변동에 따라 중견관료들에 의해 구미 농학을 수용하게 된 것이다.

그 첫째는 1881년 일본에 파견된 신사유람단4)에 의한 구미 농학 수용이었고, 둘째는 1883년 미국에 파견된 보빙사(報聘使) 일행에 의한 농사시험

---

2) 統理軍國事務衙門; 1882年에 設置한 韓末의 官廳. 1880年에 淸나라 制度를 본떠 新設하였던 統理機務衙門을 內務와 外務로 가를 때 內務衙門이라 하였다가 다시 統理軍國事務衙門이라 稱함. 그 밑에 農桑司 等 七司가 있었음.
3) 統理交涉通商事務衙門; 1882年 對外通商事務를 主管하였던 官廳. 督辦, 協辦 등의 官員中 協辦은 獨逸人 P.G. Von Möllendort. 그 밑에 四司를 두었다가 1885年 4月 25日 議政府에 모든 業務를 移管.
4) 紳士遊覽團; 日本에 派遣된 視察團. 韓日修好條約後 金綺秀, 金弘集 등의 1~2次 修信使가 日本을 다녀와 歐美의 技術的 成果를 받아들인 日本의 文物을 배워야한다고 主張함에 1881年 4月 10日부터 7月 2日까지 紳士遊覽團이 다시 日本을 다녀옴. 團員은 朴定陽, 嚴世永, 趙秉稷, 魚允中, 洪英植 등 12名이며, 隨行員, 通事, 從人 등 모두 62名. 이들은 非公式的으로 各自 서울을 出發하여 東萊에 가서 合流. 그들은 日本의 文物을 보고 돌아와 「視察記類」와 「聞見事件」이라는 100餘册의 報告書를 政府에 提出.

연구의 수용이었다.

일본과의 수호조약이후 제 1차로 김기수(金綺修) 일행(1876), 제 2차로 김홍집(金弘集) 일행(1880)의 수신사가 일본을 다녀왔으나 3차로 일본을 방문한 신사유람단은 이들과는 달리 당초 비공식적 방문이었다. 그들은 1881년에 박정양(朴定陽) 등 12명의 조사와 조사마다 수행원 2명, 통사, 종인 각 1명 등 모두 62명의 시찰단이 4월 10일부터 윤7월 2일까지 일본에 가서 일본의 문물을 시찰하고 돌아왔다.

그들은 1868년 명치유신 이후 일본이 이룩한 근대문명의 성과를 알아보고자 한 것이며, 이 시찰단은 돌아와『시찰기류(視察記類)』와『문견사건(聞見事件)』이라는 100여책의 보고서를 제출하였다. 이 때 조사 중 한 명인 조병직(세관조사)의 수행원이었던 안종수[5]는 일본에서 쓰다센(津田仙)[6]을 만나 구미 농학을 배우고 몇 권의『일본농서(日本農書)』와『농업삼사(農業三事)』라는 신농서를 구해오게 되었다.

일본농서는 사토 노부카게(佐藤信景)가 쓴『토성변(土性辨)』, 사토 노부

---

[5] 安宗洙(1849~1896); 廣州安氏. 1881年 紳士遊覽團員 趙秉稷의 隨行員으로 日本에 갔을 때, 日本의 新進農學者 津田仙으로부터 歐美農學의 內容을 배우고 몇 卷의 冊을 求해와 이를 基礎로 그해 12月 最初의 歐美式 農書 「農政新編」을 編纂. 甲申政變後 1885年 4月 日本留學生 20名中 17名이 歸國을 하지 않고 逃亡함에 이들을 懷柔시키러 日本에 갔다가 虛行하고 돌아옴. 1885年 7月 統理交涉通商事務衙門의 主事. 甲申政變에는 不參하였으나 그 餘黨으로 몰려 1886年 4月 海美馬島로 定配. 1894年 甲午更張때 석방되어 地方官이 됨. 1896年 2月 羅州參書로 있다가 俄舘播遷과 閔妃弑害로 성난 군중에게 맞아 죽음.

[6] 쓰다센(津田仙)(1837~1908); 日本의 蘭學 및 農學者. 1871.12.23~1873.9.3까지 岩倉具視을 따라 歐美文物을 視察하고 歐美回覽記라는 報告書를 쓴 日本의 開化派 人物. 1873年 오스트리아 비엔나에서 開催된 萬國博覽會에 日本의 事務官으로 參加하여 和蘭의 農學者 Daniel Hooibrenk를 만나 歐美農學을 배우고 돌아와 1874年「農業三事」라는 新農書를 씀. 그는 學農社(1876~1891)라는 農學校를 設立 運營하고 農業雜誌(1876~1920)도 發行한 사람. 1881年 安宗洙에게 「農業三事」라는 그의 著書를 주었고, 1883年 品種未詳의 사과苗木과 벚꽃苗木 各 45本을 仁川의 日本領事館에 寄贈하였다고 전해지며, 이때 日本에 있던 美國人 李仙得(Chales W. Legendre)과 더불어 借款問題로 1個月가량 韓國에 滯在함. 李仙得은 日本外務省에서 일하다 1890年 2月 政府招請으로 協辦, 內務府事로 일하다 韓國에서 죽음.

스에(佐藤信季)가 쓴『배양비록(培養秘錄)』, 사토 노부유키(佐藤信行)가 지은『십자호분배예(十字號糞培例)』, 사토 노부후치(佐藤信淵)의『육부경종법(六部耕種法)』, 그리고 중국 호병추(胡秉樞)가 원작하고 타케조에(竹添光鴻)가 일본어로 번역하여 1877년에 출판된『다무첨재(茶務僉載)』등이었다. 또『농업삼사(農業三事)』는 쓰다센(津田仙)이 저술한 것으로 그 내용은 1873년 Austria Vienna에서 개최된 만국박람회에서 네덜란드의 농학자 Daniel Hooibrenk(荷衣白蓮)로부터 배운 농업의 세 가지 일, 곧 수분매조(授粉媒助)와 배수통(排水筒) 그리고 도장지(徒長枝)의 언곡(偃曲)을 내용으로 하는 것들이었다.

당시 33세였던 안종수는 돌아와 이들 농서를 중심으로 5개월간의 노력 끝에 1881년 12월 4권 4책의 새로운 농서를 엮고『농정신편(農政新編)[7]』이라 이름하였다.

그 내용을 보면 많은 부분이 일본과 중국농서를 초록한 것이지만 첫째로 서두 22쪽에 도맥의 화기도해(花器圖解), 도전매조도(稻田媒助圖), Russia·Poland·Italy의 농기구, 온도계 등의 모형도가 소개되었고, 둘째로 토성토질론에서 포타시움(剝篤亞斯), 소다(曹達), 마그네슘(麻屈涅矢亞), 산화철(酸化鐵), 산화망강(酸化滿庵), 유산(硫酸), 인산(燐酸), 크로르(格魯兒) 등 최초의 화학용어가 등장하였으며, 셋째로 식물생리, 배수술과 배수통, 경종교대법(Crop Rotation), 수분매조법 풀이, 넷째로 프랑스(佛國), 폴란드(波甸國), 백러시아국(簿露尼亞國), 노르웨이(魯國) 등의 농법

---

[7]『農政新編』; 安宗洙가 1881年 12月에 完成하고, 1885年 여름 廣印社에서 新式活字로 印刊된 4卷, 143面, 純漢文의 歐美 農學書. 申箕善序, 安宗洙, 李祖淵의 跋文이 있음. 日本 佐藤家 著述의 여러 農書, 竹添光鴻이 飜譯한 中國 胡秉秋의「茶務僉載」, 津田仙의「農業三事」등을 參考하여 編纂하였음. 第1卷에 土壤, 草木性質, 培養發端, 耕種交代, 第2卷에 肥料, 第3卷~4卷에 6部 耕種法 등을 풀이하고 있으며, 그 內容풀이에 化學用語, 授粉媒助 등 歐美農學이 풀이되고, 서두에 顯微鏡으로 본 花器圖解 등이 갖추어져 있음. 1905年에 再版되고 1931年에 한글로 飜譯 出版되었다.

을 간간이 소개하고 있었다.

이런 면에서 이 농서는 한국 최초의 구미농서라 할 수 있다. 그러나 이 농서는 곧장 인쇄되지 못한 채 무려 3년 반이나 끌다가 신기선(申箕善), 지석영(池錫永)8) 등의 건의로 1885년 여름에야 400부가 인쇄 간행되어 배포되었다. 그 까닭은 이 책이 이교 문화의 산물이므로 이 책을 뒤이어 서양의 사교 침입이 있지 않을까 우려한 때문으로 믿어진다. 이 책은 1905년에 4권1책으로 재판되었고, 1931년에는 일제 조선총독부에서 한글로 번역된 『농정신편(農政新編)』이 간행되기도 하였다.

뒤이어 1886년에는 정병하(鄭秉夏)9)가 국한문혼용으로 3권1책의 『농정촬요(農政撮要)10)』를 엮었는데, 이 역시 배수통 설치와 양맥교혼법(兩麥交婚法)을 풀이하였다는 면에서 구미 농법을 수용하였다고 할 수 있다. 또 1888년에는 지석영(池錫永)이 『중맥설(重麥說)11)』을 저술하였는데 그 내

---

8) 池錫永(1855~1935); 醫師이며 文臣으로 中人집안에 태어나 英國人 E.Jenner의 種痘法에 觀心을 두고 1879년 日本 海軍이 세운 釜山의 濟生醫院에 가서 松前讓院長 等으로부터 牛痘法을 배워 忠州에서 첫 施術을 하였으며, 1880년 第2次 修信使 金弘集을 따라 日本에 가서 種痘技術을 배워왔다. 1883년 文科에 登第되어 典籍, 持平 等을 歷任하였으며, 1885년 「牛痘新說」을 지었다. 1887년 康津 新智島에 流配되어 있을때 『重麥說』이란 新農書를 지었으며, 1892년 풀려나 1894년 甲午改革이후 刑曹參議, 承旨와 東萊府使를 치렀고, 1899년 醫學校가 設立되자 初代校長이 되어 1910년대까지 活躍하였다.
9) 鄭秉夏(1849~1896); 1881년 通商事務衙門의 官吏로 鑛山, 造幣, 製鐵, 皮革 等에 關聯된 機械購入次 日本의 大阪에 다녀왔다. 1886년 『農政撮要』라는 國漢文混用의 新農書를 엮었다. 1886년 主事, 1888년에는 密陽府事, 1889년에는 協辦이 되었다. 1895년 農商工部協辦, 大臣署理를 거쳤으나 俄館播遷後 親露派 內閣이 들어서자 逆賊으로 指目되어 李完用의 心腹 總巡 蘇興文에게 警武廳 돌다리에서 被殺되어 鐘路에 버려졌다. 이 屍身은 군중들이 돌로 치고 四肢까지 찢겼다.
10) 農政撮要; 鄭秉夏가 1886년에 編撰한 國漢文 混用의 新農書. 모두 3卷1冊. 李建初의 校로되어 있다. 上卷에는 農業의 大義, 12個月의 行事, 中卷에는 天時, 肥料, 土壤, 下卷에는 空氣, 地氣, 利水, 田畓尺度, 農器, 選種, 水稻, 陸稻, 麥類, 薯類 等의 栽培法이 풀이되었다.
11) 『重麥說』; 池錫永이 1888년에 編纂한 純漢文의 麥類栽培法과 끝에 圈養鷄法이 收錄된 15張1冊의 新農書. 그 要目은 總論, 空氣, 治田, 名品, 性能, 擇種, 種藝, 土宜, 肥料, 鉏耘, 偃媒, 培養, 刈穫, 肥地 等을 歐美 農學의 觀點에서 다룬 책

용은 맥류 재배와 양계법에 관한 것이나 구미 농학의 내용이 담겨져 있다.

그 후 종래의 경험적 농학서의 편찬은 사라진 채『잠상촬요(蠶桑撮要, 李祐珪, 1884)』,『잠상집요(蠶桑輯要, 이희규 언초, 1886)』,『농담(農談, 李淙遠, 1895)』,『양계법촬요(養鷄法撮要, 1898)』,『마학교정(馬學敎程, 1900 前後)』,『인공양잠감(人工養蠶鑑, 橫田勝三著, 徐相勉, 1901)』,『잠상실험설(蠶桑實驗說, 松永伍作著, 申海永譯, 1901)』,『재상전서(栽桑全書, 長沼辨次郎著, 玄公廉譯, 1905)』,『농학입문(農學入門, 羅琬, 1908)』,『농방신편(農方新編, 中城著, 李覺鍾抄譯, 1908)』,『양잠실험설(養蠶實驗說, 土屋泰口演, 李錫烈譯, 1908)』,『양계신론(養鷄新論, 井上正賀, 鮮于叡譯, 1908)』,『가정양계신편(家庭養鷄新編, 申奎植, 1908)』,『농업신론(農業新論, 權輔相, 1908)』,『접목신법(接木新法, 張志淵, 1909)』,『과수재배법(果樹栽培法, 金鎭初, 1909)』,『삼림학(森林學, 奧田, 義進社, 1909)』,『소채재배전서(蔬菜栽培全書, 張志淵, 1909)』,『잠업대요(蠶業大要, 文錫琬, 1909)』,『가축사육학(家畜飼育學, 1909)』,『가축사양학(家畜飼養學, 1909)』,『응용비료학(應用肥料學, 河村九洞 難波五百磨著, 金達鉉抄, 1910)』등 구미의 신농학서가 간행되었다.

이 농서들의 특징은 잠서가 3분의 1이나 되고 대부분 1900년 이후의 것이며, 모두가 일본농서의 번역이나 초록서들이라는 것이다. 잠서가 많다는 것은 이 시기 일본의 잠업 진흥과 이에 따른 견사 수출에 영향을 받은 것이며, 1890~1900년간의 저술이 적다는 것은 동학란[12], 을미사변[13], 갑오개

---

12) 東學亂; 1894年 東學黨이 主動이 되어 일으킨 農民戰爭. 當時 當百錢의 通用은 財政의 窮乏을 가져왔고 願納錢은 官吏의 賣官賣職과 稅制의 紊亂을 가져왔다. 開港以後 日本의 掠奪貿易과 雜稅 등으로 社會的 混亂이 겹치자 農民들은 兩班階級과 外國勢力에 對한 抵抗으로 東學을 支持하게 되었다. 1893年 5月 貪官汚吏의 懲討와 斥倭洋倡義를 標榜하며 政治運動化 하였으나, 直接的 動機는 古阜郡守 趙秉甲의 虐政이었다. 東學農民들은 水稅를 걷어 私腹을 채운 萬石洑를 打破하면서 湖南一帶를 掌握하고 三政의 紊亂是正 등 30個 要求條件을 提示하며 밖으로는 斥倭, 안으로는 兩班中心의 封建體制를 相對로 싸웠다. 그러나 官軍과 日本軍의 鎭壓으로 끝내 失敗하고 말았다.

혁(1994)[14] 등 정치적 혼란기였기 때문이다. 일본농서의 번역본이 많다는 것은 우리보다 한발 앞서 구미 농학을 수용한 일본 농학을 재수용하게 되었던 정치·문화 교체기의 불가피한 특징으로 풀이된다.

3. 농사시험 연구

1882년 미국과의 한미수호통상조약이 체결되고 이 조약에 따라 서울에 미국공사관이 설치되었으며, 초대공사로 Lucius. H. Foote가 부임하자 한국은 그 답례로 최초의 견미외교사절(遣美外交使節)을 미국에 보내게 되었다. 그 사절을 보빙사(報聘使)라 하였으며 전권대신으로 고종비(민씨)의 조카가 되는 24세의 민영익, 부대신으로 28세의 홍영식, 종사관으로 25세의 서광범, 28세의 유길준, 23세의 변수, 그 밖에 고영철, 현흥택, 훈련원 주부 최경석[15] 등 8명과 통역으로 Percival Lowell[16]과 일인, 중국인 각 1명 등

---

13) 乙未事變; 1895年 日本公使 三浦梧樓가 親露勢力을 除去하기 위해 閔妃를 弑害한 事件. 三國(中, 日, 露)干涉以來 日本의 國際的 地位가 떨어지고 親露派의 進出이 顯著해지자 日本은 大院君을 再推戴하고 閔妃一派와 親中, 親露派를 除去코자 景福宮에 侵入, 閔妃를 弑害하고 親日派中心의 第四次 內閣을 構成하였다.
14) 甲午改革; 1894年 從來의 制度를 近代式으로 改革한 것. 官制는 議政府와 宮內府로 兩分하고 議政府 밑에 內務, 度支, 農商 등 8個衙門 設置. 淸國과의 條約廢止, 開國紀元使用, 身分制階級打破, 人材登用, 文尊武卑廢止, 服制改定, 奴婢制廢止, 早婚禁止, 再嫁許容, 養子法改定, 通貨整理, 金納制實施, 度量衡統一, 銀行과 會社의 設立 등이 主要骨子이다.
15) 崔景錫(?~1886); 號는 微山. 1883年 5月 訓練院 注簿로서 그해 6月 遣美使節團(報聘使)의 從事官으로 任命되면서 從二品의 嘉善大夫의 品階도 받았다. 美國을 訪問, 보스턴의 Walcott 示範農場과 博覽會를 觀覽하고 韓國農業을 改良하기 爲해서는 農事試驗場의 設置가 必要하다고 認識. 그곳에서 種子, 種畜, 農器具 등을 注文하고 그해 12月 歸國하였다. 1884年初 訓練院 僉正의 身分으로 王으로부터 땅을 下賜받아 農務牧畜試驗場을 設置, 運營하다가 1886年 봄 갑자기 病死하였다.
16) Percival Lowell(1855~1918); 1878年 하버드大學 卒. 日本에 와있던 東京大 敎授 Edword Sylvester Mores(1838~1925)를 따라 日本에 와 日本語를 익혀 1883年 報聘使一行의 通譯을 擔當. 1885年까지 韓國에 있다가 美國으로 돌아가 1888年「Chosen The Land of Morning Calm」이란 冊을 써 韓國을 美國에 紹介하였다.

모두 11명의 젊은 사절이었다.

이들은 1883년 6월에 한국을 떠나 9월 2일 미국 San Francisco를 거쳐 기차로 9월 15일 Washington에 도착, 9월 18일 Chester A. Arther 대통령에게 국서를 전달하고 공식일정을 마쳤다.

일행은 9월 19일 Boston에 도착하여 20일 퇴역대령인 J. W. Walcott가 경영하는 시범농장(Walcott Model Farm)을 시찰하게 되었다. 당시 그 지역 신문에 보도된 바에 의하면 사절 일행은 온실 재배에 큰 관심을 보였을 뿐 아니라 조사료를 저장하는 Silo에 대해서도 감명을 받았다고 한다. 특히, 최경석이 농사기술에 특별한 관심이 있었다고 보도되어 있다.

그들은 마침 Boston에서 개최중인 박람회를 참관하고 미국 국무장관 F.T. Frelinghuysen을 만나 종자, 종축, 농기구의 지원과 우수한 농업기술자의 파견을 요청하였다. 한국에 농사시험장을 설치코자 함이었다. 미국의 농사시험장은 1875년에 Connecticut에 최초로 설립되었으나 Washington 인근에는 이 무렵 설치되지 않았다. 다만 1887년에 「농사시험법(農事試驗法, Hatch Experiment Act)」이 제정된 것으로 보아 보빙사 일행은 미국 현지에서 농사시험장의 필요성을 충분히 설명들었을 것이다. 최경석은 구라파를 경유, 세계일주 여행을 하는 일행과 떨어져 곧장 귀국하여 고종께 농사시험장의 필요성을 역설하였다.

이리하여 고종의 지원으로 1884년에 남대문 밖에 신설된 것이 한국 최초의 농무목축시험장(農務牧畜試驗場)17)이며 최경석이 초대 장장이 되었다. 최경석이 미국에서 요청하였던 종자, 농기구 등 18개 포장물은 우리 나라

---

17) 農務牧畜試驗場; 1884年 崔景錫이 王으로부터 土地를 下賜받아 設立한 農事試驗場으로 初代 場長은 崔景錫이었음. 그 位置는 忘憂里 一帶라는 說(李光麟)이 있으나 1886年 2月 15日 漢城周報에는 南大門밖으로 되어 있음. 이때 美國에서 80餘種, 345品種의 農作物 種子(Celery 등 포함)와 乳牛(Jersey) 2頭, 種馬 3頭, 種豚 8頭, 農器具 等이 導入됨. 1886年 崔景錫이 病死하고 1887年에 赴任한 英國人 技師 R.Jaffray마저 病死하자 農桑司로 移管되었다가 1894年 甲午改革때 種牧局으로 名稱이 變更되어 農商衙門에 所屬됨.

명예총영사로 임명된 Evert Frager(厚禮節)[18]의 수고로 1884년 초에 도착되어 그 해부터 시험 재배에 들어갔다. 다음해 도입된 종축은 유우(Jersey) 2두, 종마 3두, 조랑말(Shetland) 3두, 종돈 8두 등으로 모두 80여종 345품종이었으며, Celery, Beet, Cabbage, Kale 등의 서양 채소가 이 때 처음으로 도입되었다. 이때 타작기, 예취기, 저울 등 18종의 농기구도 들어왔다.

이 시험장은 고종의 특별 지원으로 활기차게 일하여 당년에 채종된 종자를 전국 305개 군현에 배부하였다고 한다. 그러나 1886년 장장이 갑자기 병사하자 그 해 8월 명칭도 농목국으로 바뀌었고, 그 뒤를 이어 1887년 9월 1일에 부임하여 농목국을 운영하던 영국인 기사 R.Jaffray마저 1888년 병사하자 책임자가 없던 이 시험장은 발족 5년만에 농상사로 이관되었다가 1894년 갑오개혁때 종목국으로 명칭이 바뀌어 농상아문에 소속되었다.

그 후 갑오개혁 등 정치적 혼란 속에서 농사시험 연구는 답보상태였으나 개화파 관료들은 상공업 천시에서 벗어나 권력 유지의 필요성을 느낀 집권층과 함께 자주역량을 키우기 위해서는 제조 산업을 일으켜야 한다는 공감대가 형성되어 다시 일본을 모델로 잠업에 관심을 갖게 되었다.

1900년에는 농상공부 잠업과에서 서울 필동에 잠업시험장을 설치하여 잠업기술 연구와 기술교육을 병행하다가 1904년 잠상시험장으로 개칭되고, 1905년에는 이 시험장이 광흥창 자리인 서울 마포의 서강으로 옮겼다가 1906년에는 또다시 용산의 전환국 자리로 옮겼으며, 1907년에는 수원에 있던 권업모범장의 잠사부가 되었다.

1902년에는 농상공부 프랑스인 기사 쇼오트씨에 의해 신촌역 부근에 「모범목장(模範牧場)」이 개설되었다. 유우 20여두, 돈, 면양 등을 시험 사육하였으며, 시설은 최신 설비를 갖추었으나 시험축은 우역과 돈역으로 모두 폐사하였다고 한다.

---

[18] Evert Frager(厚禮節); 美國의 電氣會社長으로 우리 나라 名譽總領事. 農務牧畜 試驗場에 種子, 種畜, 農器具 등을 보내는데 도움을 주었음. 1887年 景福宮에 처음으로 電氣를 架設한 사람.

1904년 서울에 농상공학교[19]가 설치되면서 1905년 10월 「농사시험장 관제(農事試驗場 官制)」가 공포됨에 따라 뚝섬에 이 학교 소속의 「농사시험장(農事試驗場, 80ha)」이 개설되었으나, 1906년 농상공학교의 농과가 수원농림학교로 분립되자 1906년 이 농사시험장은 농상공부「원예시험장(園藝試驗場, 13ha)」으로 개칭되었다가, 1910년 수원의 권업모범장(勸業模範場)에 통합되었다.

수원의 권업모범장은 농상공부의 일인기사 아카카베(赤壁次郞)[20]가 을사조약[21]직전인 1905년 4월에 선정한 수원의 궁내부 토지에 개설하여, 1906년 6월 15일부터 종합 농업시험 연구를 담당하였다. 그러나 그 명칭이 농사시험장으로 개칭된 것은 1929년이었다. 개설 당시의 장장은 농상공부 농무국장 서병숙[22], 2대 장장은 정진홍이었고, 3대 장장은 1908년에 일인기사 혼다(本田幸介)가 맡았다.

---

19) 農商工學校; 1899年 6月 勅令28號로 四年制의 商工學校가 設立되고, 1904年 6月 農商工學校官制公布로 農科가 增設되어 正規農學敎育이 始作되었으며, 그 位置는 서울 壽進洞이었으나 1906年 9月 農科가 獨立하여 農商工部所管의 農林學校로 되면서 1907年 水原으로 移轉하였다. 水原農林學校는 當初 2年制였으나 1909年 3年制로 修業年限이 延長되었고, 1918年 朝鮮總督府 水原農林專門學校로 되면서 日人學生을 入學시켰다. 1922年 朝鮮總督府 水原高等農林學校로 改稱되었다가 1944年 水原農林專門學校로 다시 改稱되고, 1946年 國立서울大學 農科大學으로 改稱되었다.
20) 赤壁次郞; 日本人으로 1904年 農商工部에 雇聘되어 農商工學校 敎官으로 農科學生을 가르쳤다. 通譯은 日本 熊本農業學校出身의 李章魯 敎官이 擔當하였다. 그는 1905年 水原勸業模範場(現 農村振興廳)의 位置를 選定한 사람이기도 하다.
21) 乙巳條約; 1905年 11月에 日本이 韓國을 保護한다는 名目으로 强制로 締結한 韓日間의 條約. 英, 米, 蘇의 事前合議를 본 日本은 韓國을 그 保護國으로 만들기 爲해 日兵과 伊藤博文을 韓國에 보내 韓國의 外交權 剝奪, 韓國皇帝 밑에 1名의 日本人 統監設置 等을 內容으로한 條約으로 그後 事實上 外交는 勿論 內政까지도 日人統監에 依해 左之右之 되었다.
22) 徐丙肅; 生歿年代 未詳. 1900年 人工養蠶傳習所監. 1904年 農商工部 蠶業課長. 1906年 農商工部 農務局長으로 水原農林學校長과 勸業模範場長을 兼任. 1906年 日本을 다녀와「農林視察日記」라는 國漢文 混用體의 日記를 남김.

4. 구미농학 교육

구미농학 교육은 1883년 8월에 개교한 함경남도 원산의 원산학사가 최초가 된다. 1879년 4월 원산이 먼저 개항되자 원산과 덕원의 읍민들이 출자하여 구미식 교육을 받은 인재양성을 목적으로 원산학사가 개교하게 되었다. 이 학교의 실업교재는 안종수의 『농정신편(農政新編)』이었다. 그 후 1885년의 배재학당(培材學堂)에 이어 1886년부터 8년간 존속하였던 육영공원(育英公院, Royal School)에서도 농리(農理)와 식물 과목에서 구미식 교재가 쓰였을 것이나, 『농정신편(農政新編)』이 교재로 쓰였는지는 확인되지 않고 있다.

이 학교는 보빙사 일행이 세계일주 후 구미식 교육의 필요를 느껴 세운 학교로 교수는 미국 프린스톤대학 출신의 G.W.Gilmore, 오베린대학 출신의 D.A.Bunker, 다트마스대학 출신의 H.B.Hulbert 등 미국인들이었다. 이들 미국인 교수의 초빙에는 보빙사 일행을 미국에서 현지 안내하고 후일 주한 미국공사관의 무관으로 부임하였던 George C. Foulk(福久) 중위의 역할이 컸다고 한다. 그는 1885년 주한미국공사관의 대리공사가 되었다.

1900년에는 농상공부 잠업시험장에서 연간 50명씩의 2년제 단기 잠업교육이 실시되고 1904년에는 서울에 4년제(예과1년, 본과3년)의 농상공학교가 관립으로 개설되었다. 학생모집 광고를 20회나 냈어도 학생 수 확보가 어려워 추가모집 광고를 8회나 하였다는 것을 보면 가장 어려웠던 것이 학생 확보였던 것 같다. 교수는 일본 구마모토(熊本)농학교를 졸업한 이장노 교관과 일본인 아카카베(赤壁次郎)가 담당하였다.

1905년 을사조약이 체결되고 1906년 농상공학교의 농업과가 수원으로 분립되면서 임학속성과가 증과되고, 1908년에는 수의속성과가 증과되었다. 학비는 전액 국비였고, 학생수는 농상공학교 농업과 학생 25명과 한성학당 농업속성과 학생 8명 등 모두 33명으로 개학하였다. 1918년에 농림전문학교로, 1922년 고등농림학교를 거쳐 현 서울대 농대가 되었다. 초대 교장은 농상공부 농무국장 서병숙이 겸임하였다.

1909년에는 수업연한 1~2년의 제주공립농림학교를 비롯하여, 1910년에는 평양도립농학교, 대구공립농림학교, 전주공립농림학교, 함흥도립농업학교, 공주도립농업학교, 해주도립농업학교 등이 설치되었다. 1912년의 공립농업학교는 모두 15개교, 사립은 1개교였고, 그 이외에 간이공립농업학교가 15개교 등 모두 31개교였다.

학교 이외의 농업교육은 대한부인회가 용산의 잠상시험장 자리에 6개월 과정의 양잠강습소를 개설하고 1907년 4월 20일 입학시험을 치렀는데 98명의 지원자 중 남자 22명, 여자 2명을 합격시켜 교육을 시켰으며, 1908년 전국의 잠업교육 현황은 13개소의 강습소에서 모두 387명이 교육을 받은 것으로 되어 있다.

해외유학은 1885년 일본에 20명의 관비유학생이 있었다고 하나 그 중 몇 명이 농업교육을 받았는지 알 수 없다. 또 1895년 1월에 공포된 홍범14조[23])에 "국중의 총명한 자제를 널리 파견하여 외국의 학문과 기예를 전습시킨다"고 하였는데 이 규정에 따라 동년 3월 150명이 관비로 동경에 유학하여 일본 경응의숙(慶應義塾)의 후쿠자와(福澤諭吉)가 교육을 전담하였다고 하나 그 가운데 몇 명이 농학을 공부하였는지 그 수도 알 수 없다.

다만 보빙사의 일원이었던 변수[24])는 돌아와 관리로 있다, 갑신정변

---

23) 洪範十四條; 甲午改革後 政治革新을 爲해 1894年 12月에 制定 公布된 國家의 基本法. 그 內容은 自主獨立, 王位世襲制, 后嬪의 政治干涉不要, 王室과 國政의 分離, 議政府와 各 衙門의 職務와 權限規程, 租稅制度와 王室經費節約, 年間豫算編成, 地方官의 權限, 先進國의 學問과 文化輸入, 軍制, 民刑法 制定으로 國民保護, 廣汎한 人材登用 等임.

24) 邊燧(1861~1892); 代代로 譯官집안에 태어남. 1882年 3月 金玉均을 따라 日本에 가서 養蠶과 化學을 工夫하다 7月 壬午軍亂이 일어나자 歸國. 1883年 7月 報聘使 一行으로 渡美. 1884年 5月末 歸國. 甲申政變때 開化派의 한사람으로 몰려 日本에 亡命. 1886年 日本에 온 閔周鎬와 더불어 渡美. 1887~1891年間 메릴랜

(1884)25)의 주역의 한 사람으로 몰려 일본으로 망명하였다가 1886년 1월 민주호, 윤정식 등과 더불어 미국 유학을 가서 1891년 6월 메릴랜드 농대를 졸업하였으나 그 해 10월 22일 철도 사고로 사망하고 말았다. 1893년에는 서재필26)이 콜롬비아 의대를 나와 한국 최초의 양의가 되고, 1896년 4월 「독립신문」을 창간하여 생물학이나 Bacteria를 국내에 소개하였다. 1884년 갑오개혁때 관비로 4년간 경응의숙(慶應義塾)에서 경제학을 공부한 신해영27)은 마츠나가(松永五作)가 쓴『양잠실험설(養蠶實驗說)』을 역간하였으며, 학부 편집국장을 거쳐 1905년 2년제의 보성전문학교 교장이 되었다. 또한 김진초28)는 1905~1908년간 동경제국대학에서 청강하고 돌아와

드大學에서 修學하고 韓國人 最初의 農學士가 되었으나 1891年 10月 22日 鐵道 事故로 美國에서 死亡.

25) 甲申政變; 1884年 10月 金玉均, 朴泳孝, 洪英植 等 少壯 開化派들이 일으킨 政變. 開化派는 日本公使 竹添進一郞과 密議하여 日本駐屯軍의 힘을 빌어 政變을 일으키고자 郵政局 落成式을 契期로 이웃집에 불을 질러 混亂한 틈에 埋伏한 軍卒로 하여금 招請된 事大党 人物을 暗殺하려고 하였으나 事大党의 主役인 閔泳翊에게 重傷만 입혔을 뿐 計劃은 失敗. 그러나 이들은 高宗에게 달려가 淸兵이 變亂을 일으켰다고 虛僞報告하고 새로운 組閣名單을 發表하였으나 三日內閣에 그쳤다. 이들이 革新하려던 政務의 內容은 門閥을 없애고, 四民平等確立, 淸나라에 軟禁된 大院君의 送還要求, 不必要한 官制改革과 稅法改善 및 財政의 戶曹總括, 四營을 一營으로 統合, 巡査設置 등이었다. 그러나 改革은 淸兵의 武力干涉으로 失敗하고 開化派는 日本으로 亡命.

26) 徐載弼(1864~1951); 開化期의 獨立運動家이며 醫師. 1882年 別試文科에 及第, 金玉均 등 開化派 人士들과 交遊, 1883年 日本의 戶山陸軍學校에 留學, 1884年 操鍊局의 士官長, 甲申政變에 參加하여 兵曹參判을 맡았으나 三日內閣이 失敗하자 日本으로 亡命. 1885年 4月 日本에서 다시 朴泳孝, 徐光範 等과 美國으로 亡命, 그곳에서 콜롬비아 醫大(現 조지워싱턴大學)을 卒業하고 그 學校 病理學講師가 되었다가 病院을 開業. 1895年末 歸國하여 1896年 4月에 民間新聞인「獨立新聞」을 發刊하면서 西洋의 科學을 紹介하였음. 獨立協會를 創設, 迎恩門을 헐어 1897年 그 자리에 獨立門을 세웠으나 守舊派에 依해 追放되어 美國에서 病院을 開業. 1947年 美軍政廳 政務官으로 있다 初代 大統領候補가 되었으나 敗하여 美國으로 돌아가 餘生을 마침.

27) 申海永(1865~1909); 甲午改革때 官費로 日本에 留學, 慶應義熟에서 4年間 經濟學을 專攻, 1898年 中樞院議官, 1901年 蠶桑實驗說을 譯刊, 1904年 度支部參事, 1905年 學部 編輯局長, 普成專門學校(法, 經, 農, 商, 工 등 5個學科) 校長이 되었다. 1907年 在日韓國留學生監督으로 있다 1909年 東京에서 死亡.

1909년에 『과수재배법29)』을 썼다. 그 밖에 많은 일본 유학생이 농학을 공부하였을 것이나 통계를 알기는 어렵다.

또 개화기에 많은 외국인이 한말정부에 고빙되었으나 그 인원을 모두 정리하기에는 자료상의 한계가 있다.30)

---

28) 金鎭初(1883~ ?); 農學者, 農村啓蒙家. 1902年 東京의 正則豫備學校에 入校, 1905年 卒業과 同時에 東大 農學部 聽講生으로 1908年까지 修學, 1909年 『果樹栽培法』을 썼으며 農村啓蒙에 獻身하였음.
29) 『果樹栽培法』; 金鎭初가 1909년에 著述한 果樹에 關한 新農書. 모두 150面의 國漢文 混用의 新式活字本 1冊. 朴殷植의 序文에 이어 1編에 總論, 2編에 果樹各論으로 構成되었다. 果樹分類에서 仁果, 核果, 漿果, 穀果로 分類하고 歐美式 剪定法, 接木의 圖解說明, 栽植距離, 果樹病蟲 등을 다루고 있으며 化學肥料에 對한 使用을 처음으로 풀이하고 있다.
30) 外國人 農學 및 農林 技術者의 雇聘(1884~1910)

순서	이름	국적	년도	담당업무
①	A.Maertens(麥登司)	獨逸人	1884	鷺桑公司 技師
②	G.W.Gilmore	美國人	1886	育英公院 教授
③	D.A.Bunker	〃	〃	〃
④	H.B.Hulbert	〃	〃	〃
⑤	R.Jaffray	英國人	1888	農務牧畜試驗場 技師
⑥	쇼오트	佛國人	1902	模範牧場(新村) 技師
⑦	赤壁次郎	日本人	1904	農商工學校 教授
⑧	菅沼源文	日本人	1904	서울市廳 獸醫技師
⑨	豊永眞里	〃	1906	水原農林學校 兼任 教授
⑩	岡 衛 治	〃	〃	〃
⑪	道家充之	〃	〃	〃
⑫	入交淸江	〃	〃	水原農林學校 教授
⑬	戶來秀太郎	〃	〃	〃
⑭	柳田由藏	〃	〃	〃
⑮	伊藤熊三郎	〃	1907	農商工部 林業技手
⑯	堀原弘毅	〃	〃	〃
⑰	新 安 定	〃	〃	〃
⑱	森田須磨去	〃	〃	園藝模範場 技手
⑲	佐藤織兵衛	〃	〃	農商工部 林業技手
⑳	原島善之助	〃	〃	農商工部 獸醫技師
㉑	植木秀幹	〃	〃	農商工部 林業技師(農林學校 兼任)
㉒	出田六男	〃	〃	農商工部 林業技手
㉓	森元俊之助	〃	〃	〃
㉔	住吉正喜	〃	〃	農商工部 鷺業技手

5. 맺음말

앞에서 개화기 구미농학의 수용 과정을 간략하게 살펴보았다. 비록 능동적 문호개방은 아니었으나 병자수호조약 이후 문호개방을 통해 구미제국의 실험에 기초한 농업과학기술을 이해하였으며, 1881년 이후 중견 관료들에 의해 이의 수용 노력도 있었으며 수용기구 개편이나 갑오개혁도 단행하였다. 그러나 그 사이에 임오군란31), 갑신정변, 동학란과 청일전쟁, 을미사변, 을사조약 등 국내외의 정치적 혼란과 외세 압력으로 체계적인 수용을 이루지 못하였다. 그러다가 이후 구미 농학을 수용한 일본 농학을 재수용하다가 1905년 일제의 통감정치를 거쳐 1910년 8월 22일의 한일합방조약 체결로 인하여 한국의 자주적 구미 농학 수용은 끝나고 말았다.

㉕	安藤吉兵衛	〃	〃	農商工部 林業技手
㉖	林 彌 作	〃	〃	園藝模範場技手
㉗	木田幸介	〃	1908	勸業模範場長(農林學校長)
㉘	官原忠正	〃	〃	水原農林學校 教授
㉙	岸 秀 次			
㉚	向坂幾三郎	〃	〃	水原農林學校 兼任 教授
㉛	指宿武吉	〃	〃	水原農林學校 教授
㉜	澤富四郎	〃	1910	〃

31) 壬午軍亂; 1882年 6月 9日 舊式軍隊의 蜂起로 일어난 兵亂. 1881年 4月의 軍制改革으로 從來의 6營이 2營으로 縮小되고 日本의 後援으로 別技軍이라는 新式軍隊를 組織하자, 이에 不滿이 있던 舊式軍隊에게 13個月이나 밀렸던 俸給米에 모래가 들어있고 數量마저 不足함에, 이에 激奮한 軍卒들이 마침내 閔氏 및 日本勢力의 排斥運動으로 擴大되었다. 이들은 閔氏一族의 집을 襲擊하고 日本人 教練官 等 13名을 殺害하였다. 이에 王命으로 大院君이 이를 수습하자 閔氏勢力의 要請을 받은 淸國이 5千名을 出兵시켜 叛亂軍을 鎭壓하였다. 한편, 日本으로 돌아간 日本公使 花房義質은 이 事實을 日本政府에 報告하여 軍艦4隻에 步兵 1個大隊를 이끌고 와 强하게 責任을 묻자 濟物浦條約을 맺고 50萬원의 賠償金을 支給하는 條件으로 事件을 마무리하였다. 이로 因해 韓·淸·日間 國際問題를 惹起시켰고 開化派의 露出로 甲申政變의 바탕이 마련되었다.

제2장 | 조선후기 농서의 수도품종 분석

이 호 철
경북대학교 교수

1. 머리말

　농업을 주축으로 전개된 조선후기 농업경제에서 벼농사의 비중은 결코 작지는 않았다. 토지조사사업이 끝나 비교적 정확한 농지면적의 파악이 비로소 가능하였던 1919년에도 논은 전체농지 가운데서 34.2%에 달하였는데, 이는 1432년경의 그 수치(19%)와 비교할 때 약 2배나 늘어난 것이었다.[1] 또 결수(結數)로만 볼 때, 1910년경의 경우 벼농사는 대략 전체농지의 절반쯤을 차지하였는데, 이는 곧 벼농사가 전체 농업 생산에서 그와 비슷한 비중을 가졌음을 의미하는 것이었다. 이처럼 조선후기의 농업 발달은 바로 수도작의 확산과 깊은 관계를 가지고 전개되었으며, 그러한 변화의 핵심이 바로 이앙법의 보급이었음은 통설로서 널리 알려져 왔다.

　그러나, 한걸음 더 나아가 이와 같은 조선후기 수도작 기술 발달을 엄밀히 재검토하기 위해서는 무엇보다 당시에 재배되었던 조선 벼품종에 대한 보다 치밀한 분석이 절실한 실정이다. 왜냐 하면, 이 문제에 대한 어떠한 접근도 조선후기 벼농사에서 주로 재배되었던 벼품종들이 과연 어떠한 것들이었고, 또 이들은 어떻게 분화되어 갔으며, 그리고 이와 같은 우리 벼품종이 가졌던

---
[1] 이호철, 「제1장 수전농법」, 『조선전기농업경제사』, 한길사, 1987, p.47.

고유한 특성이 어떠한 것이었는지를 과학적으로 밝혀낸 위에서만 비로소 가능할 것이기 때문이다. 그러한 작업을 통하여 비로소 우리는 조선후기 벼농사를 둘러싼 자연과 사회·경제적 환경을 객관적으로 파악하여, 조선후기 사회를 지탱해간 물질적 기초를 탐구할 수 있다.

더구나 그러한 접근 방법은 '이앙법 보급'이란 신화에서 벗어나 조선후기 벼농사의 전체 흐름을 보다 객관적으로 복원해낼 수 있는 첩경이 될 것이다. 이러한 생각에서 여기에서는 "조선후기 벼품종 분화"라는 현상을 일단 수량적으로 파악한 뒤, 그 재배법에 따른 분화와 변천을 조선후기 주요 농서들을 통해 보다 구체적으로 살펴보려고 한다. 특히 당시의 여러 농학자들이 주장하였던 새 우량품종의 보급론과 수입론을 여러모로 검토함으로써 조선후기 수도육종의 방향을 개략적이나마 규명할 수 있을 것이기 때문이다.

이와 같은 조선 벼품종에 대한 최초의 탐구는 이미 식민지 시대 일본인 농학자들에 의해 시도된 바 있다.2) 물론 그들은 현대와 같은 생명공학적인 이해가 부족하여 조선 벼품종을 구축하고 그들의 일본 벼품종을 이식하는 데만 혈안이었지만, 그들이 행한 기초적인 조사 연구는 그나마 우리 전통 벼품종과 재배법에 대한 거의 유일한 기록3)들로 남아있다. 해방 이후에도 조선 벼품종에 대한 연구는 여기저기서 제기되었는데, 심지어 최근에는 1302년 아미타불에 복장(復藏)된 볍씨까지 발견되어 이 분야 연구에 더욱 풍부한 시사점을 던져주고 있다.4)

그럼에도 불구하고, 해방 이후 우리 농업사 연구들은 한결같이 일본 수도

---

2) 朝鮮總督府 勸業模範場, 『朝鮮稻品種一覽』, (1913); 小早川九郎, 『朝鮮農業發達史(政策編)』, 朝鮮農會(1944) ; 盛永俊太郎, 「朝鮮稻の種類と改良」, (農業發達史調査會編, 『日本農業發達史』 第9券, 中央公論社(1959); 최근 이와같은 연구결과들은 다음 책 속에 체계적으로 수록되었다(農林省熱帶農業センタ-, 『舊朝鮮における日本の農業試驗硏究の成果』, 農林統計協會, 1976).
3) 朝鮮總督府殖產局農務課, 『水稻在來耕作法ト改良耕作法ノ經濟比較 - 大正十三, 四兩年ニ於ゲル勸業模範場事業報告ニヨリ調査シタルモノナリ』, (1928년, 筆瀉本).
4) 許文會, 「1302年 阿彌陀佛腹藏 벼·쌀·콩에 관하여」, 『1302年 阿彌陀佛腹藏物의 調査硏究』, 溫陽民俗博物館 學術叢書2(1991).

품종의 확산 과정에만 주목해 왔다.5) 최근에는 이들 중에서 식민정책 연구의 일환으로 일제의 우량 품종에 대한 시험연구와 그 보급 정책을 살피다가 부수적으로 조선 벼품종을 다룬 연구들도 나타나고 있다.6) 물론, 조선 벼품종 그 자체에 주목하는 연구7)도 이미 제시되었지만, 아직은 조선후기의 농업 발달과 관련하여 이 문제를 체계적으로 다룬 연구를 찾을 수 없다는 점에서 이 글은 겨우 서론적인 의미를 지닐 뿐이다.

1948년의 우리 농학자 김희태는 식민지기 농학 연구의 성과를 바탕으로 조선미작(朝鮮米作)의 특이성이란 관점에서 본 벼 육종 목표를 나름대로 제시한 바 있다.8) 비록 상당한 시대 차이가 가로놓여 있지만 매우 다양하게 전개되어왔던 조선후기 벼농사의 발달과정에서 과연 어떠한 육종 방향이 견지되어 왔던가를 되묻는 작업은 나름대로의 의미를 가질 수 있다. 그런 생각에서, 이 장에서는 기존의 많은 연구들이 소홀하게 다뤄 온 조선후기의 벼(水稻) 품종들을 개관하면서, 그 재배법과 이용방식 그리고 재배시기(파종기, 이앙기)의 차이에 따라 과연 이들 우리 벼품종들이 과연 어떻게 분화되어 갔는가를 탐구하려는 것이다. 특히 필자는 조선후기 농학자들의 새로

---

5) 李斗淳, 「日帝下 水稻品種 普及政策의 性格에 관한 研究」, 『農業政策研究』 17-1(1990. 12); 李正行, 『韓國水稻品種變遷史』, 農振研叢書 제14호 (1945); 林茂相, 金鍾昊, 崔鉉玉, 「韓國 水稻品種의 變遷」, (李殷雄 外, 『韓國農業技術史』, 韓國農業技術史 發刊委員會(1983); 朴來敬, 林茂相, 「韓國의 벼농사와 品種의 變遷」, (許文會 외, 『벼의 遺傳과 育種』, 서울대출판부, 1986).
6) 蘇淳烈, 「植民地期 全北에서의 水稻品種의 變遷」, 『全北大學校 農大論文集』 第3輯 (1992. 2). ; 蘇淳烈, 「植民地期 全北에서의 水稻品種의 試驗研究와 그 普及 - 植民地 農業技術의 主體性 解明을 위하여」, 『全羅文化論叢』 제5집(1992. 11).
7) 濱田秀男, 「朝鮮在來稻」, 『朝鮮學報』 5輯(1953. 10).
8) 1948년에 우리 농학자 김희태는 조선미작의 특이성이란 관점에서 벼육종의 목표를 "① 천수답이 많고 용수가 부족할 때가 많아 만식재배 적응성, 내병성(도열병) 내한성이 있는 것, ② 답작녹비 이모작의 관계로 보아 조숙 다수성이 있는 것, ③ 가마니의 생산으로 보아 벼 짚의 품질이 양호한 것, ④ 외국에 수출할 입장에서 보아 품질양호, 맛이 좋고 다수확이며, 배잔존율이 큰 것 등"을 요구하였다. 비록 상당한 시대적 차이가 있지만, 우리는 그가 제시한 육종목표들이 조선후기의 농업에서 과연 얼마만큼 견지되었던 것인지를 검토해야만 할 것이다. (金熙泰, 『朝鮮米作研究』, 正音社, 1948, pp.169-170.

운 우량 벼품종 보급론을 바탕으로 조선후기 벼농사에서 과연 어떠한 육종 목표들이 추구되었는지를 추정하려 한다. 이와 같은 접근 방식은 일제 초기부터 이뤄진 일본인 관변 농학자들의 일방적인 평가절하에 대응한다는 차원을 넘어, 조선 벼품종이란 우리 고유의 유전자원이 전개해 간 우리 농업 특유의 길을 추적해 보려는 새로운 시도이기도 하다.

2. 조선후기 수도품종 분화의 전개

2-1. 조선전기의 수도품종

1429년에 편찬된 우리 최초의 관찬농서인 『농사직설(農事直說)』의 종도(種稻)편에서는 다음 사료 A1에서처럼 수도를 파종기를 기준으로 조도(早稻)와 만도(晩稻)의 두 종류로 크게 나누었다.

> A1 稻種有早有晩 耕種法 有水耕(鄕名水沙彌) 有乾耕(鄕命乾沙彌) 又有揷種(鄕名苗種) 除草之法 大抵皆同
>
> (『農事直說』, 種稻)

이 때, 조도의 재배법(種稻法)으로서는 수경법(水耕法)이, 그리고 만도의 경우는 수경법(水耕法)과 건경법(乾耕法) 가운데서 수리 조건에 따라 그 하나를 선택하도록 지시되었다. 그러나 『농사직설(農事直說)』은 삽종법(揷種法, 즉 移秧法)의 경우에 어떠한 도종(稻種)을 사용되었는지에 대해서는 아무런 언급도 하지 않았다. 그보다 63년 후인 1492년에 발간된 『금양잡록(衿陽雜錄)』에서는 도종을 먼저 조도(早稻), 차조도(次早稻), 만도(晩稻)로 나누고 그 중 당시 관행하던 벼품종으로서 모두 27종을 소개하고 있었는데, 여기에서 이앙법은 전혀 언급되지 않았다. 이는 아마 당시 경기도 지방[9]에서는 이들 도종이 모두 수경(무삶이, 水沙彌) 및 건경(건삶이, 乾沙彌))의

두가지 방법을 통해서만 재배되고 있었기 때문일 것이다.

이처럼 『농사직설(農事直說)』에서는 이앙법에 사용된 도종을 명기하지 않았었다. 비록 그러하였다고 하더라도 이앙을 위한 수전은 2월 하순에서 3월 상순 사이에 초경한 뒤 곧 지종(漬種)하여 발아한 도종을 파종하였는데, 이러한 파종 시기는 곧 조도와 만도의 중간 시점에 위치하였다. 그 때문에 필자는 일찌기 『금양잡록』의 차조도(次早稻)가 곧 『농사직설』에서 이앙법에 사용된 바로 그 도종이었다고 추정한 바 있다.10)

2-2. 조선후기의 수도품종 분화

조선후기 들어 처음으로 관찬(官撰)된 농서인 『농가집성(農家集成, 1655)』에서는 조도와 만도의 재배 기술은 그대로 둔채, 이앙법에 관한 기술인 '조도앙기(早稻秧基)'11)란 조항을 대폭으로 증보하였다. 그 때문에 이제서야 처음으로 조도가 곧 이앙법에 사용된 도종임을 알 수 있게 되었다. 그러나, 조도라고 명기된 이 도종도 그 파종 시기로 보아 아마 수경법으로 재배된 조도와는 다른 품종의 것이었다고 생각된다.12) 그에 따라 김용섭 교수는 그것이 『금양잡록』의 차조도이며, 서유구(徐有榘)가 그의 『임원경

---

9) 『衿陽雜錄』의 농서명으로 나타나는 금양현은 원래 경기도 衿川현을 지칭한다. 태종 14년에 果川과 합쳤다가 수개월 만에 파하고, 다시 陽川과 합쳐 衿陽현이 되었다가 1년만에 파하였다. 세조 때에도 果川과 합하였다가 다시 복구하였으며, 후에는 始興이란 오늘날의 지명으로 이름을 고쳤다고 한다.
10) 필자는 『衿陽雜錄』 穀品조에 次早稻의 일종으로 기재되었던 黃金子(나-a-4)가 곧 移秧에 사용된 품종으로 추정한 바 있다. 왜냐하면, 이 품종은 '경상도호종지(慶尙道好種之)'라 하여 경상도인들이 많이 재배하였으며, 아울러 그 파종기도 경상도에서는 2월 하순에서 3월 상순이었기 때문이다. (이호철, 「제1장 수전농법」, 『조선전기 농업경제사』, 한길사, 1987, p.47.
11) 이처럼 새로이 증보된 早稻秧基에 관한 기술내용에는 '慶尙左道人行之', '右道人行之' 등의 표현이 있는 것으로 보아 주로 경상도에서 관행되었던 기술이 채록된 것으로 보여진다 (『農家集成』・『農事直說』, 早稻秧基).
12) 이른바, 水耕에 사용된 早稻는 2월 상순에 2차 起耕하고 土塊를 고른 뒤 파종하였지만, 早稻 秧基의 그것은 2월 하순에서 2월 상순 사이에 秧基를 만들어 파종하였기 때문이다.

제지(林園經濟志)』 본리지(本利志)에서 제시한 조도, 만도, 중도(中稻)의 3품종 중에서 중도였다고 추정하였다.13) 이처럼 『농가집성(農家集成)』은 비록 『농사직설(農事直說)』에서와 같이 조도와 만도로 도종을 나누었지만, 실제로는 이미 이앙을 위해 새로운 벼종류(차조도 및 중도)가 사용되었으므로 크게 나누어 모두 세 종류의 도종들이 사용되었던 셈이다.

조선후기의 수도품종에 대한 이해는 그 이후 농서들에서 본격적으로 나타나기 시작하였다.

A2 南方水稻 其名不一 大槩爲有三 早熟而緊細者曰秈 晚熟而香潤者曰粳 適中米白而粘者曰稬 三者淸明節同時布種 小滿亡種之間 分而蒔之 閑情錄
(『山林經濟』, 治農, 種稻)

A3 早稻 ; 鷄鳴稻 둙오려 無芒 色微黃 耳聰 寒食後卽種之 驅雀最難 卽今 盧原人多種之
(『山林經濟』, 治農, 種稻, 早稻)

A4 凡稻類極多 難以勝記 然盖種稻有早晚之別 亦有水耕乾耕 或有挿苗之不同者 而治田除草之法 大抵皆同
(『增補山林經濟』, 治農, 種稻, 晚稻類)

A5 吾東稻品 無慮累十百種 皆以方言相傳 一物也而古今殊號 一類也而南北異稱 丮俚凌雜 轉不可訓 今以姜希孟衿陽雜錄 柳重臨增補山林經濟 所列稻種 參攷證正 錄之如左 而問附以 余之所得於老農者焉
(『林園經濟志』, 本利志7, 穀名故)

A6 我邦種稻之法 早稻卽一穧而不移……晚稻卽播而移之
(『林園經濟志』, 本利志5)

---

13) 김용섭, 『조선후기농업사연구2 - 농업변동, 농학사조』, 일조각, 1974, p.7.

A7 又有中稻一種 其熟 在於早稻之後 晚稻之前 此卽或有移秧者 或有不移者
(『林園經濟志』, 本利志5)

한편, 18세기 초(1715년 이전)의 저작으로 평가되는 『산림경제』는 『한정록(閑情錄, 1610~1617)』을 인용하여 수도 종류를 다음 사료 A2와 같이 모두 세 종류로 나누었다. (중국) 남방의 수도 품종 가운데서 조숙(早熟)하고 그 나락이 견세(堅世)한 선(秈), 만숙(晚熟)하면서 향기롭게 윤기 있는 것을 경(粳), 그리고 중간의 쌀이 희고 찰기가 있는 계(稬)의 모두 3가지 종류가 있다는 것이다. 이들 세 품종은 청명절(淸明節)에 함께 파종하였다가, 소만(小滿)과 망종(亡種) 사이에 나누어 옮겨 심는다고 한 것으로 보아 아마 모두가 이앙된 것으로 보인다. 『산림경제』에서는 사료 A3의 닭오려(鷄鳴稻)와 같은 새로운 벼품종을 『금양잡록』에서 보다 9종이나 더 제시하고 있는데, 여기에는 '오늘날 노원 사람들이 많이 파종하고 있다(卽今盧原人多種之)' 등과 같은 설명이 곁들여 있어서 모두가 당시에 실제 관행하였던 품종이었음을 보여준다.14)

또한, 『증보산림경제(1766)』에서는 그러한 바탕 위에서 사료 A4와 같이 말하였다. 벼의 종류는 매우 많아서 모두 다 기록하기가 어렵다는 것이다. 다만 벼에는 조종과 만종(早晩之別), '수경' '건경' '이앙'법이 서로 달랐으나, 치전(治田)하고 제초하는 방법은 모두 같다는 것이었다.

그리고, 사료 A5는 19세기 전반기 저술인 서유구의 『임원경제지(1827)』 본리지의 서술 내용이다. 여기에서는 당시 우리 나라 벼품종이 무려 백여종이나 되지만 중복된 것을 간추리면 다음과 같다고 하면서, 약 69종의 벼품종을 소개하고 있다.15) 특히 여기에서 서유구는 『금양잡록(1492)』과 『증

---

14) 한편, 柳稻(버들오려)에 대해서는 '卽今盧原豊壤人多種之'라고 細注를 달고 있어서 당시 盧原 및 豊壤 지방에서 각각 실제로 재배되었던 신품종이었다고 생각된다. 그러나, 『증보산림경제』의 같은 조항에서는 이러한 세주는 사라지고 없어서, 이미 18세기 중반 이후가 되면 이들 품종이 다른 지역으로 널리 확산되었음을 보여주고 있다.

보산림경제(1766)』에 실린 벼품종을 기본으로 삼아, 새로운 벼 품종을 추가하였던 것이다. 그러나 사료 A6를 보면, 그는 당시 우리 나라 수도 재배법(我邦種稻之法))으로서 조도(早稻)는 한번 파종하면 옮기지 않지만, 만도(晚稻)는 파종한 뒤 옮겨 이식한다고 말하고 있다. 이러한 사실은 조도와 차조도(중도)를 중심으로 이용되던 초기의 이앙법이 이 시대에 이르러 크게 바뀌었음을 의미한다. 즉, 19세기 전반에 이르면 조도는 이제 오직 직파법에서만 사용되었으며, 주로 만도를 중심으로 이앙법이 전개되는 새로운 벼재배법이 정착하게 되었던 것이었다.

한편, 이처럼 저작 시기가 다른 세 농서에 실린 도종수를 비교해 볼때, 『금양잡록』에서 『산림경제』까지의 기간(223년간)보다 『산림경제』에서 『증보산림경제』를 거쳐 『임원경제지』에 이르는 기간(112년간) 동안에 더욱 풍부한 수의 도종이 분화되고 있었음이 확연하게 눈에 띄고 있다. 이러한 사실은 18세기 이후부터 벼품종의 분화가 매우 급속하였음을 의미하며, 이는 곧 벼농사가 이 시기에 급속하게 확산되어 갔음을 의미하는 것이기도 하다.

비록 『임원경제지』의 단계에 이르러 가장 많은 관행 벼품종이 소개되고 있었지만, 이는 결코 당시 농업에서 사용된 모든 품종이 망라된 것은 아니었다. 그 일례로 정조 22년(1798)의 '권농정구농서(勸農政求農書) 윤음'에 답한 공주유학 임박유(公州幼學 林博儒), 생원 유진목(生員 柳鎭穆), 순장 정도성(巡將 鄭道星) 등의 농서를 살펴보면, 『임원경제지』와 같은 당시 농서들에서 찾아 볼 수 없는 새로운 도종들이 많이 거론되고 있었다. 이른바 흑점화(黑秥禾), 두응수리화(斗應水利禾), 산어이화(山於里禾), 수불여화(水不如禾), 동의화(東宜禾), 여술화(如術禾), 정금화(正金禾), 옥저광화(玉

---

15) 金榮鎭의 『農林水産古文獻備要』 69쪽에 의하면 『임원경제지』는 170종의 벼품종 등에 대해 설명하였다고 서술하였다. 아마 다수의 연구자들은 그 모두가 이를 조선 벼 품종의 수로 잘못 생각하고 있는 듯하다. 그러나, 『임원경제지』를 구체적으로 살펴보면, 이 농서에서 거명한 벼품종들은 그 상당수가 중국 벼 품종들이었고, 조선 벼품종은 69종에 불과하였다(金榮鎭, 『農林水産古文獻備要』, 韓國農村經濟研究院, 硏究叢書 9號, 1982).

著光禾), 검불화(黔不禾), 자갈화(赭葛禾), 옥산도(玉山稻), 경상화(景上禾), 밀다이당혜화(密多利唐鞋禾, 이상 林博儒), 정금도(正金稻), 두충도(杜沖稻, 이상 柳鎭穆), 그리고 천상도(天上稻), 두어라산도(斗於羅山稻), 순창도(淳昌稻, 이상 鄭道星) 등은 그 대부분이 당시의 다른 농서에는 나타나지 않는 것이었다. 이처럼 이미 이 시대에는 수많은 새로운 벼품종들이 여기저기서 다양하게 분화하고 있었음을 단적으로 보여주는 한 증거라고 생각된다.

하마다(濱田秀男)는 1910년 이전에 존재한 한국 재래의 도종수가 수도 991품종, 육도 167품종으로서 합계가 모두 1,158품종에 달하였다고 한다.16) 또한 1913년 조선총독부 권업모범장에서 발간한 『조선도품종일람』에 따르면, 재래의 수도품종은 1,258 품종(메벼<粳> 876, 찰벼<糯> 386)이었고, 밭벼(陸稻)는 모두 192 품종(메벼 117 찰벼 75)으로서 총계 1,450 품종에 달하였다.17) 그러나, 이와같은 우리 벼품종들은 일제가 그들의 필요에 의해 "재래도 폐지, 일본도 도입(在來稻 廢止, 日本稻 導入)" 정책을 본격적으로 실시하기 시작한 1912년 이후부터 점차 그 종적을 감추게 되었다. 그에 따라, 1930년에 농사시험장 남선지장에서 행한 '재래수도조사'에서 수집된 조선 벼품종은 그 수가 절반 이하로 격감한 총 581 품종(메벼<粳> 388, 찰벼<糯> 193)에 불과하였다.18) 우리 고유의 도종은 지형적 기후적 특징이 있는 산간 지방이나 오지에서만 여전히 재배되었는데, 마침내 1935년경에는 수도 12 품종, 육도 13 품종, 건답도 20 품종만이 겨우 남아서 재배되고 있었다고 한다.

같은 품종이 지역에 따라 서로 다른 이름으로 불렸을 것이기 때문에, 아마 이러한 품종수는 실제보다 크게 과장되어 있음이 분명하다. 비록 그렇다고 해도, 여하튼 이처럼 최고 1,450품종에 달하는 우리 고유의 도종이 다양하게

---

16) 濱田秀男, 「朝鮮在來稻」, 『朝鮮學報』 5輯(1953. 10), p.59.
17) 朝鮮總督府 勸業模範場, 『朝鮮稻品種一覽』, 1913.
18) 農林省熱帶農業センタ-, 「朝鮮における水稻の品種改良」, 『舊朝鮮における日本の農業試驗硏究の成果』, 農林統計協會(1976), pp.217-222.

분화되었음은 조선후기의 우리 벼농사 기술이 그 특유의 기후와 지형에 순응하면서 발전해갔음을 증명하는 중요한 단서라고 생각된다. 그런 점에서 이들 조선 벼품종이야말로 조선후기 벼농사의 자취를 간직하고 있는 타임캡슐적인 존재로 인식된다.

이처럼 '극히 많아서 이루 다 기록할 수가 없다'고 표현될 정도로 다양하게 분화된 조선후기 도종들은 크게 나누어 조도, 만도, 중도의 3종류로 구분(早晚之別)될 수 있을 것이다. 그러나 이들은 각각 서로 다른 재배법과 기술체계를 이미 갖추고 있었다. 이른바 조선전기에서 주로 수경으로 재배되었던 조도는 17세기의 농서『농가집성(農家集成)』의 단계에서는 이앙법에까지 이용되었으나, 19세기에서는 거의 수경(水播, 水付種)법에 의해서만 재배되었다. 그렇지만, 조선전기에 수경과 건경에 각각 사용되던 만도는 조선후기에서는 주로 이앙법을 통해서만 재배되었다. 물론 그보다는 비중이 적지만, 만도는 조선후기에도 건경(乾播, 乾付種)법에 여전히 사용되었을 것이 분명하다. 한편, 조선전기와 17세기에는 주로 이앙법에 사용되었을 것으로 추정되는 중도(次早稻)는 이제 이앙에 사용되기도 했지만, 때로는 수경에 사용되기도 하였다.

3. 재배법 변화에 따른 수도품종 분화와 그 이용방식

3-1. 수도품종의 분화와 건답도

앞에서 언급한 것처럼 이러한 조선 벼품종들은 기존의 수도와 한도(旱稻)라는 두 종류에서 더욱 발전하여, 조선후기에 이르면 '수도(水稻)' '한도(旱稻)' '건답도(乾畓稻)'라는 세 종류로 나누어졌다.

B8 稻種甚多 大抵皆同 別有一種 曰早稻 鄕名山稻
(『農事直說』, 種稻附旱稻)

이른바, 위의 사료 B8을 통해 『농사직설』에 실린 벼종류들을 살펴보면, 조선전기에는 크게 나누어 수도와 한도(山稻, 陸稻)라는 두 종류의 구분법이 널리 사용되고 있었다. 특히 이 시대의 수도는 다시 조도와 만도(早晚二種)로 나누어졌는데, 그 가운데서 만도만이 수경과 건경이란 두 가지의 벼재배법에 모두 사용되는 벼종류(稻種)이었다. 그 때문에 앞의 사료 A1에서 찾아볼 수 있듯이, 아직 건경(乾畓直播)에만 사용되는 벼종류가 따로 마련되어 있었던 것은 아니었다.

그러나 19세기 후반기에 이르면 명백히 건답도가 수도 및 육도와 더불어 하나의 특이한 벼종류로서 성립되었음이 여러 자료들에서 확인된다. 농서를 통해서 살펴본다면, 이와 같은 건답도는 조선전기에는 수도 가운데서 만도의 한 종류였지만, 점차 서북지방의 기후에 순화됨으로써 수도나 육도와는 상당히 다른 형태의 특이한 벼종류로 발전해간 것으로 추정되기 때문이다. 1928년 8월경에 평안남도에서 건답(乾畓)에 사용된 대표적인 품종 몇가지의 예를 들면 다음과 같다.[19]

荒租	本道의 在來種으로서 現在 거의 栽培되지 않음
龍川租	平安北道로 부터 약 100년전 漂流民이 携帶하고 來한 것이라 함. 또 200년전부터라는 사람도 있음.
大邱租	水稻品種으로서 慶尙北道 大邱附近으로부터 數十年前에 移入한 것이라 함.
牟租	數百年前 本道 觀察使 李某(一名 五厘先生)가 支那로부터 持參한 것이라 함.
芮租	穎澤(エイジョンテキ)이라 稱하는 支那의 芮國으로부터 들어온 것으로서 時代不明임.

먼저 이를 보면, 가장 유래가 깊은 품종은 수백 년 전에 중국으로부터 들여왔다는 '모조(牟租)'로 보인다. 특히 여기에서 말하는 오리선생(五厘先

---

19) 朝鮮總督府勸業模範場, 『平安南道ニ於ケル乾畓』, 1928, pp.4-5.

生)은 비록 한자는 다르지만, 아마 오리 이원익 선생을 지칭하는 것이 아닐까 생각된다.[20] 그는 1592년의 임진왜란 때 평안도 관찰사가 되었는데, 이로 보아 적어도 17세기부터 건답도라는 하나의 독특한 벼종류가 형성되기 시작하였을 것으로 추정된다. 그 밖에 '용천조(龍川租)'나 '대구조(大邱租)' 등은 많아야 1~2백년의 역사를 지녔을 뿐이다. 그런 점 때문에 건답도가 하나의 벼종류로 자리잡은 것은 18~19세기 이후가 아닐까 생각된다.

일제하에서는 이러한 건답도 품종 가운데서 '용천조'와 '대구조'가 가장 많이 재배되었으며, '안주 용천조' '모조' '황조' 등이 그 다음이었고, '용조' '금조' '흑조' 등도 비교적 많이 경작되었다고 한다. 이와 같은 건답도 품종들은 원래 100종이 넘었으며, "한해와 병해에 저항력이 강하고 발아률이 크며 엽면이 조경하였고, 그 수량은 반당 일석 내지 일석강(一石强)이고, 미립(米粒)은 척세(瘠細)하고 도정율이 낮다[21]"는 특징을 가졌다고 한다.

하마다(濱田秀男)[22]은 이들 건답도 품종들에 대해 '대구조(大邱租)' '예조(芮租)' '모조(牟租)' 등은 수도적 아생기관(水稻的 芽生器官) 성장을 보여주고, 용천조 해조(龍川租 海租) 및 미조(米租)는 육도적 아생기관(陸稻的 芽生器官) 성장을 나타낸다고 보고하였다. 이는 곧 건답도가 내한성이 강한 수도 및 육도에서부터 발달한 것임을 의미한다.

그에 비해, 히시모토(菱本長次)[23]는 '대구조(大邱租)' '모조(牟租)' '용조(龍租)' 등은 원래 수도로 재배된 것이지만, 건답도로 재배된 것은 같은 이름의 품종들보다 다소 변하였고 또 한발에 강하다고 하였다. 이러한 그의 주장은 건답도가 주로 수도에서 발달 및 분화해간 것임을 보여준다. 그에 따라, 그는 육도 품종 중에서 건답에 사용된 것은 거의 없었으며, 건답에 재배된 품종은 건답도라 칭하는 이유는 그것이 수도나 육도와는 차이가

---

20) 유홍렬 감수, 『국사대사전』, 1988, p.1090.
21) 濱田秀男, 「朝鮮在來稻」, 『朝鮮學報』 5輯(1953. 10), pp.68-70.
22) 濱田秀男, 「朝鮮在來稻」, 『朝鮮學報』 5輯(1953. 10), p.69.
23) 菱本長次, 『朝鮮米의 硏究』, 東京千倉書房, 1983.

있기 때문이라고 하였다.

이처럼, 조선후기에 이르면 건답직파(乾畓直播)에서만 사용되는 건답도라는 벼종류가 명백히 수도 및 육도와 더불어 세계의 벼농사 가운데 하나의 특이한 존재로 정착하였다. 이와 같은 수도, 육도, 건답도의 구분법은 대체로 재배법에 따른 구분법인 것으로 생각된다. 이미 수천년전부터 수도는 이앙법이나 수경법에 주로 사용된 품종이었고, 육도는 한전에서 다른 한전 작물과 같이 재배되어왔다. 그에 비해, 건답도는 전통적인 벼재배법인 건경법이 더욱 발전하여 하나의 독특한 벼재배법인 건답직파법이 완성됨으로써, 비로소 등장하게된 새로운 벼종류이었기 때문이다.

3-2. 도종에 따른 소비 및 저장 등의 이용방식

개화기에 한국을 방문하였던 서양인들의 저작에서도 이와 같은 세 가지의 벼종류들이 대략 다음과 같이 관찰되었다.

> B9. 한국에서는 세 종류의 벼가 있다. 한 종류는 물에서 재배되고, 다른 종류는 보통의 밭에서 재배되며, 또 다른 종류는 여전히 산기슭에서 재배된다. 마지막의 것은 보다 작고 단단한 종류인데, 손상되지 않고 8년 또는 9년동안 보존되므로 군창에 저장하기 위해 많이 사용된다.[24]

> B10. 한국에서는 다양한 아종(Sub-Species)들을 가진 세 종류(Kinds)의 벼가 있다. 첫번째의 것은 보통의 논에서 재배된다. 이 종류는 특별히 '답곡(tap-kok and paddy field rice)'으로 지칭된다. 이는 거의 전적으로 밥(pap)을 짓는데만 사용되었다. 그 다음으로 '전곡(chun-kok of field rice)'이 있다. 이는 소위 밭벼(upland rice)이다. 이는 답곡보다 건조한데 주로 쌀가루나 술을 양조하는데 사용된다. 세번째 종류는 전적으로 산기슭에 재배되는데, '야생벼(wild rice)'이다. 이는 다른 종류보다 더 작고 단단하다. 그 때문에 이 종류는 군량으로 사용된다. 이 종류는 기후에 대한 저항력이 있다. 저지

---

24) H.B. Hulbert, The Passing of Korea, (New York, 1906), pp.15-16.

에서 재배된 벼(lowland rice)는 좋은 환경하에서 5년간 저장될 수 있지만, 산지에서 재배된 벼(mountain rice)는 거의 10년간 완전하게 보존된다.' 25)

먼저, 위 사료 B9는 Hulbert가 관찰한 내용이고, 그 다음의 사료 B10은 Hamilton이 기술한 내용이다. 이른바 Hulbert와 Hamilton이 관찰한 세 종류 가운데서 답곡(tap-kok)이라고 말한 벼종류는 바로 수도를 지칭하는 것이 분명하다. 아울러 전곡(田穀, chun-kok)이라고 한 종류는 건답도이고, 산기슭에 재배된다는 종류(mountain rice)는 다름아닌 육도 (즉 『농사직설』의 山稻)일 것으로 유추되고 있다.

특히 이들이 관찰한 내용 가운데서 주목되는 것은 이들 3가지의 벼종류는 각각 소비패턴이 매우 달랐다는 사실이었다. 이들은 각각 취사용(水稻), 제분 및 양조용(乾畓稻), 그리고 저장용(陸稻)으로 소비되고 있었기 때문이다.

한편, 사료 B10에서 Hamilton은 특히 육도(山稻, mountain rice)와 저지에서 재배한 벼(lowland rice)를 대비시켜 그 저장 문제를 설명하고 있다. 저장이라는 관점에서 볼 때, 저지에서 재배된 벼종류, 이른바 수도(畓穀)와 건답도(田穀)는 길어야 5년정도 저장할 수 있었지만, 산지에서 재배된 벼인 육도(mountain rice)는 거의 10년 동안이나 완전하게 보존된다는 주장이다. 특히 여기에 대해서는 Hulbert도 보다 작고 단단한 육도 종류가 8~9년 동안이나 손상되지 않고 보존되어, 군량미로까지 사용된다고 말하였다. 이처럼 이들 세 벼종류들은 저장성에 있어서도 각각 독특한 모습을 보였다.

이와 같이 조선후기의 벼종류(稻種)는 그 재배법에 따라 3가지로 분화되면서, 19세기에 이르러 생산에서 소비에 이르기까지 나름대로 독특한 발전을 전개하였던 것이다. 이러한 사실은 조선후기의 벼종류(稻種)로는 파종기에 따라 조도, 중도, 만도의 세 가지가 있었고, 재배법에 따라서는 수도, 건답도, 육도(旱稻=山稻)가 있었음에서도 밝혀질 수 있다.

---

25) A. Hamilton, KOREA, (London, 1905), p.124.

이 중에서 원래 만도의 일종이었던 건답도는 조선후기에 이르러, 이제 서북 지방의 기후와 풍토에 순화되어 새로운 벼종류로 성장함으로써 조선 특유의 도종으로 발전하였다. 그리고, 이들 3가지의 벼종류들은 각각 취사용(水稻), 제분 및 양조용(乾畓稻), 그리고 저장용(陸稻) 등 서로 다른 소비 방식으로 이용되고 있었음을 알 수가 있다.

4. 파종기와 이앙기의 분화 및 변화

한편, 조선전기에 비교적 단순하던 벼품종들은 벼농사가 확대되었던 조선후기로 나아감에 따라 더욱 분화되고 다양화되어 갔음이 분명하다. 아마 그러한 사정은 조선후기 벼종류에 있어 파종기와 이앙기가 점차 어떻게 변해갔는가를 추적하는 과정에서 자연스레 그 단서가 한 가닥이나마 찾아질 수 있을 것이다.

그러한 생각에서 조선전기와 조선후기 사이의 파종기와 이앙기를 비교

<표 2-1> 『농사직설』과 『거관대요』 간의 수도 파종기 변화

資料		早稻 水耕 (早稻)	移　秧		晚稻水耕 (水付)
			秧 坂	移 種	
『농사직설』 (1429)		-	2월 上旬	2월下~3월上旬	-	3月上~芒種節
『금양잡록』 (1492)		-	3월 上旬 (淸明)	-	-	-
『사시찬요초』 (1492 ?)		-	2월 春分	-	-	淸明
『거관대요』 (19세기초)	早種	穀雨前	穀雨前	芒種時	穀雨後
	中種	穀雨後	-	夏至時	-
	晚種	-	立夏前後	夏至後	立夏後
	最晚	-	-	小署-初伏間	-

해 본 것이 바로 다음 <표 2-1>이다. 여기에서는 19세기 초의 저술로 추정되는 목민관(牧民官)의 지침서였던 『거관대요(居官大要)』와 1429년에 저술된 『농사직설』에 기재된 수도의 파종기와 이앙기를 서로 대비해 보았다.

먼저, 조선전기에는 가장 우등지에 파종되었던 벼종류였던 조도의 경우를 살펴보기 위해 조선전기 농서에 기재된 조도의 파종기를 모두 정리해 보았다. 『농사직설』의 경우는 2월 상순, 『금양잡록』은 3월 상순(청명절), 그리고 『사시찬요초』에서는 2월 춘분에 파종할 것을 지시하고 있다. 그에 비해 19세기의 『거관대요』에서는 조도를 다시 조종과 중종으로 나눈 뒤, 각각 '곡우(穀雨) 전후'라고 기록하였다. 특히 가장 빨리 파종되었던 조도의 조종만은 조선전기의 그것과 대체로 파종기가 유사하였지만, 조도의 중종은 전혀 조선전기의 농서에서는 발견되지 않는다는 점에서 이는 조선후기에 새롭게 분화한 조도의 한 품종으로 생각된다.

그리고, 수경된 만도의 파종기에 대해서 『농사직설』과 『사시찬요초(四時纂要抄)』에서는 '3월 상순에서 망종(芒種)까지', 또는 '3월 청명(淸明)' 등으로 기재하였다. 그에 비해 수경(水付種)된 만도를 『거관대요』는 조도의 경우와 구분하여 '수부(水付)'라고 지칭하고 있었는데, 이는 다시 곡우(穀雨) 후에 파종하는 조종(早種)과 입하(立夏)때에 파종하는 만종(晩種)으로 나누어졌다. 특히 이들의 경우는 대체로 모두 조선전기 농서에서의 파종시기와 유사하지만, 조선전기와는 달리 그 기간이 보다 좁게 구체화되고 있었다.

이처럼 수경(무삶이)법에 의하여 재배되는 두 벼종류인 조도와 만도의 경우를 볼때, 조선전기 농서에 나타난 원래의 파종기는 조종(早種)에 의해 그대로 지켜지고는 있었지만, 그러나 이는 조선후기에 새로이 등장한 중종(中種)과 만종(晩種)들에 의해 크게 변화되고 있었다. 이른바 조선전기에서는 적어도 1개월 이상의 시차를 보이던 조도와 만도의 파종기가 이제는 조도의 중종이 만도의 조종와 거의 같은 시기에 파종될 수 있을 정도로

크게 다양화되었던 것이다.26)

한편, 건경(乾付種)된 만도의 파종기에 대해서는 농서에 아무런 언급이 없다. 이는 봄가뭄으로 수경이나 이앙이 불가능한 경우에 취해지는 재배법이었으므로 별다른 파종기가 있을 수 없기 때문이지만, 대체로 만도(水耕)와 같은 시기가 아니었나 추측된다. 식민지 시대 평안남북도의 평야 지대에서 행해진 건답도의 파종기는 양력 5월 상순인데, 그 중에서도 양력 5월 6일에서 22일의 사이가 가장 최적기였다고 한다.27) 이는 곧 입하와 소만의 사이로써 『거관대요(居官大要)』에서 만도를 만종(晚種)하는 시기와 유사하였던 것이다.

조선후기에 있어 파종기 및 이앙기에 무엇보다 가장 커다란 변화를 보인 것은 다름 아닌 이앙에 사용된 벼품종들이었다. 이를 분석하기 위해 조선후기의 여러 농서 중에서 앙판(秧坂)에서의 파종기와 이앙기를 정리해본 것이 바로 다음의 <표 2-2>이다. 먼저, 『농사직설』에서는 앙판(못자리)의 파종시기를 2월 하순에서 3월 상순이라고만 지시하였는데, 이는 『농가집성』에서도 그대로 추종되었다. 그러나 『임원경제지』와 『거관대요』에서는 조종은 "3월 곡우전", 그리고 만종은 "4월 입하 전후"라고 기록되어 있다. 특히 『농가집성』의 경우는 그 앙판이 조도 앙기(早稻 秧基)였으므로 조종의 경우와 유사하며, 만종의 경우는 19세기의 저작인 이들 문헌에서 비로소 등장하고 있음을 알 수가 있다.

특히, 이러한 이앙의 시기에 대해서는 『농사직설』에서는 전혀 아무런 언급이 없다. 그러나 대표적인 조선후기 농서들인 『색경(穡經)』, 『증보산림경제(增補山林經濟)』, 『과농소초(課農小抄)』 등에서는 이앙을 '5월 망종 전후'라고 기술하였다. 그리고, 정약용의 『경세유표(經世遺表)』에서도 농번기에 상번(上番)을 서는 병졸들의 고가(雇價)를 계산하는 자리에서 "芒種後

---

26) 이와 같은 수경법, 즉 水稻直播에서의 파종적기에 대한 연구는 이미 다음과 같이 행하여 졌었다. (杉弘道, 「水稻直播の適期竝に可能の終末期に就で」, 『朝鮮總督府農事試驗場彙報』 第4卷 第3號(1929. 8. 1).
27) 朝鮮總督府勸業模範場, 『平安南道ニ於ゲル乾畓』, 1928, p.37.

十五日 移秧之時也"라고 말하고 있는데, 이로 미루어 볼때 이앙은 망종(芒種)에서 하지(夏至)에 이르는 시기에 가장 많이 행해졌음을 알 수 있다. 그리고 19세기 전반의 농서『임원경제지(林園經濟志)』에서도 4월과 5월에 벼를 이앙(移稻秧)한다고 말하였다. 같은 시기의 목민서인『거관대요(居官大要)』에서는 "조종(早種), 중종(中種), 만종(晩種), 최만(最晩)"의 4 경우로 나누어, "망종시(芒種時)"에서부터 "하지시(夏至時)", "하지후(夏至後)", "소서~초복간(小署~初伏間)"이란 4시기에 맞추어 실제로 이앙이 행하여졌음을 기록하고 있다.

<표 2-2> 조선후기 농서에 나타난 이앙기의 변화

農書別	앙판(秧坂)의 播種期		이앙(移秧)의 時期	
	早種	晩種	早種	晩種
『농사직설』 1429년	2월下~3월上		-	-
『농가집성』 1655년	2월下~3월上		-	-
『색경』 1676년	3월		5월芒種 前後	
『산림경제』 18세기 초	2월下~3월上		-	-
『증보산림경제』 1766년			5월	
『과농소초』 1798년			芒種前	芒種後
『경세유표』 1810년			芒種後 15日	
『임원경제지』 1842년	3월	4월	4월	5월

이로 보아 적어도 18세기 말에서 19세기 초에 이르면, 이앙(移秧)은 망종에서 하지 사이에 가장 많이 행해졌지만, 경우에 따라서는 하지(양력 6월 22일)를 넘어 소서(小署)에서 초복(양력 7월 18일)에 이르는 시기에까지 확산되어 갔음이 분명하다. 이러한 사실은 이앙법이 점차 널리 보급됨에 따라 당시 수전의 다수를 점하였던 수리불안전답이나 천수답에서는 가뭄을 맞아 수원(水源)을 최대한 확보하기 위하여 소서에서 초복에 이르는 시기까지 장마를 기다렸다가 '최만종(最晩種)'을 이앙하는 경우도 적지 않았음을 말해준다.[28]

이와 같은 여러 농서들에 나타난 앙판 파종기와 이앙시기의 변화를 각

절기별로 각각 나누어 정리해본 것이 다음의 <표 2-3>이다. 그러나 이 절기들은 모두가 양력에서 비롯된 것이어서, 그 일시를 음력으로 환산해보면 해마다 적지 않은 차이가 나타난다. 먼저 앙판의 파종기에서 나타난 변화를 보면,『농사직설』에서『산림경제』에까지 이르는 시기에는 대체로 '춘분~청명'에서 파종되었으나, 19세기의 농서『임원경제지』이후에는 '청명~소만(음력 3~4월)'에 이르는 시기로까지 확대되었다. 한편, 이앙 시기의 경우에는『색경』과『증보산림경제』에서는 망종을 전후한 시기에 이앙이 이뤄졌지만, 그 이후부터 점차 이앙 시기는 확산되는 경향을 보였다.

18세기 말의 농서인『과농소초』나『경세유표』에서는 대략 소만에서 하지에 이르는 시기에 이앙이 이뤄졌으나,『임원경제지』에서는 입하에서 소서, 그리고 심지어『거관대요』에서는 망종에서 초복에 이르는 시기까지 이앙이 이뤄졌다고 생각된다. 이처럼 시대가 나아갈수록 파종기와 이앙 시기는 널리 확산되어 갔는데, 이는 그에 알맞는 새로운 벼품종들이 적지 않게 개발되었기 때문에 비로소 가능하였을 것으로 보인다.

한편, 1798년에 정조가 내린 '구농서윤음(求農書綸音)'에 답한 응지진농서자(應旨進農書者) 가운데 한 사람인 배의는 이와 같은 이앙 시기의 변화에 대하여 다음과 같이 말하였다.

> C11　忠義衛裵宜疏曰 臣本農夫 略知爲農之事 有可裨於農者有三 其一古今時差也 古者 以穀雨之際 落種 夏至之際 移秧卽爲早矣 今卽落種 必以穀雨之前 移秧必以夏至之前 乃爲早不然卽爲晚 早則雖或被災 猶有可食 晚者或被災卽 全無可食 以是知種之移之 必以早爲務可也
>
> (「增補文獻備考」, p147, 田賦考7)

여기에서 원래 농부 출신인 배의는 농사짓는 시기가 전시기에 비해 크게

---

28)　杉弘道 外,「移植期を異にせる場合の品種比較試驗成績」,『朝鮮總督府 農事試驗場 彙報』第4卷 第3號(1929. 8. 1).

<표 2-3> 조선후기 농서에 나타난 수도의 파종기와 이앙기 변화

절 기	춘분	청명	곡우	입하	소만	망종	하지	소서	초복
양력일시(1995)	3/22	4/05	4/20	5/06	5/21	6/06	6/22	7/07	7/18
음력일시(1985-1995)	2/01, 2/22	2/16, 3/06	3/01, 3/21	3/16, 4/07	4/02, 4/22	4/18, 5/09	5/05, 5/25	5/20, 6/10	6/01, 6/21
[앙판(秧坂)파종기 변화] 1) 『농사직설(1429)』~ 『산림경제(18세기초)』 2) 『임원경제지(1842)』 이후	←→	←――→	←――――→						

[이앙시기의 변화]
1) 『색경(1679)』~
  『증보산림경제(1766)』
2) 『과농소초(1798)』~
  『경세유표(1810)』
3) 『임원경제지(1842)』
4) 『거관대요(19세기초)』
						←――→
						←―――→
						←―――――→
						   ←―→			

변하였음을 첫번째로 지적(其一古今時差也) 하고 있다. 예전에는 "곡우에 못자리에 낙종하고 하지에 이앙하면 빠르다고 하였지만, 지금은 곡우 전에 낙종하고 반드시 하지 전에 이앙함으로써 비록 한발 피해를 입는다고 하더라도 그 피해를 최소화할 수 있다"는 주장이었다. 이와 같은 관점에서 그는 파종기와 이앙기도 반드시 크게 앞당겨져야만 한다는 것을 왕에게 건의하였다. 이로 미뤄볼 때 조선후기에 있어 이앙 시기는 실제에 있어 농서에 기재된 것보다 더욱 앞당겨지고 있었음을 알 수 있다. 아마 배의는 그러한 변화에 맞추어 '조기 이앙'의 시행을 건의하였을 것이 분명하다.

이와 같이 조선후기에서는 직파법이나 이앙법을 막론하고 수도의 파종기는 더욱 다양화되고 더욱 확산되고 있었음이 분명하다. 특히 이앙의 시기는 원칙적으로 조기화가 진행되고 있었지만 그와 동시에 망종에서 소서에 이르는 약 2달간 동안으로 이앙 기간이 늘어남으로써, 조선후기에서는 수도

재배 범위가 더욱 확대될 수 있었을 것으로 보인다. 무엇보다 이러한 수도의 파종기와 이앙기의 다변화는 그와같은 방향에 알맞는 벼품종의 개발을 촉진하였으며, 이는 거꾸로 말하여 그러한 새로운 벼품종 개발의 결과이기도 하였던 것이다.

5. 새로운 우량 수도품종의 보급론 및 수입론

5-1. 새로운 우량 수도품종 보급론

한편, 1798년에 응지진농서(應旨進農書)를 제출한 18세기말의 순장 정도성의 상소에는 당시의 수많은 도종 가운데서도 이미 다수의 우량한 벼품종이 개발되어 있었음을 보여주고 있다.

> D12 鄭道成疏曰 凡稻種 有强者有柔 柔者遇旱卽 難苗而易 枯强者於水 於旱 竝無害焉 盖稻種之强者有三 天上稻 斗於羅山稻 淳昌稻 是也 三稻之種 其性最强 枯水稻卽注秧 乾田卽付種 而二月飜耕 三月付種 卽晩移秧揷之時 比 三色苗半已成長 而結實亦早 雖遇水旱 少無所損者也
>
> (『正祖實錄』, 正祖 22년 11월)

위의 상소문에서 정도성(鄭道星)은 도종 가운데는 강(强)자와 유(柔)자가 있었는데, 강자는 한재나 수재를 만나도 피해가 없다고 주장하고 있다. 여기에서 그는 '도종지강자(稻種之强者)'로서 '천상도(天上稻)', '두어라산도(斗於羅山稻)', '순창도(淳昌稻)'의 세 품종을 들고 있다. 특히 그는 이들 세 품종은 이앙을 하거나 건부종으로 재배를 하거나 간에, 빨리 성숙하여 역시 조기에 수확을 거둘 수 있어 비록 한발이나 홍수를 만나더라도 손해를 적게 본다고 주장하였던 것이다.

또한, 공주유학 임박유(林博儒)도 골짜기 땅(峽地)와 평야(野地), 높은 땅(高處)과 낮은 땅(低處), 비옥한 땅(饒地)와 척박한 땅(瘠地) 등 토양 조건(土品)과 곡식의 성질(穀性)을 분별해서 적지적종(適地適種)의 벼품종을 선택하자고 주장하였다. 그러한 관점에서 그는 토품과 곡성에 알맞는 품종과 알맞지 않는 품종을 지적하였다.29)

한편, 같은 시대의 공주생원이었던 유진목(柳鎭穆)은 당시 농민들이 많이 심는 품종이 일찍 익는(早熟) 벼품종인 정금도(正金稻)인데, 이 품종은 바람을 조금만 받아도 곡식이 여물지 않으므로(不實) 많이 심을 것(多種)이 못된다고 주장하였다. 그에 비해, 도충조(杜沖租)는 십수년 전에 일본에서 전래하여 호서지방에서 시종(始種)하게 된 것인데, 이것은 바람이 불어도 재해가 심하지 아니하고, 서리가 내린(霜落) 후에도 익기 시작하므로 서리(早霜)의 피해를 받지 않는다고 지적하였다.30)

이처럼, 18세기에 이르면 이미 농민 스스로에 의하여 적지 않은 우량 품종들이 새로이 개발되었으며, 그에 따라 당시의 농촌 지식인들은 이러한 우량 품종을 적극 장려하자고 주장하면서 그에 따른 적지적종의 영농 방법을 제시하였던 것이다. 이들은 늦게 파종(이앙)하여도 빨리 성숙하여 조기에 수확을 거둘 수 있는 품종, '골짜기 땅(峽地)', '지대가 높은 곳(高處)', '척박한 땅(瘠地)' 등에서도 재배할 수 있는 품종을 강조하였다. 그 밖에도 그들은 내풍성과 내한성을 가진 품종을 우수한 벼품종으로 육종하고, 또한 이를 보급해 나갔던 것이었다.

5-2. 대파(代播)와 우량 벼품종 수입론

그러나, 관계 시설이 극히 부족하여 천수답이 지배적이었던 이 시대에 있어서 이와 같은 우량 품종들은 모두 이앙에만 사용될 수는 없었다. 이른바, 순장 정도성의 "물이 풍부한 논에는 이앙을 하고 마른 논에는 직파를 한

---

29) 『日省錄』, 正租 23년 2월 11일.
30) 『日省錄』, 正租 23년 2월 11일.

다"31)고 말했던 것같이 이들 품종은 수리조건에 따라 매우 유동적인 재배법을 택하였으며, 또 큰 가뭄을 만났을 때에는 대파(代播)가 불가피하였다. 그에 따라, 돌발적인 농업 환경 변화에 효과적으로 대비함으로서 재해를 극복하여야 한다는 주장들이 여기저기서 제기되었다.

D13 兪穆農書曰 臣伏奉綸音 敢將訓農治農害農者……一曰分田三等 而付
種移秧 各隋其宜也 一曰沿野邑各倉儲置雜穀種還 以備代播也
(『正祖實錄』, 正祖22년 11월)

D14 林博儒 亦進農書……一畓分三等 以爲移秧付種代播也
一沿邑各倉 換置雜穀還 以備代播也
(『正祖實錄』, 正祖22년 11월)

먼저 사료 D13에서 유진목은 수전을 직파전, 이앙전 등의 3종류로 나누고 연안평야 지대의 각읍 창고에 잡곡종자를 비치함으로써 대파를 해야할 상황에 대비하자(以備代播也)고 주장하고 있다. 또한 사료 D14에서 임박유도 논(畓)을 삼등분하여 각각 이앙(移秧), 부종(付種), 대파(代播)를 행하며, 또 대파를 해야할 경우에 대비하기 위하여 각읍 창고(沿邑各倉)에 잡곡을 보관하자(換置雜穀還)고 말하였다. 이처럼 공주지방의 농촌 지식인들인 임박유와 유진목은 논을 위치와 수리조건에 따라 삼등분하여 각각 "이앙", "부종", "대파"를 행하도록 하며, 연안과 평야지역 읍(沿野邑)의 각 창고에는 잡곡을 비치하여 장차 재해로 인하여 대파(代播)를 하게될 때를 대비하자는데 의견을 같이 하였다.

이 때, 대파에 사용된 잡곡은 주로 메밀(蕎麥)과 녹두, 두 종류였는데 이들은 비록 늦게 파종(晩播)하여도 수확을 거둘 수 있었기 때문이었다. 뿐아니라 이들 두 작물은 '습기를 싫어하고 건조한 것을 좋아하며, 척박한

---

31) "水畓卽注秧 乾畓卽付種" (『日省錄』, 正祖 22년 12월 29일)

곳을 좋아하고 비옥한 곳을 싫어하는(惡濕而喜燥 宜瘠而忌肥)' 성질을 가졌기 때문에 큰 가뭄이 났을 경우에는 논에다 이를 대파하여 이를 수확함으로써 그 가뭄 피해를 최소화할 수 있었다.

한편, 1838년에 대사헌이었던 서유구는 그가 순창 군수로 재직하였던 1798년(正祖 22년 戊午)의 경험을 바탕으로 대파의 문제점과 그 대안으로서 우량품종을 수입하자는 주장을 다음과 같이 제시하고 있다.

> D15 大司憲徐有榘疏略曰……昔在正廟戊午 揷秧愆期 朝令代播蕎麥 臣時守淳昌郡 勸相其役 未幾淫霶 南人告饑 代播誠是也 而所播之種 未德其宜耳 我東穀種 各品雖繁 其晩時而可食者 唯有蕎麥予菉豆兩種 而俱惡濕而喜燥 宜瘠而忌肥 以是種而播 植昌濕之地 旱極勞至 無怪乎徒勞無攻也 臣聞 中原通州 等地 有六十日稻 初秋下種 初冬收穫 上海靑蒲等地 有深水紅稻 六月 播種 九月成熟 德安府 有香秄晩稻 耕田下子 五六十日可以食實 此皆晩時而可食者也 臣謂 每歲節使之行 多方訪求購來 頒之八方傳殖 卽不過一二年 人享其利 其於廣嘉種而救災荒 豈云小補哉
>
> (『憲宗實錄』, 憲宗4年 6月 己卯)

> D16 如稻一也 而益州之靑芉稻 早熟而可避晩災者也 通州之六十日 德安之香秄晩 晩時而可避旱災者也 西安之安南早 太平之六十仙 耐旱而可種者也 松江之鳥口稻 山陰之料白水 耐水而可種者也 惠安之鳥芒稻 靑州之海稻 不畏鹹鹵 而可種近海棣田者也
>
> (『擬上經界策』 下)

위 사료 D15에 따르면, 1798년의 큰 가뭄을 맞아 조정은 메밀(蕎麥)을 심으라며 "대파령"을 내렸지만, 때 마침 가뭄 끝에 큰 비가 와서 원래 매우 습한 곳이었던 논에 파종된 메밀은 큰 타격을 입었다고 한다. 그러한 경험을 바탕으로 서유구는 대파에 사용되는 잡곡 대신에 비록 늦게 이앙하여도 빨리 성숙하는 도종을 중국에서 수입해 들이자고 제안하였던 것이다. 특히, 그는 "대파"라는 방식을 대신할 수 있는 중국의 도종으로써 60일도(六十日

稻, 通州), 심수홍도(深水紅稻, 上海 靑蒲), 향호만도(香好晚稻, 德安府)의 3품종을 거론하면서, 이들 품종은 이른 가을(初秋)이나 6월 등의 늦은 시기에 만파되어도 그 재배기간이 50~60일 정도로 짧아서 수확을 거둘 수 있다고 보았던 것이다. 그러므로 그는 만약 사신이 중국을 다녀올 때마다 매년 이를 수입해다가 널리 퍼뜨린다면, 불과 1~2년만에 이 새로운 수입 벼품종의 혜택을 입을 수 있을 것이라고 생각하였다.

그러한 생각에서, 서유구는 사료 D16에서 당시 우리 농업에 도입하여 크게 유용할 중국의 도종을 다음과 같이 제시하고 있다. 이른바 조숙하여 늦게 파종하는 데서 오는 손해(晚災)를 피할 수 있는 도종(靑芋稻), 늦게 파종(晚播)하여 한재를 피할 수 있는 것(六十日稻, 香秄晚), 내한성이 강한 것(安南早稻, 六十仙稻), 내수성이 강한 것(鳥口稻, 料白水稻), 내염성이 강한 것(鳥芒稻, 海稻) 등 모두 4종류, 9품종의 도종을 그는 소개하였던 것이다.

이상과 같이 19세기 전반의 최고의 농학자인 서유구가 당시 수도작을 위해 꼭 수입해야 한다고 생각한 벼품종들은 대략 다음과 같은 것들이었다고 요약할 수 있겠다. 이른바, 만파하여도 빨리 자라서 수확을 거둘 수 있는 품종, 그리고 내한성, 내수성, 내염성이 있는 품종들이 바로 그것이었다. 특히 이러한 그의 주장으로 보아 조숙하여 만재와 한재를 피할 수 있는 품종 도입이 당시에 가장 절실한 과제였던 것으로 분석된다.

그러나 앞서 고찰한 것처럼, 이 시대에는 이와 같은 육종방향이 전개되어 이미 '천상도(天上稻)'와 같이 조숙하여 조기수확을 거둘 수 있는 벼품종들이 등장하고 있었다. 심지어 최만종(最晚種)의 경우에는 이앙이 초복(양력 7월 18일경)에 행해져도 수확이 가능한 새로운 조선 벼품종이 등장하고 있었던 것이다. 그럼에도 불구하고 서유구는 보다 나은 중국 벼품종을 수입하여 당시의 관행이었던 대파(代播)의 문제점을 근본적으로 해결하자고 제안하였던 것이다.

6. 일제의 조선도종 평가

일제 식민지 시기의 벼농사 발달은 식민지 사회 내부의 요구보다 식민모국의 사회적 요구에 의존할 수밖에 없었으며, 그 역시 전통적인 관행기술을 경시하고 일본에서 시험된 기술을 직수입하는 형태로 전개되었다.32) 그 때문에 식민지 시대 전반을 통하여 조선 벼품종의 구축과 일본 우량품종의 '보급·교체·통일'이 급속하게 전개되었다. 그리하여, 1912년에 97.2%를 차지하던 조선 벼품종은 1935년에는 17.8%로 급속히 감소하였던 것이다.

이러한 조선후기의 도종들은 일제에 의해 여러 차례 수집되었으며, 그 특성이 조사되었다.33) 이른바 '권업모범장'(1911~1913년까지 2회에 걸쳐 각 도부군에 위촉하여 조사함)과 이리에 위치하였던 '농사시험장 남선지장'(1930~1934)이 각각 행한 "재래수도조사"가 그것이다. 그러나 조선 재래품종에 대한 시험 연구는 갈수록 경시되어 1930년대부터는 아예 품종비교 대상에서조차 제외된 경우까지 있을 정도였다.

당시 일본인 농학자들에 의해 파악된 조선 벼품종의 일반적인 특성은 대략 다음과 같이 요약될 수 있겠다.34) 먼저 그 단점으로는 '까락이 많다(有芒種)', '대체로 조숙하다', '분얼수(分蘖數)가 적고 줄기가 길어 쓰러지기 쉽다', '도열병에 약하다', '낟알이 굵은 품종이 많다', '이삭당 낟알(一穗粒數)이 많다' 등이 지적되었다. 또, 그 장점으로서는 '내한력이 강하다', '출수에서 성숙 때까지의 일수가 짧으며', '수분이 부족한 토양에서도 발아력이

---

32) 蘇淳烈,「植民地期 全北에서의 水稻品種의 試驗研究와 그 普及 - 植民地 農業技術의 主體性 解明을 위하여」,『全羅文化論叢』제5집(1992. 11).
33) 朝鮮總督府殖產局農務課,『水稻在來耕作法ト改良耕作法トノ經濟比較-大正十三 四 兩年ニ於ゲル勸業模範場事業報告ニヨリ調査シタルモノナリ』, (1928년, 筆寫本).
34) 蘇淳烈,「植民地期 全北에서의 水稻品種의 變遷」,『全北大學校 農大論文集』第23輯(1992. 2), pp.126-127.

강하다'는 점 등도 역시 지적되었다. 한편, 일본인 농학자 하마다(濱田秀男)도 이러한 조선 벼품종들이 "조선의 기후에 순화되어 춘의 한발(旱魃), 하의 출수(出水), 추의 조냉(早冷)에 내하고 무비(無肥) 조방재배에도 불구하고 반수 벼일석을 거하고 곡립은 식미가양(食味佳良)"이라고 장점을 갖는 반면에, "도복(倒伏)이 쉽고 병해에 약하고, 입형척소(粒形瘠小), 도정시(搗精時) 감모가 많고, 잡물이 많이 끼는 등 품질과 수량 모두에서 일본미에 비해 상당히 열등하다"35)고 평하였다.

이처럼 일본인 농학자들에 의해 여러 차례 지적된 조선 벼품종의 한계를 한마디로 요약한다면, 조선벼 품종은 당시 일제가 필요로 하던 "다비다수재배"에 부적합하며, 또 시장성·상품성·경제성에서도 부족하다는 주장이었다. 그러나 그러한 비교는 결코 동일한 농업 환경(기후, 수리 및 지형 등의 풍토)에서의 비교가 아니었다. 물론 충분한 관배수 시설 및 화학 비료의 공급이 가능하였다면, 분명히 일본 품종들이 이들 조선 벼품종보다 더욱 높은 수확고를 올릴 수 있었다.

그러나, 아직도 대부분의 수전이 천수답이었고 잦은 가뭄으로 인한 늦은 파종 및 이앙이 다반사였으며, 격심한 여름장마와 이른 서리(早霜), 그나마 비료마저 극히 부족하였던 상황에서는 결과가 전혀 다르게 나올 수밖에 없었을 것이다. 이러한 한국적인 자연 조건 속에서는 타고난 만파 조숙성(晩播 早熟性)에다 강한 내한성·내수성·내냉성을 가지고, 부족한 비료에도 불구하고 단보당 벼 1석을 거뜬하게 생산할 수 있는 조선 벼 품종이 더욱 유리할 수 밖에 없었다. 이른바, 당시에도 '산간', '오지', '천수답'과 같은 특수하고 열악한 수도의 재배 환경 속에서는 조선 벼품종들이 오히려 일본 벼품종들을 능가하는 생산 능력을 가지고 있었다.

이와 같은 사실은 조선 벼품종의 발달 과정을 통해본 조선후기 벼농사의 발달 방향이 일본과 같은 "다비다수"형 벼품종과는 사뭇 다른 방향으로 전

---

35) 濱田秀男, 「朝鮮在來稻」, 『朝鮮學報』 5輯(1953. 10), p.61.

개되었음을 의미한다. 특히 조선후기 벼농사에서는 단위면적당 생산력을 높이는 방향의 "다비다수"적 전개가 진행되었지만, 그보다 주어진 환경적, 기후적 제약을 극복하고 조건 불리 지역에까지 벼농사를 확산하려는 방향으로의 육종이 끈임없이 전개되었던 것이다. 그러한 사정 때문에 조선후기의 벼농사는 보다 유리한 기후 조건에 놓여있었던 일본의 그것과 크게 다를 수 밖에 없었다. 그러한 사정을 알 수가 없는 일본인 농학자들의 단견 때문에 결국 무려 1,450품종이나 되는 조선 고유의 도종들이 제대로 수집되어 과학적인 평가도 온전히 받지 못한 채, 마침내 단절되고 마는 운명에 처해졌던 것이었다.

하마다(濱田秀男)의 연구에서 유추할 수 있듯이 이러한 일제의 만용은 미래식량을 담당할 유전자원의 무책임한 상실을 의미하는 것이었다. 모두가 '일본형 벼'였을 것이란 선입견에도 불구하고, 조선 벼품종은 일본형과 인도형의 수도와 육도란 모두 4계통의 품종들로 분류되었으며, 더구나 "미조(米租)"란 특수한 품종은 형태적·생리적으로 보아 그러한 분류 밖에 놓여지는 특이한 유형인 '쟈바형 수도'에 근사한 것으로 추정되었다.[36] 이러한 사실은 조선 벼품종들이 세계 그 어느 곳에서도 찾을 수 없는 독특하고도 풍부한 유전 자원을 내포하고 있었음을 의미하는 것이기도 하다.

7. 맺음말

이상에서 조선후기의 도종은 파종 시기별로는 조도·만도·중도가, 그리고 재배법 및 파종되는 장소에 따라서는 수도·건답도·육도라는 벼종류가 있었음이 확인된다. 특히 건답도는 원래 만도에서 출발하였으나, 이 시대에 이르면 이미 하나의 새로운 한국 특유의 벼종류로 정착하였던 것이다. 이처럼, 조선 고유의 도종들은 조선후기에 들어와 그 종류의 다양성 뿐 아니라,

---

36) 濱田秀男,「朝鮮在來稻」,『朝鮮學報』5輯, 1953. 10, pp.66-68.

품종의 수에 있어서도 급속히 확대되고 분화되는 모습을 보여주었다. 이러한 내용은 비록 19세기 초의 농학자 서유구에 의해 69종으로 일단 정리하였지만, 여기에는 누락된 것이 매우 많았을 것으로 보여진다. 특히, 1910년경에 행해진 조사에 의하면 조선 도종들은 무려 1,158품종에서 1,450품종에까지 이른다고 집계되었던 것이다.

그러나, 실제에 있어 우리는 조선후기 벼농사에 있어서 특히 파종기에 따른 벼품종 분화가 더욱 심하게 전개되었음을 여러 자료를 통하여 밝혀낼 수 있다. 그 한 예로서 19세기 초의 『거관대요(居官大要)』를 보면, 이 시대에는 이미 조도에서도 조종과 중종이, 그리고 만도에는 조종과 만종이 분화되었다고 한다. 뿐만 아니라 이앙의 경우에는 "조, 중, 만, 최만(早, 中, 晩, 最晩)"의 모두 4종류로 분화된 도종이 사용되었음을 알 수 있다. 당시 농정의 일선에서 농민을 지도하기 위해 저술된 이들 민정 자료에 기재된 이러한 내용들은 농서에서 나타난 경우보다 더욱 다양한 품종분화가 실제로 진행되었음을 보여주는 것이라 하겠다. 또, 한말에 이러한 우리 벼농사를 관찰하였던 Hulbert와 Hamilton은 이 수도, 건답도, 육도라는 세 종류의 도종들이 각각 그 재배법과 파종 장소 뿐아니라, 그 소비패턴, 저장기간까지도 현저하게 달랐음을 지적하고 있다.

주지하는 바와 같이 이앙법이란 신기술이 크게 확산되고 있었던 조선후기에는, 그에 따른 위험부담을 최소화하기 위해서 이앙 시기가 크게 다양화되었을 뿐 아니라 조숙하고 '한재', '수재', '풍재'에 강한 품종이 널리 권장되기도 하였다. 그러나 큰 가뭄을 만났을 때에는 교맥(蕎麥)과 녹두(綠豆) 등의 대파가 불가피하였는데, 특히 중국으로부터 만파하여도 수확이 가능하고 재배기간이 매우 짧은 도종을 수입하여 대파의 단점을 커버할려고 시도하였다. 그외에도 내한성·내수성·내염성이 있는 도종을 수입하자고 주장도 제기되었다.

이러한 조선후기 벼품종의 발달 과정은 천수답이 절대적으로 많았고, 가

품으로 용수가 부족할 때가 많았던 우리의 기후와 풍토 속에서 이해되어야 한다. 이 시대의 벼품종들은 이앙과 직파를 가리지않고, 무엇보다 빨리 자라 일찍 수확을 거둘 수 있는(早熟) 방향으로 육종되어 왔다. 이른바, 늦게 이앙하거나 직파하여도 수확이 가능한 "만식(晩植) 재배의 적응성"이 가장 중요한 품종 선택의 기준이었기 때문이다. 그 밖에도, 김희태가 지적한 것처럼37), 이미 답리작을 고려한 '조숙 다수성(早熟 多收性)', 바람과 서리(早霜) 피해를 적게 받는 '내풍 내한성(耐風 耐寒性)', 여름 장마와 겨울 추위에 맞서기 위한 '내병성(稻熱病), 내한성' 등이 부차적으로 요구되었으며, 물론 맛과 품질도 중요한 육종의 목표였다.

이렇게 조선후기의 벼품종들이 만들어지는 과정은 곧 주어진 자연 환경 속에서 적지적종(適地適種)을 하는, 다른 말로 하면 토품(土品)과 곡성(穀性)에 알맞는 품종을 선택하는 과정이었다고 생각된다. 그러한 점에서 조선후기의 육종방향은 '다비다수성(多肥多收性)'을 앞세운 도꾸가와시대 일본의 그것과는 사뭇 다를 수 밖에 없었다. 그러나, 일본인 관변 농학자들을 선구로 한 지금까지의 연구들은 이와 같은 조선 도종들의 고유한 특성들을 일방적으로 무시한 채, 오직 이들을 '다비다수'라는 관점에서만 파악하였다. 그 때문에 그들은 누구나 조건불리 지역이란 기초 조건은 무시한 채 조선 벼품종의 한계를 지적하기에 인색하지 않았으며, 심지어 일본 벼의 강제적 이식을 마치 우량 품종의 당연한 도입으로 판단하였다. 심지어 조선 도종(在來稻)을 실험하였던 유일한 연구자인 하마다(濱田秀男)까지도 이들이 가진 특성에만 관심을 가졌을 뿐, 그 풍부한 유전 자원에는 별로 주목하지 않았다.

그러나, 이제 조선 벼품종들은 이 땅에 거의 남아있지 않다. 바로 일제가 그들의 식민지적 요구를 충족시킬 수 없다는 판단 아래, 깊이 있는 과학적 검토도 없이 '우량품종 보급'을 이유로 이들을 강제적으로 도태시켰기 때문이다. 그러나 이들은 우리의 자연 환경에 가장 알맞는 도종들이었기 때문에,

---

37) 金熙泰,『朝鮮米作硏究』, 正音社, 1948.

만약 조금이라도 그 장점을 발전시키고 결점을 보완할려는 노력이 조금이라도 가해졌다면 이 조선 벼품종들은 근대 이후 우리 농업 발전에 크게 기여하였을 것이 명백하다.

특히 생산비 절감을 위해 수도 직파법이 요청되고, 또 지속가능한 농업(Low Input Sustainable Agriculture)이 요구되는 오늘날, 비록 상당한 시대 차이가 있지만 조선후기의 벼품종과 재배법은 중요한 시대적 의미를 갖는다. 왜냐하면, 우리 고유의 조선 벼품종들은 바로 4천년에 걸친 이 땅의 모든 환경인자를 담고있는 보고이며, 이러한 풍부한 유전자원을 통해서만 기상이변의 시대에 직면한 미래의 식량 자원을 개척해 나갈 수 있는 유일한 수단이기 때문이다.

제3장 | 17세기 수도재배의 기술체계

김영진
한국농업사학회 명예회장

1. 머리말

수도(水稻)는 한국의 주작물이며 미곡은 국민의 주식으로 농업 소득의 반이상을 점하고 있다. 수도는 하계 고온 다우형인 한국 기후에 알맞아 곡류 중 단위 면적당 수량이 가장 많고(평년작 ha당 5M/T, 2001년 5.13M/T), 생산 기반인 수전은 집중 호우기의 홍수 조절과 양질의 지하수를 저장하는 기능을 가지고 있다. 또한 수도는 지구상의 식물 중 단위 면적당 가장 많은 산소를 배출하고 이 보다 많은 탄산가스를 흡수하는 등 농업의 공익적 기능도 가지고 있다.

한국 수도작의 기원은 최근 출토된 탄화조로 보아 최소 BC 13,000년전으로 밝혀져 있으나[1] 기록상으로는 BC년대에 한반도 남단에 건국하였던 변진국에서 재배한 것이 최초가 되고있다.[2] 국가 권력에 의한 수도작 장려는 백제 다루왕 6년(AD33년)부터이며[3] 1432년의 통계에 의하면 남북한 농지의 약 28.4%가 수전이었고, 그 중 중부 이남이 약 41.3%로 15세기 이전의

---

1) 許文會外 3人,『韓國作物學會誌』Vol 44 別冊, p.18, 2000.
2) 陳壽(晋代),『三國志』「魏書」東夷傳 弁辰條(土地肥美 宜種五穀及稻)
3) 金富軾,『三國史記』「百濟本紀」多婁王 六年(二月 下令國南州郡 始作稻田)

어느 시기부터 서서히 주작화(主作化)되었을 것이다.4) 최근에는 남북한 농지(4.025천ha)의 46%, 남한 농지(2.033천ha)의 62.3%가 수전으로 되어있으며5) 현재 남한과 북한의 식량 사정을 감안할 때 장차 수전면적은 증가할 것으로 예상된다.

본고에서는 이와 같이 중요한 수도에 관하여 기존의 여러 농서 및 관련 문헌을 분석함으로써 ① 농서가 있는 15세기부터 17세기까지의 여러 수도 재배법을 살펴보고, 재배법 간의 기술 발전의 차이와 그 원인을 고찰함으로써 조선전기 수도작을 개관하고자 한다. 아울러 ② 17세기 재배 기술을 수리화·화학화·기계화가 본격적으로 진전되지 않았던 1950년대의 수도재배 기술6)과 비교함으로써 17세기 수도재배 기술의 기술 수준을 보다 객관적으로 추정코자 한다.

2. 17세기 수도작의 기술체계

2-1. 수도 품종

수도 품종은 아래와 같이 15세기에 모두 25품종으로 숙기(熟期)별로는 조도 3품종, 차조도 4품종, 만도 18품종(粘稻 3)으로 만도가 압도적으로 많으며 점도는 모두 만도였다. 만도가 많은 것은 조도, 차조도보다 수량이 많고 계절상 재배가 편리하기 때문이다. 17세기말에는 모두 38품종으로 15세기보다 52%가 증가하였다. 그중 39%가 증가한 만도보다 67%가 증가한 조도와 100%가 증가한 차조도의 증가비율이 높았으며 변동이 없는 것은 점도였다. 이와 같은 조도, 차조도의 증가는 당시의 급박한 단경기(端境期)

---

4) 『朝鮮王朝實錄』 卷148~155, 地理誌, 1432.
5) 農林部, 『農林業主要統計』 1997.
6) 金熙泰, 『朝鮮米作硏究』 正音社, 1948, 光復後 韓國最初의 水稻作書임.
   李殷雄, 『水稻作』 鄕文社 1958, 光復後 두번째의 水稻作書임.

식량 사정이 품종 육성면에 반영된 것으로 생산자들이 조기 재배를 선호하였기 때문으로 믿어진다. 이로서 비록 품종 분화는 많다고 볼 수 없으나 위도(緯度)나 고저(高低), 그리고 품질(粳, 粘)에 관계없이 품종 선택상 최소한의 수요는 충족되는 품종수라고 볼 수 있다.

15세기[7] : 조도 3품종, 차조도 4, 만도 18(점도3), 계 25품종 100%
17세기[8] : 조도 5품종, 차조도 8, 만도 25(점도3), 계 38품종 152%

20세기 초 한국 수도 재래품종의 일반적 특성을 조사한 바 대개 ① 장간(長稈)이며, ② 분얼수가 적고, ③ 도복이 잘 되며, ④ 조숙이 탈립이 잘 되고, ⑤ 도열병에 약하며, ⑥ 대립종이 적고, ⑦ 장망종이 많았다. 또 ⑧ 대체로 내한력이 강하고, ⑨ 출수기와 성숙기 사이가 짧으며, ⑩ 수분이 부족한 상태에서 발아력이 높은 생태적 특성을 가지고 있었다[9]고 한다.

2-2. 수도 직파 재배

직파재배는 이앙 과정을 거치지 않고 본답에 도종을 직접 파종하여 수확하는 수도재배법으로 수도재배 초기부터 관행되던 농법이다. 이에는 담수직파(早稻, 晩稻)와 건답직파(晩稻)가 있다. 직파재배는 15세기 관찬농서인 『농사직설』(1329)과 17세기 중엽의 농서로 관에서 권농교재로 인쇄 배포한 『농가집성』(1655), 그리고 17세기말의 체계적인 농서인 『산림경제(1700?)』 등의 대표적인 세 농서를 비교하고자 한다.

---

7) 姜希孟,『衿陽雜錄』穀品條, 1483.
8) 洪萬選,『山林經濟』種稻 1700(?). 著述의 年度 未詳이나 洪萬選(1643~1715)의 生涯로 보아 1700年頃 著述로 推定.
9) 金熙泰,『앞의 책』, pp.56~57.
   李殷雄,『앞의 책』, pp.100~101.

1) 조도의 담수직파

담수직파는 270여년간 재배법상의 기술 진보는 17세기말의 『산림경제』에서 속효성 비종(泥, 麻及棉實粕)의 기비 이용 추가와 파종 3일 후의 도초회(稻草灰) 추비가 새로운 것이다. 이는 원료 확보상의 실용성과는 관계없이 15세기 농서에는 없던 내용이기 때문이다. 그밖에 침종기의 명시 및 일기에 따른 다양한 침종 방법 등이 새롭다. 괄목할만한 것은 15세기부터 이미 객토를 실시하였다는 사실이다. 이는 토양의 미량 요소를 보충한다는 면에서 오늘날도 실시하고 있는 방법이기 때문이다. 이와 같은 조도 담수직파는 이앙 재배가 늘면서[10], 만도 담수직파와 더불어 17세기 이전부터 서서히 감소하였다.[11]

(1) 『농사직설』[12](1429)의 조도 유수경(早稻有水耕)

秋收後 擇連水肥膏水田(凡水田上可以引水 下可以決去 旱則灌之 雨則洩之者爲上 洿下渟水處次之 然久雨泥渾則苗腐 高處須雨而耕者爲下矣) 耕之冬月入糞(正月氷解耕之入糞 或入新土亦得) 二月上旬又耕之 以木斫(鄕名所訖羅) 縱橫摩平 復以鐵齒擺(鄕名手愁音) 打破土塊令熟 先而稻種 漬水經三日 漉出納蒿蒉中(鄕名空石) 置溫處 頻頻開視 勿致鬱浥 芽長二分 均撒水田 以板撈(鄕名翻地) 或把撈(鄕名推介) 覆種漉水驅鳥(以苗生爲限) 苗生二葉則去水 以手耘(苗弱不可用鋤 然水渴土强 則 當用鋤) 去苗間細草訖 又灌水(每去水而耘 耘訖灌之 苗弱時宜淺 苗强時宜深) 如川水連通 雖旱不渴處則 每耘訖決去水曝根 二日後還灌水(耐風與旱) 苗長半尺許 又耘以鋤(苗强可以用鋤) 耘時以手按軟苗間土面耘至三四度(禾穀成長唯賴鋤功 且早稻性速 不可小緩) 將熟去水(有水則熟遲) 早稻善零 隨熟隨刈

---

10) 金容燮 『朝鮮後期農業史硏究』, 一潮閣, 1971.
 : 肅宗24年(1698) 戶曹判書李濡曰 "移秧事半功倍 諸道無不爲之 已成風俗"
 : 『日省錄』 正祖 23年(1799) 2月 11日, 公州生員 柳鎭穆曰 "一坪之耕 九分皆注秧也"
11) 『增補文獻備考』 「田賦考」 7 中卷 p.699, 『度支志』 3 版籍司, 勸農.
12) 『農事直說』 種稻, 有水耕, 1429.

(2) 『농가집성』13)(1655)의 조도 유수경 : 위와 같음

(3) 『산림경제』14)(1700?)의 조도 유수경 : 다음 사항 추가(   )

…… 正月氷解入糞(閑情錄15)曰 或河泥塘泥或麻餠或綿花子餠 每畝下二百斤…… 稻種漬水三日鹿出(『神隱』16) 早稻 淸明前 浸於池塘水三四日 微見白芽針然後取之 或瓮缸內用水浸 數日撈出 以草掩生芽數 浸於長流水則 難得生芽)…… 置溫處(『神隱』曰 置陰處 閑情錄曰 晴則曝暖浥以水 日三數遇陰寒則浥以溫湯)…… 均撒水田中(『閑情錄』曰撒時必淸明則苗易堅)……限苗生驅鳥 (『閑情錄』曰 撒種二三日後 撒稻草灰于上則生)……

2) 만도의 담수직파

만도의 담수직파는 품종과 파종기만 다를 뿐 근본적으로 조도 담수직파와 다를바 없다. 만도 품종수가 조도, 차조도보다 많으므로 이에 상응하게 재배면적도 많고 재배기법도 다양하게 개발되었어야 할 것이나, 의외로 기술 진보는 거의 없었다. 다만 15세기 농서에서 파종기의 폭이 장장 2개월간(4월 상순~망종)이던 것을 17세기말에 곡우(4월20~21일) 전후로 한정하여 그 폭이 짧아지고 있다. 그러나 이 경우 조도 담수직파의 파종기가 청명(4월5~6일)이므로 파종기의 차이가 만도직파와 불과 15일 간격으로 축소되어 사실상 조도와 만도간의 재배법상 차이를 구분하기 어렵게 된다. 곧 만도직파의 조기화와 직파재배가 이앙법으로 전환함에 따라 만도 담수직파 기술의 진보를 조도직파의 경우보다도 더 둔화시킨 이유로 믿어진다.

(1) 『농사직설』(1429)의 만도 유수경

正月氷解之 入糞入土與早稻法同 (今年入土則 明年入糞 或入雜草 互爲之) 其地或泥濘或虛浮或水冷則 專入新土或莎土 瘠薄則 布牛馬糞及連枝杼葉(鄕

---

13) 申洬, 『農家集成』 種稻, 有水耕, 1655.
14) 洪萬選, 『앞의 책』
15) 許筠, 『閑情錄』 卷之16 治農, 習儉, 1618.
16) 朱權, 『神書隱』 明太祖의 十七子 朱權이 지은 農書, 6., 年度 未詳이나 그의 死亡은 1448年(天野元之助, 『中國古農書考』, pp.186~190, 龍溪書舍, 1975)

名加乙草)人糞 蚕沙亦佳(但多得爲難 三月上旬至芒種節又耕之(大抵節晚耕種者不實) 漬種下種覆種灌水 耘法皆 與早稻法同(六月望前三度耘者爲上 六月內三度耘者次之 不及此者爲下

(2) 『농가집성』(1655)의 만도 유수경 : 위와 같음

(3) 『산림경제』(1700?)의 만도 유수경 : 다음 사항 추가(　)

······ 三月上旬至芒種又耕之(『神隱』及『閑情錄』曰 晚稻穀雨前後種) 大抵節晚種者不實

3) 만도의 건답(水田)직파

건답직파는 건답에 도종을 파종하여 건앙상태로 유묘기(幼苗期)를 경과하다가 우기가 되면 담수상태로 재배하는 방식이다. 이는 수도재배가 수리안전답에서 수리불안전답까지 확대되자 담수직파에 이어 제2단계로 발전된 재배 형태로 추정되나 언제 어떤 경로로 발전된 것인지에 대해서는 다양한 이론이 있다.[17]

수도작은 관개수를 이용하지 않을 경우 생육 기간에 2,200㎜의 연강수량이 필요하나 북부(함경남북도)를 제외한 한반도의 연강수량은 900~1,300㎜의 분포로 강수량만으로는 수도작에 불충분하다. 그나마 한반도는 연강수량의 70%내외가 6, 7, 8, 9월에 집중되므로 춘한기인 4~5월중의 강수량도 불과 10~19%로 수리불안전답의 수도 담수직파 재배는 거의 불가능하다.[18] 이 4~5월의 수리부족을 극복코자 개발된 수도재배 기술이 수도의 건답직파법이다.

이 건답직파법의 개발은 수리 사업 등 농업의 공학적 해결에 한계가 있었기 때문에 이를 농학적(재배학적) 방법으로 해결코자 한 노력의 성과이다.

---

17) 李春寧, 『李朝農業技術史』 p.38, 1964.
　　天野元之助, 「火耕水耨の辯」, 『東大史學雜誌』 61-4. p.59, 1950.
　　宮嶋博史, 「朝鮮農業史上 におけゐ 15世紀」, 『朝鮮史叢』 3, 1980.
18) 金光植, 『農業氣象學通論』, pp.112~113, 1964.

건답직파는 15세기 농서이래 기술 발전이 없다가 17세기말의 농서인『산림경제』에 와서 건파후 토송불밀(土鬆不密)하였을 때 토막번지(木榾)나 시선번지(柴扇翻地)로 복토하거나 제초를 겸한 재복토 기술이 새로이 발전되었다. 이는 파종된 종자의 손실 방지와 발아를 균일하게 한다는 면에서 진일보된 기술이다.

그러나 역대 왕조가 흉작이 될 때마다 계속 건답직파를 강권[19]한 것을 감안한다면 이 기술의 발전은 담수직파 특히, 만도 담수직파와 더불어 지지부진하였다. 그와 같은 원인은 직파재배가 종자량은 더 소요되면서 수량은 이앙 재배보다 감소하는데다 미질마저 떨어지기 때문이다.[20] 더욱이 17세기에 새로 개발된 답이모작 맥류 재배기술로 답이모작 면적이 차츰 늘어나자 직파재배 기술 발전의 여지는 더욱 축소될 수밖에 없었다.[21] 따라서 이 방법은 차츰 쇠퇴하여 1937년에는 한반도 서북지방에서 근소한 면적(225백ha)만이 관행 재배되었다.

(1)『농사직설』(1429)의 건경(乾耕)

春旱不可水耕 宜乾耕(惟種晩稻) 其法耕訖以檑木(鄕名古音波) 打破土塊 又以木斫 (鄕名所訖羅) 縱橫摩平熟治後 以稻種一斗 和熟糞或尿灰一石爲度(作尿灰法 牛廏外作池貯尿 以穀秸及穗秕類燒爲灰用 所貯池尿拌均) 足種驅鳥(以苗生爲限) 苗未長成 不可灌水 雜草生則 雖旱苗槁 不可停鋤(古語云鋤頭自有百本禾 老農亦曰苗 知人功)

(2)『농가집성』(1655)의 건경 : 위와 같음

(3)『산림경제』(1700?)의 건경 : 상동. 다음 사항 추가 (　　)

…… 乾播後 土鬆不密則 種子或腐傷或虫食 須以土莫翻地(以木榾爲之) 曳

---

19) 金容燮,『朝鮮後期農業史硏究』一潮閣, pp.22～46, 1971.
　　『肅宗實錄』卷13, 肅宗 8年 11月, 影印本 38册, p.613.
　　『景宗實錄』卷3, 景宗元年 2月, 影印本 41册, p.147.
20) 木下忠,『日本農耕技術の起源と傳統』, 雄山閣, 1985.
21) 許筠,『앞의 책』, 大麥, 小麥, 洪萬選,『앞의 책』, 畓中種牟法.

其上 使 土堅密 待立苗以柴扇翻地(사립번지) 曳其上則 苗立而草死 愈頻愈好 苗盛則 止且 乾耘一次後 灌水則苗盛(俗方)

4) 도묘 이앙 재배

이앙 재배는 건답직파 다음으로 개발된 수도재배법으로 추정된다. 중국에서는 6세기 전반의 『제민요술』22)에 이앙 재배법이 기록되어 있고, 일본에서는 8세기 후반의 『만엽집』23)에 처음으로 기록되었다 한다. 양국의 기록으로 보아 한국에서도 6~8세기간에 이앙 재배법이 시작된 것이 아닌가 추측되나 최초의 기록은 고려말 백문보(白文寶)가 1362년 공민왕께 진헌한 문장(箚子)에서 찾아볼 수 있다.24) 25)

이앙 재배는 유묘기의 집중관리(시비, 병충방제, 제초), 본답의 생력제초, 용수절약, 본답의 토양통기 조장 등 장점이 많으나 1429년에 관찬으로 편찬된 『농사직설』에는 다만 본답의 생력 제초만을 장점으로 들고 있다. 그것도 문장 말미에 "萬一大旱則失手 農家之危事也"라 하여 이앙재배의 위험성을 경고함으로서 소극적 권장에 그치고 있다.26) 뿐아니라 한재가 들 때마다 정부는 계속 이앙을 금지시켜 왔다.27)

그럼에도 불구하고 농학자와 농민들은 계속 이를 연구, 실용함으로써 17

---

22) 賈思勰, 『齊民要術』 卷2, 水稻. 北魏(386~534)人, pp.532~544.
23) 和田一雄, 『田植の 技術史』, 京都ミネルヴア書房, 1988.
24) 『高麗史』 卷79, 食貨, 農桑, 中卷, p.736(延世大 影印本): "又民得亦務於下種揷秧 亦可以備旱 不失穀種"
25) 『世宗實錄』 卷68, 世宗 17年(1435) 4月, 影印本 3冊, p.624.
    (擇有水處 預養苗種 待四月移種 其來已久……禁慶尙江原道人民 苗種之法載在六典)
26) 鄭招, 『앞의 책』, 種稻, 苗種.
27) ○『肅宗實錄』 卷13 肅宗 8年(1682) 11月 影印本 38冊, p.613. 領經筵 閔鼎重建議 "以移秧禁斷事 論及守令… 是後召見守令 輒以申飭"
    ○增補文獻備考 田賦考7 中卷, p.699. 肅宗24年(1698) 右議政 崔錫鼎 建議 "禁斷後 若有犯禁者則 以不爲給災之意申飭"
    ○承政院日記 景宗元年(1721) 2月 2日 28冊, p.674. 大司成 金雲澤啓言 "就其無水根處 一切嚴禁 使不得移秧 而急時播種…分付諸道 各別申飭 不從者別樣治罪"

세기에 와서는 다음에서 밝히는 바와 같이 중국의 수도 이앙재배 수준의 기본적인 기술적 요건을 모두 갖춘 것으로 믿어진다.

이제 17세기 수도 이앙 재배의 기술 진보를 구체적으로 파악하기 위해 15세기 농서인 『농사직설』(1429)을 기준으로 17세기에 편찬된 『한정록』(1618), 『위빈명농기』(1618), 『농가월령』(1619), 『농가집성』(1655), 『색경』(1676), 『산림경제』(1700?) 등 6종의 농서를 종합하여 이앙재배를 다음과 같이 재구성하고자 한다. 이를 통해 여기에서는 양묘처, 도종 처리, 파종기, 파종법, 양묘 관리, 묘종처(본답) 준비, 이앙, 묘종처 관리, 수확의 순으로 고찰하려고 한다. 이렇게 17세기 농서를 종합 재구성하는 까닭은 같은 내용이라도 저자에 따라 독자가 이미 익혀 알고 있다고 인정하는 내용을 제외하였거나 편찬방식이 서로 다르기 때문이다.

(1) 담수양묘 이앙재배(기준)

『농사직설』(1429)의 묘종법 : 擇水田雖遇旱不乾處 二月下旬至三月上旬 可耕 每水田 十分以一分養苗 餘九分以擬苗(拔苗訖耕栽養苗處) 先耕養苗處如 法熟治去水 剉柳枝軟梢 厚布訖足踏之 曝土令乾後灌水 先漬稻種三日漉 入蒿 藁(鄕名空石) 經一日下種後 以板撈(鄕名翻地)覆種 苗長一握以上 可移栽之 先 耕苗種處 布杼蘩(鄕名加乙草)或牛馬糞 臨移栽時又耕之 如法熟治 令土極軟 每 一科栽不過四五苗 根末着土 灌水不可令深(此法便於除草 萬一大旱則失手 農 家之爲事也)

① 양묘처[28]

양묘처(秧基)의 위치선택, 가경 시기 및 면적 등은 15세기와 같고 1960년 대 이후 보온 양묘 이전의 상태와 다름없다. 다만 기비 사용에 있어서는 인분, 초목회(草木灰), 목면자(木棉子), 구뇨(廐尿), 호마곡구비(胡麻穀廐肥) 등의 속효성 비료가 새로운 비료로 사용되고 있었다. 15세기에는 조도 담수직파가 일반적이었으나 17세기에는 조도도 이앙재배로 전환[29]되면서

---

[28] 申洬, 『農家集成』, 稻種, 1655(洪萬選 앞의 책 1700?).

조기 육묘와 건묘 육성을 위해 속효성 비종이 앙기의 기비로 이용된 것이다. 또 이앙 면적이 증가하면서 불가피하게 사답앙기(沙畓秧基)를 만들거나 지품연약(地品軟弱)한 앙기(秧基)에서 앙종부양(秧種浮釀)이 있을 때의 대응 처치법이 서술되고 있다. 이는 화학 비료만 없을 뿐 20세기 앙기 조성 및 관리와 크게 다를 바 없는 기술적 진보라 할 수 있다. 의심스러운 것은 앙기 모양이 언급되지 않아 단책형(短冊型)인가 알 수 없으나, 최소한 앙기 관리(제초, 추비, 관배수)상 작업로는 있었을 것으로 추정된다. 그럴 경우 1960년대의 단책형 앙기에 가까울 것이다.

- 양묘처 위치 : 擇水田 雖遇旱 不乾處
- 가 경 시 기 : 二下旬至 三月上旬可耕
- 면 적 규 모 : 每水田十分 以一分養苗 九分以擬栽苗 (拔苗訖幷 養苗處)
- 앙 기 와 기 비 : 先耕養苗處 犁耙三四遍 如法熟治去水 剉柳枝軟梢杼葉 厚布訖足踏之 曝土令乾後灌水.
- 조 도 앙 기 : 以灰和人糞布秧基<1,000m²當1~1.3石>, 和糞時極細調均 若糞塊未破 穀着其上 反致浮釀 胡麻殼剉之 牛馬廐踐積置經冬者 木棉子和廐尿者亦可
- 사 답 앙 기 : 因水下種 不然暫乾 然秧不着根 不待曝土而下種. 凡地品不强 或因雨水不得如法 曝土處有秧種浮釀之狀則 去水如根未着土 以沙量 宜壓之 根着後貯水
- 앙 기 모 양 : 작업로가 있는 단책형 추정(?)

② 도종 처리

비곡종은 고금이 동일한 방법이며 도종 처리에 설즙(雪汁)이나 우마뇨(牛馬尿), 마골수자즙(馬骨水煮汁)에 2~3회 처리하는 것이 과학적으로 어

---

29) 金容燮, 『朝鮮後期農業史硏究』 p.22, 一潮閣, 1971. (肅宗 24年(1698) 戶曹判書 李濡曰 移秧事半功倍 故諸道無不爲之 已成風俗)

떤 처리 효과가 있는지 의문이다. 그러나 건(乾), 침(浸)의 2~3회 반복으로 최소한 종자에 붙어 있는 균과 충의 살균 및 살충 효과는 기대된다. 그러나 이와 같은 종자 처리가 성장 후의 황충 피해까지 예방할 수 있다고 한 것은 의심스럽다. 이 종자 처리는 20세기 중엽에 종자 소독용 현대적 농약(메르크롱)으로 바뀌었다. 최아법(催芽法)은 종자의 호흡을 돕고자하는 종포(種包)의 주침야수법(晝浸夜收法)이 새롭고 그 이외에는 더 이상 발전할 수 없는 한계 때문에 고금이 동일하다.

  ○ 비곡종(備穀種) : 取堅實不雜不浥者, 簸揚去秕後沈水 去浮者漉出曬乾以十分 無濕氣爲度 堅藏篙蒿之類
  ○ 도종처리
    • 冬月多收雪汁, 至種時漬種其中曬乾, 如此二度(雪者五穀之精)
    • 或用木槽盛牛馬廐池尿 漬種其中 漉出曬乾亦三度[30]
    • 取馬骨剉碎 以水煮去滓 漬種曝乾如此三度下種 以餘汁 浸而種之則 苗稼不被蝗害[31]
  ○ 최아(催芽)
    • 先漬稻種三日漉出 入篙蒿 經一日下種[32]
    • 種包移河水內 晝浸夜收 穀芽易出[33]

③ 파종기

15세기 농서에는 앙기의 파종기가 명시되지 않았으나 17세기 농서에 이를 밝혀 분명히 하였다. 조도의 경우 4월 상순 파종은 좀 **빠른** 편으로 이는 이 시기 조도와 차조도의 품종 증가와 관계가 있는 것 같다. 그러나 동지후 110일은 4월 상순에 해당되어 20세기 전반의 이앙묘령을 40일묘, 6월초 이앙으로 본다면 조도가 아 닌 이상 **빠른** 편이다.

---

30) 申洬, 『앞의 책』.
31) 姜希孟, 『四時纂要抄』, 三月淸明, 辟蝗, 1483.
32) 申洬, 『앞의 책』.
33) 許筠, 『閑情錄』, 習儉, 浸稻種, 1618.

- 早稻淸明前(4月 5~6日以前) 晚稻穀雨前(4月20~21日以前)[34]
- 三月(4月)種者爲上時. 四月(5月)上旬爲中時. 中旬爲下時. 冬至後一百十日下種[35]

④ 파종량 및 파종법

파종량에 대해서는 모든 농서가 계량적으로 밝힌 바 없다. 답면적의 경우 파종량을 기준으로 종자 1두 소요 면적을 1두락(200평=20a)이라 하여 전통적 관행 농지 단위로 쓰고 있다. 『농사직설』의 풀이대로 본답의 10분의 1 면적을 앙기로 삼는다면 20평당 종자 1두는 지나치게 과다한 편이다. 이는 종자량이 많이 소요되던 직파재배 기준이 이앙재배에도 그대로 적용되어 관행되었기 때문으로 믿어진다. 20세기 전반에는 손실량을 감안, 30평당(본답 300평) 최대 0.7~1두 수준이었기 때문이다. 파종법에 대해서는 15세기 농서에 파종 당일의 무풍청명(無風晴明)이 좋다는 말이 없었으나, 17세기 농서에 이에 대한 언급이 있음은 진일보한 것이다. 파종시 바람이 불면 물의 유동에 따라 종자도 부동하기 때문이다. 20세기 전반에도 동일한 파종법이었다.

- 下種(均撒)後以板撈覆種[36] 穀漫撒稀稠得所. 撒時必淸明則苗易堅. 亦須看朝後[37]

⑤ 양묘 관리

앙종(秧種)이 부앙(浮䑋)하였을 때 배수 후 사량의압(沙量宜壓) 한다거나 속효성의 도초회(稻草灰), 견분(犬糞), 회분(灰糞)의 추비시용, 건묘(健

---

34) 許筠, 『앞의 책』.
35) 朴世堂, 『穡經』, 水稻, 1676.
36) 申洬, 『앞의 책』, 苗種法.
37) 許筠, 『앞의 책』, 習儉, 浸稻種.

苗) 육성 등은 15세기 농서에 없던 신기술이며 이앙적기를 잃은 과숙묘에 병반(도열병? 호마엽고병?)이 발생하였을 때 건초를 덮고 태우는 방법은 15세기 이래의 합리적 방법이다. 다만 20세기 전반에는 이병묘(罹病苗)를 적당한 높이에서 절단하여 신아추출묘(新芽抽出苗)를 만기앙묘(晩期秧苗)로 활용하였다.

- ○ 근착 : 秧種浮釀之狀則去水 如根未着土 以沙量宜壓之 根着後貯水[38]
- ○ 추비 : 播種二三日後 撒稻草灰于上則 易生根 或發犬糞或雍灰糞[39]
- ○ 건묘 : 苗弱若儲水秧基則 秧苗自然出水長成 然弱而長 移種時 不無折傷之患矣[40]
- ○ 병해 : 苗種或不卽移秧有過時 蠅點處(俗所謂蠅尿也)厚布乾草於苗上 焚之後卽灌水 待其葉間新芽抽出寸許 或量宜長短 移種則 與趁時揷秧者無異(小灌水焚之無傷根 三日後種之)[41]

⑥ 묘종처 준비[42]

묘종처(本畓) 준비는 15세기 농서에서 담수직파의 경우 막연히 입분입신토(入糞入新土)라 하였다. 입신토(入新土)는 최근의 객토와 같으나 입분(入糞)은 그 의미가 모호하였다. 그러나 17세기 농서에는 이앙기에 무성한 서엽(杼葉), 유연지(柳軟枝), 진력(眞櫟) 등의 시용을 명시하였고, 이들을 구하수(廐下水)나 인뇨(人尿)에 점습(沾濕)시켜 퇴적 후 그 위를 덮어 난울선증(煖鬱善蒸) 시키는 소위 속성퇴비의 개발 이용법을 밝힌 것은 매우 과학적인 방법이다. 또 이들과 15세기 농서에 없던 우마분 이용 등은 현재까지 관행하는 시비 방법이다.

---

38) 申洬, 『앞의 책』, 沙畓秧基.
39) 許筠, 『앞의 책』.
40) 申洬, 『앞의 책』, 早稻秧基.
41) 申洬, 『앞의 책』.
42) 申洬, 『앞의 책』.

- ○ 先耕苗種處 犁耕三四遍 布秄葉或牛馬糞 臨移栽時又耕之如法熟治 令土極軟
- ○ 秧草柳軟枝及眞櫟 以負斫刀打斷 廐下水或人尿沾濕或牛馬廐 踐踏和 溫灰及人尿積置 以苫草蓋之善蒸 以芳草如上法蒸而用之
- ○ 又方馬糞燒灰有火 秧草交合 人尿雜以火灰積之 灰基以苫草蓋之煖鬱速蒸

⑦ 이앙

묘령으로서의 이앙 적기를 15세기 농서에서는 1악(10㎝ 내외) 이상이라고 묘장으로 표시하였으나, 17세기 농서에는 절후로서의 적기를 밝히고 있다. 곧 조기일때 소만(5월 21~22일)에서 망종(6월 6~7일) 전후, 만앙일 때 하지(6월 21~22일)라 한 것은 농서 편찬자들이 한반도 남북을 감안, 이앙기의 폭을 넓힌 것으로 풀이된다. 그러나 여러 곳의 지방관을 역임한 홍만선은 온난한 한반도 남부의 관행을 들어 입하(5월 6~7일) 전후로 명시함으로써 이앙기를 앞당겼는데, 당시로서는 예외적인 조기라 할 수 있다. 1960년대의 권농일(이앙)이 매년 6월 15일이었음을 참고하면 홍만선의 이앙기는 빠른 편이었다.

발앙(拔秧)방법, 세근(洗根), 패초택출(稗草擇出), 앙묘소속(秧苗小束) 등은 15세기 농서에 없던 신기술이다. 또 주당 묘수는 15세기 농서에 4~5본이던 것이 17세기 농서에 최소 3~4본까지 소주화 되었고, 재식거리는 15세기 농서에 언급이 없었으나 17세기 농서에 5~6촌 간격으로 밀식화 하였다. 특히 천식과 정조식(또는 片正條植?)이 17세기 농서에 처음으로 나오는 것도 과학적이다. 중국에서는 14세기전반의 농서[43])에 기록된 이앙기술이나 한국은 그보다 약 300년이나 뒤지고 있다. 그러나 일본의 농서[44])와는 거의 같은 무렵이다.

---

43) 和田一雄,『앞의 책』(魯明善,『農桑衣食撮要』, 1330, 引用).
44) 和田一雄,『앞의 책』(土居淸良(1629~1676)의『親民鑑月集』卷7을 引用).

○ 적기(適期) : 苗長一握以上 可移裁之⁴⁵⁾ 小滿芒種前後⁴⁶⁾ 五月芒種前後⁴⁷⁾
四月小滿植早秧 五月芒種植次秧 五月夏至植晚秧⁴⁸⁾ 又曰南方多在立夏
前後云⁴⁹⁾
○ 발앙(拔秧) : 拔秧就水洗根去泥 有稗草卽揀出 每作一小束⁵⁰⁾ 拔秧時輕
手拔出 就水
洗根去泥 約八九十根作一小束⁵¹⁾
○ 삽앙(揷秧) : 約六莖爲一叢 六稞爲一行 稞行宜直 以便耘揚 淺揷則易
發⁵²⁾ 每一科
栽不過三四苗 根未着土 灌水不可令深(深耕淺種)⁵³⁾
○ 삽앙밀도(揷秧密度) : 揷栽每四五根爲一叢 約離五六寸 務要稞行正直 脚
不宜頻移⁵⁴⁾

⑧ 묘종처(本畓) 관리

묘종처(本畓) 관리에서 3~4회 운도(耘稻)한다거나 곡태기(穀胎期)에 입서(入鋤)하지 않고 손으로 경경발제(輕輕拔除)한다는 것은 15세기 이래의 과학적 제초법으로 제초제 농약사용 이전까지 관행해 온 기술이다. 다만 17세기 초의 농서에 나오는 반종법(제초법)은 현실성이 없으며 화누법(火耨法)은 중국 남경지방의 대농이 하던 농법을 경북 상주지방에 은거하던 유진의『위빈명농기』에 인용함으로써 그 후의 농서에 기록하고 있으나, 이 역시 실용성이 적어 20세기 농법에서는 전혀 쓰이지 않았다. 17세기 농서에서

---

45) 申洬,『앞의 책』.
46) 許筠,『앞의 책』, 揷秧.
47) 朴世堂,『앞의 책』.
48) 高尙顔,『農家月令』, 1619.
49) 洪萬選,『앞의 책』.
50) 許筠,『앞의 책』, 揷秧.
51) 朴世堂,『앞의 책』.
52) 許筠,『앞의 책』, 揷秧.
53) 申洬,『앞의 책』, 苗種法.
54) 朴世堂,『앞의 책』.

괄목할 것은 15세기 농서에 없던 중간낙수(中間落水)와 추비시용(追肥施用)이다.

중간낙수는 토양의 통기를 도와 근부의 발육을 돕고자 함이다. 또 15세기의 기비 위주에서 비교적 속효성의 회분(灰糞)이나 마신(麻枲)을 추비로 사용한 것은 매우 과학적인 방법이다. 다만 조선 전기에 비록 국부적일망정 38회나 발생하였던 황충(蝗虫), 부진자(浮塵子)등의 피해에 대해서는 대책이 거의 개발되지 않았다[55].

- 운도(耘稻) : 耘時以手捼軟苗間土面 耘至三四度 將熟去水(有水卽熟遲) 耘不厭多..... 然穀胎則 經經拔除 不宜入鋤 入鋤則根傷而損穗[56]
- 반종법(反種法) : 水田無水 雜草荒蕪未易際 却處待水 拔取禾苗 不至損傷者束之 反耕更種一如 苗種法則 鋤功甚省 雖有水處 人力不足 難於除草則 亦行此法 禾甚盛 勝於苗種[57]
- 화누법(火耨法) : 禾苗至兩三葉則 先放水乾 草量宜均布 以火焚之 卽爲灌水則 雜草盡死 苗長自茁 雖不鋤耨 所收倍多[58]
- 추비와 방수(追肥及放水) : 耘稻後將灰糞或麻餠豆餠屑 撒入田內 耘去草淨 近秋放水
將泥塗光 謂之稿稻 待土併裂上 水浸之謂之還水 穀成熟方可 去水[59]
六月耘稻田 稻苗旺時 去水放乾 將亂草用脚踏入泥中則 四畔潔淨 用灰糞麻枲相和撒入田內 曬四五日土乾裂時 放水淺浸[60] 曝土時以人 跡擊印爲度[61]
- 방충(防虫) : 蝗虫(1418~1700年間 38回 局部的 集中發生)[62]

---

55) 金榮鎭・李殷雄, 『앞의 책』, pp.376~382, 2000. 서울大出版部
『成宗實錄』 卷231, 成宗 20年 8月 丙戌 影印本 11册 p.508.
『正祖實錄』 卷48, 正祖 22年 4月 癸丑 影印本 47册 p.81.
56) 申洬, 『앞의 책』, 苗種, (衿陽雜錄農談二).
57) 柳袗, 『渭濱明農記』, 還種秧法, 1618(申洬의 前揭書에는 反種法).
58) 柳袗, 『앞의 책』, 火耨法 申洬, 『앞의 책』, 同一.
59) 許筠, 『앞의 책』, 耘稻.
60) 朴世堂, 『앞의 책』.
61) 洪萬選, 『앞의 책』.

⑨ 수확 : 早稻善零 隨熟隨刈63) 將熟又去水 霜降穫之 早刈米 靑而不堅 晚刈零落而損水64)

수확에 대하여 언급한 것은 『농사직설』 이후 『농가집성』과 『색경』 뿐이다. 조기 수확은 성숙이 덜되고 만기 수확은 탈립으로 손실이 있음을 경계하고 있다. 당연한 일임에도 조기 수확을 경계한 것은 이 무렵의 식량 사정 때문에 미처 성숙이 덜된 것을 수확하는 일이 잦았기 때문이 아닌가 믿어지며, 탈립을 경계한 것은 15세기 품종의 36%가 탈립이 잘되는 품종65)이라 이를 경계코자 한 것으로 풀이된다. 건조, 탈곡, 조제에 대해서는 언급이 없다. 이 점이 20세기 전반의 농서와 다르다.

5) 건답 육묘 이앙 재배(養乾秧法)

직파재배나 이앙재배는 15세기 농서부터 관행되던 것이었으나 17세기에 새로이 개발된 수도재배법이 건답 육묘 이앙 재배법이다. 이 방법은 육묘기간은 건답직파와 같이 건답상태에서 기르다가 성묘 이후에는 담수답에 이앙하여 보통의 이앙재배와 같게 재배 관리하는 방식이다. 이 방법은 춘한기 농업 용수 부족을 재배학적으로 극복하면서 이앙재배로 인한 생력제초의 장점을 취하자는 재배법이다.

건답직파와 이앙재배의 장점만을 취한 절충식이나 이 방법의 개발 초기에는 앙묘근(秧苗根)이 굳은 토양 속에 깊이 뻗어 비록 관수후 발앙(拔秧)하더라도 뿌리가 깊어 손상묘가 많았던 것 같다.

1618년 유진의 『위빈명농기』를 보면 이 난발지환(難拔之患)을 피하고자 앙묘처를 곱게 정지한 후 초목회를 2촌 깊이로 깔고 그 위에 다시 고운 흙을 2촌 두께로 복토한 후, 그 위에 종자를 살파(撒播) 복토하면 '난발지환'

---

62) 『朝鮮王朝實錄(太宗~宣祖年間)』
63) 申洬, 『앞의 책』, 早稻有水耕.
64) 朴世堂, 『앞의 책』, 水稻.
65) 金榮鎭, 『앞의 책』, pp.173~174.

을 면한다는 것이다. 이는 초목회(비료)층에 묘근이 집중되어 더 이상 심층까지 뻗지 않기 때문이다. 지극히 과학적인 방식이다.

그 후 17세기 말의 『산림경제』를 보면 조파함으로서 파종처(畝)의 보습을 기하면서 제초 관리상 편리하도록 한 것이 돋보이나, 유진의 방식을 취하지 않고 종자와 회분을 혼합하여 막바로 파종하고 있다. 이로 보면 이 방식은 원리는 같으면서도 지방마다 속방이 있었던 것 같다. 이 방식의 또 하나의 장점은 건묘를 육성하는 것이나 단점은 종자량이 너무 많이 든다는 것이다. 그럼에도 수리불안전답의 이앙 재배상 불가피하게 고안된 이 방법은 17세기 수도재배 기술의 좋은 성과라 할 수 있으며 20세기 전반까지도 수리불안전답에 활용되었다.

1) 『위빈명농기(渭濱明農記)』의 양건앙법

年旱不得水養則 就乾畓 熟耕令無塊 撒灰二寸厚 更以無塊柔土 加其上 又 二寸許 撒種於其上 更以無塊柔土覆之 秧苗生後 候長移之 以下布灰之故 拔取秧苗 無堅硬難拔之患 且法甚妙云66)

2) 『산림경제』의 건앙법

春旱秧基無水 熟耕乾畓 治令無塊 作小畦 將稻種和灰糞 種如乾播而一斗落地 可種七斗 得雨移秧則 勝於水秧67)

3. 17세기 수도재배기술의 개선

이상으로 17세기 수도작을 고농서의 서술 순서에 따라 감수(堪水)와 육묘 여부를 기준으로 담수직파, 건답직파, 담수육묘 이앙, 건답육묘 이앙의 순으

---

66) 柳袗, 『앞의 책』.
67) 洪萬選, 『앞의 책』.

로 살펴보았다. 수도품종은 15세기에 25품종(점 3), 17세기에 38품종(점 3)으로 조, 중(차조), 만도가 있고 품종별로는 갱(粳), 점(粘)별이 있어 위도나 고저에 관계 없이 재배 방식에 따라 원하는 품종을 선택할 수 있었다. 다만 20세기 전반에는 그 사이 새로이 육성된 다수, 내비, 내병, 내도복성 품종으로 갱신되어, 조선시대 재래종은 전체 재배면적의 10%미만으로 바뀌었다.68)

담수직파는 고농서에 조도와 만도로 구분하여 서술하였으나 재배 기술상 차이는 없고 다만 파종기의 조만(早晩)과 이에 따른 품종 선택의 차이뿐이다. 15세기와 17세기간에 담수직파의 기술적 진보는 17세기 말에 조도 담수직파의 경우 하니(河泥), 당니(塘泥), 마병(麻餠), 면화자병(綿花子餠) 등 속효성 비료를 기비로 추가하였다. 직파 3일후의 도초회 추비, 그리고 여러 가지 침종 및 최아법과 파종일의 청명 여부가 추가되었다. 이중 괄목할 것은 15세기의 객토 실시와 17세기의 도초회 추비가 최초로 기록된 점이다.

만도 담수직파의 경우는 기술적 진보가 거의 없이 다만 파종기를 곡우(4월20~21일)전후로 조기화되어 사실상 조도와 만도간에 재배 기술상 별차이가 없게 되었다. 바로 이 점이 만도 담수직파 재배의 기술적 진보가 별로 없는 원인의 하나로 믿어진다.

건답직파의 기술 진보는 파종 후 발아를 고르게 하고 발아율을 높이는 기술이었다. 파종 후 토송불밀(土鬆不密) 하였을 때에 토막번지(木槐爲之)나 시선번지(柴扇翻地)를 끌어 종자와 토양을 밀착시키고 발아 후에도 유묘기 제초를 겸해 자조해도 좋다 하였는데 이는 건답직파의 성격상 보다 진보된 기술이라 할 수 있다.

감수 육묘 이앙 재배는 사종의 재배법 중 17세기 농서에 가장 많은 기술적 진보를 보인 재배법이었다. 진보된 기술만을 작업 순으로 세세하게 요약하면 다음과 같다.

---

68) 李殷雄, 『앞의 책』, pp.86~87.

① 양묘처에 속효성 기비로 15세기 농서에 없던 회분(灰和人糞) 이용과 비교적 속효성인 화구뇨목면자(和廐尿木棉子), 경동호마곡구비(経冬胡麻穀廐肥) 등이 새로운 비종으로 사용되고,

② 사답(沙畓)이나 지품(地品)연약지를 양묘처로 사용할 때의 기술 요령을 추가하였으며,

③ 설즙(雪汁)에 침지(浸漬) 후 말리는 종자 처리를 2회에서 3회로 회수를 증가시켰고,

④ 파종기를 조도는 청명(4월5～6일)전, 만도는 곡우(4월20～21일)전으로 명시하였으며,

⑤ 최아법에서 종포(種包)를 낮에는 하수(河水)에 담갔다가 밤에 건지기를 반복하는 새로운 최아법을 추가,

⑥ 파종일은 청명한 날에 함으로써 낙종시(落種時)의 물의 유동에 따른 종자 부유를 막고,

⑦ 양묘처리에서 앙종이 부양할 때 물을 빼고 모래를 뿌려 진압함으로써 착근케 한 후 관수하는 요령 추가,

⑧ 파종 이삼일후 속효성의 도초회(稻草灰), 견분(犬糞), 회분(灰糞)을 육묘 추비로 추가,

⑨ 묘가 도장(徒長)하여 약하면 이앙시 묘가 절상(折傷)한다고 경계한 건묘 육성론의 추가,

⑩ 노숙병반묘(老熟病班苗)는 태운 후 신아추출묘(재생묘)를 이앙하는 방법 추가,

⑪ 본답용 속성퇴비의 제조 요령을 추가한 것은 획기적 기술,

⑫ 적기이앙을 위하여 조기 이앙기를 소만(5월21～22일)～망종(6월6～7일)전후, 만기일때 하지(6월21～22일)간이나, 반도 남부는 입하(5월6～7일)전후로 명시하였음.

⑬ 앙묘를 발취할 때 경수발출(輕手拔出), 잡초제거, 세근거니(洗根去

泥), 80~90본으로 소속 등의 요령추가,

⑭ 정조식(片正條?) 이앙, 1과 3~4묘, 약이 5~6촌간의 소주밀식, 천식, 천관수(淺灌水) 등 과학적 이앙법 추가,

⑮ 본답(묘종처) 제초시의 반종법(反種法), 화누법(火耨法) 추가(단 실용성 의문),

⑯ 제초후의 속효성 추비로 회분, 마병(麻餠), 두병(豆餠), 회분화마신(灰糞和麻籸)의 시용 추가,

⑰ 중간낙수(中間落水) 근추낙수(近秋落水) 등의 물관리와 제초후 4~5일간 토건폭쇄(土乾曝曬),

⑱ 적기수확 추가

건답 육묘 이앙 재배는 춘한(春旱)을 재배학적으로 극복하고자 건답에서 육묘하고 이앙재배의 장점인 생력제초를 취하고자 건답에서 육묘하여 이앙하는 방식이다. 따라서 건답직파와 이앙재배의 절충식이다. 이 기술은 16세기 말 또는 17세기 초에 개발된 독특한 이앙 재배법으로 육묘과정만 담수육묘와 다를 뿐, 우기 이앙 이후의 본답 관리는 담수 육묘 이앙과 동일하다. 이에는 ① 초목회를 6㎝두께로 기층 시비하고 살파 육묘함으로써 묘근이 시비층에 얕게 집중되어 발앙을 용이하게 하고 손묘(損苗)를 줄이는 방법(유진의 방법), ② 회분에 종자를 혼합하여 조파 육묘함으로써 파종처(畎)의 보습과 제초관리를 편리하게 하는 방법(홍만선의 속방 인용) 등 두 가지가 있다.

농서에는 없으나 아마도 지방에 따라서는 이의 절충형이 있지 않았나 추상된다. 어느 경우든 종자량은 많이 소요되나 담수 육묘보다 건묘를 육성하는 장점이 있다.

이상으로 보아 17세기 수도 이앙 재배법은 ① 품종이 개량되고, ② 화학비료와 ③ 병충해 방제 기술 및 농약만 없을 뿐, 원리면에서 20세기 전반의

재배법과 기술적으로 대차가 없으며 기본요건을 두루 갖춘 재배법이었다. 따라서 20세기 전반의 수도재배 기술의 기본적 골격은 17세기에 이미 완성되었다고 할 수 있다.

4. 맺음말

한국 수도재배의 기원은 탄화조로 보아 13,000년전이나, 기록상으로는 기원전에 반도 남부의 소국이었던 변진국이었으며 관권에 의한 재배 권장은 반도 서남부에 있던 백제국에서 AD 33년부터였다. 오늘날 수도는 한국민의 주곡이며 농업소득의 약 50%를 점하고 단위면적당 수량은 세계 최고 수준이다(평년작 ha당 미곡 5M/T, 2001년 5.13M/T).

이러한 수도재배 기술의 골격이 역사적으로 어느 시기에 완성되었나를 구명하기 위해, 농서 편찬이 활발하였던 17세기 농서를 중심으로 그 이전의 15세기 농서, 그 이후의 20세기 중반의 농서를 시계열적으로 비교 분석하여 17세기 수도재배 기술을 고찰코자 하였다.

15세기 농서는 1429년 관찬농서인『농사직설』과 1483년 사찬인『금양잡록』및『사시찬요초』등 세 종류가 있으나, 그 중 가장 체계적인『농사직설』을 중심으로 하고『금양잡록』과『사시찬요초』를 참고로 하였다. 17세기 농서는『한정록(1618)』,『위빈명농기(1618)』,『농가월령(1619)』,『농가집성(1655)』,『색경(1676)』,『산림경제(1700?)』등 6종의 농서를 종합하여 기술 체계를 재구성하였다. 20세기 농서는 제2차대전 후 최초로 저술된『수도작(1958)』을 대조농서로 하였다.

15세기 농서인『농사직설』의 수도재배법은 ① 담수직파재배, ② 건답직파재배, ③ 담수양묘이앙재배의 순으로 편찬되고 있는데, 이는 편찬순서일뿐 아니라 수도재배기술의 발달 순서로도 이해된다. 17세기 농서에는 ④ 건답육묘 이앙 재배법이 다시 개발되었다.

① 담수직파 재배 기술이 15세기보다 17세기에 발전되었다고 볼 수 있는 것을 요약하면 다음과 같다.

　조파의 경우 그 기술은 다음과 같았다.

　○ 최아법에서 지수경삼일(漬水經三日)을 지당수(池塘水) 3~4일 또는 '옹항내수침수일(甕缸內水浸數日)'이라고 구체화하였고, 주의사항으로 '침어장류수칙난득생아(浸於長流水則難得生芽)'라 하였다. 장류수는 수온이 낮기 때문이다. 침종후 건져내 종자를 온처(溫處)에 두라 하였는데 햇빛 쪼임이 좋은 온처(溫處)의 경우 마르지 않도록 물을 적셔주고 음한(陰寒)하거든 온탕수(溫湯水)로 적셔주라 하였다.

　○ 산종(散種)시 반드시 청명(淸明)할 때 하라 하였는데 이는 물의 유동에 따른 종자의 부동을 막고자 함이다.

　○ 본답의 기비로 하니(河泥), 당니(塘泥), 마병면화병(麻餠棉花餠) 등 비교적 속효성 비종을 추가하였고,

　○ 산종후 3일후 도초회(稻草灰)를 추비로 준 것 등이다.

　만도의 경우는 다만 파종기를 곡우(4월20~21일)전후라 하여 15세기의 3월 상순에서 망종까지 장장 2개월간에 걸친 파종기 폭을 좁히고 파종 시기도 앞당긴 것이다. 원리면에서 15세기와 같은 내용을 좀더 구체화시킨데 불과하나 15세기에 기비 사용 뿐이던 것이 17세기에 추비도 사용하였고, 만도 파종을 앞당겼다는 점이 기술의 진보라 볼 수 있다. 이와 같이 기술 진보가 미미한 것은 담수직파 재배가 우선적으로 이앙재배로 전환되었기 때문으로 믿어진다.

　② 건답직파법은 춘한기 건답에 도종을 파종하여 유묘기를 경과하다가 묘가 장성하고 우기가 되면 담수직파법과 같이 담수재배하는 방식이다. 한반도는 4~5월의 강수량이 적은데다 수도재배 면적이 수리불안전답까지 확대되자 이 수리불안을 재배학적 방법으로 극복코자 개발된 기술이 이 건답직파법이다. 이 방법은 20세기 중기까지도 서북지방에서 일부 관행되

었다(1937년 22천ha). 이 방법의 기원에 대하여는 두가지 설이 있다. 그 하나는 중국 화북지방의 한지형 농업의 영향을 받은 것이라는 설, 또 하나는 우리나라 서북지방이 기원이라는 설이 있으나, 언제 개발되었는지에 대해서는 알 수 없다. 이 방법이 15세기에서 17세기 사이에 발전된 것을 들면 파종 후 복토와 유묘기에 제초를 겸한 재복토 요령이 추가된 것 뿐이다.

곧 파종 후 토송불밀(土鬆不密)하였을 때 토막번지(土莫飜地)를 끌어 복토를 견밀히 하고, 입묘후에는 묘가 상하지 않도록 가볍고 성긴 시선번지(柴扇飜地)를 끌어 재복토겸 제초를 한다는 것이다. 근본적으로 15세기와 다를 바 없으나 17세기의 경우 시선번지를 끌어 제초를 겸한다는 것이 새로운 기술이다.

직파재배는 계속된 정부의 강권에도 불구하고 생력제초뿐 아니라 17세기에 새로 개발된 답이모작 재배로 인하여 더욱 그 실용성이 감소하자 서서히 이앙재배로 전환하면서 계속 재배면적이 줄어들자 그 기술의 진보도 미미하였다. 그와 같은 사실은 1698년 "호조판서이유왈(戶曹判書李濡曰) 이앙사반공배 제도무불위지 기성풍속(移秧事半功倍 諸道無不爲之 已成風俗)"이라는 구절과 1799년 생원 유진목(柳鎭穆)이 정조께 올린 응지농서에 "일평지경 구분개주앙야(一坪之耕 九分皆注秧也)"라고 한 데서 찾아볼 수 있다.

③ 담수육묘 이앙 재배는 중국에서 6세기 농서인 『제민요술(齊民要術)』에 첫 기록이 나오고 일본에서는 8세기 후반의 『만엽집(萬葉集)』에 나온다고 하나 한국에서는 14세기 중기에 첫 기록이 나온다. 15세기보다 17세기에 가장 많이 개발된 재배법이 이앙재배법이며 그 내용은 세분하였을 때 모두 18개 조항이나 이들을 5부분으로 나누어 적요하면 다음과 같다.

　가. 시비기술 개선

　　○ 양묘처(앙기) 기비로 속효성 회분(灰糞), 화구뇨목면자(和廐尿木棉子), 경동호마곡구비(經冬胡麻穀廐肥) 등 새로운 비료 사용
　　○ 파종 2~3일후 도초회, 견분, 회분 등을 추비로 사용

- ○ 본답용 속성퇴비 제조기술개발
- ○ 본답에 제초후 추비로 속효성의 회분, 마병, 두병, 회분에 섞은 마신(麻籸) 등 시용

나. 육묘기술 개선

- ○ 설즙(雪汁)에 침지(浸漬) 후 말리는 종자처리 반복회수를 2회에서 3회로 늘어났으며
- ○ 최아법에서 종포(種包)를 낮에 하수에 담갔다가 밤에 건지기를 반복함으로써 종자의 호흡 조장
- ○ 무풍청명시(無風晴明時)의 파종(종자의 유동방지)
- ○ 사답 또는 지품연약지의 앙종의 부양방지
- ○ 건묘육성의 강조

다. 이앙기술

- ○ 앙묘경수발취(秧苗輕手拔取), 잡초제거, 세근거니(洗根去泥), 80~90본 소속(小束) 등 추가
- ○ 조식(片正條?), 1과 최소 3~4묘, 약리(約離) 5~6촌간의 소주밀식, 천식(淺植) 등 추가

라. 용수관리

- ○ 이앙후 천관수 ○ 제초전 거수, 제초후 4~5일간 토건폭양(土乾曝陽)
- ○ 중간낙수   ○ 근추거수(近秋去水)

마. 적기 영농

- ○ 파종기를 조도 청명(4월5~6일)전, 만도 곡우(4월 20~21일)전으로 명시
- ○ 이앙기를 조기일 때 소만(5월21~22일)~망종(6월6~7일)전후, 만도일 때 하지(6월21~22일), 반도 남부는 입하(5월6~7일)전후로 명시
- ○ 수확(收穫) 조도선영(早稻善零) 수숙수예(隨熟隨刈) 만도 상강(10月23~24日) 확지(穫之)

④ 건답 육묘 이앙 재배는 건답에서 육묘함으로써 춘한기의 물 부족을 해소하고 이앙재배로 생력제초의 장점을 취하고자 개발된 독특한 방식이다. 따라서 건답직파와 이앙재배의 절충식이다. 이 방식은 16세기 말 또는 17세기 초에 개발되어 수리불안전 지대에서 20세기 전반까지 실용되었다. 건답 육파는 종자량이 많이 소요되나 건묘육성의 장점이 있다. 이에는 시비 및 파종 방법에서 두가지 방법이 있다.

- ○ 『위빈명농기(1618)』: 6cm 두께의 초목회기비를 사용하고 그 위에 6cm 두께로 흙을 덮고 살파후 복토. 이 방법의 장점은 발앙이 용이하나 제초 관리가 불편하다.
- ○ 『산림경제(1700?)』: 회분에 종자를 혼합하여 조파함으로써 파종견(播種畎)의 보습, 제초관리에 편리하나 발앙시 손묘가 많을 것이다.

15세기의 수도재배 기술 중 직파재배 기술의 발전은 미미하나 육묘이앙 재배 기술은 한국 농업 기술의 독자적 발전, 중국 농학의 수용[69] 등으로 계속 발전하여 17세기에 와서는 20세기에 개발된 화학 공학의 농업적 이용 (화학 비료, 화학 농약)을 제외하면 원리면에서 20세기 전반의 수도재배 기술과 유사한 기술 수준이었다. 다만 20세기 전반의 수도 이앙재배 기술은 17세기에 완성된 경험적 원리를 시험 연구를 통해 세세하게 과학적으로 구명한 것에 불과하며, 그 기술적 원형은 17세기에 이미 완성되었다고 믿어진다. 그 기술 발전의 동기는 이앙재배가 갖는 여러 장점 이외에 17세기 초 답이모작 맥류재배 기술의 개발이 보조요인으로 믿어진다.

따라서 15세기의 수도재배법은 담수직파 재배, 건답직파 재배, 육묘이앙 재배가 있었으나 그 중 직파재배가 주류를 이루었다. 그러나 직파재배는 정부의 강력한 재배권장에도 불구하고 17세기 이후에는 차츰 이앙재배로

---

69) 金榮鎭, 『山林經濟의 引用文獻分析을 通한 中國農書의 影響』, 『農村經濟』15卷 3號, 1992; 朱權, 『앞의 책』; 陳繼儒(原序), 『陶朱公致富奇書』=『農圃六書』, 1636(?)

전환되었다. 그 결과 통계적 파악은 어려우나 17세기에는 담수직파는 물론 건답직파마저 일부 이앙재배로 전환되어 이앙재배가 주류를 이루었다. 20세기 전반에는 수리화 및 용수이용 기법의 발전에 따라 대부분 이앙재배로 전환되었으며 건답 도종 직파 재배는 수리불안전지대에 흔적만 남았다.

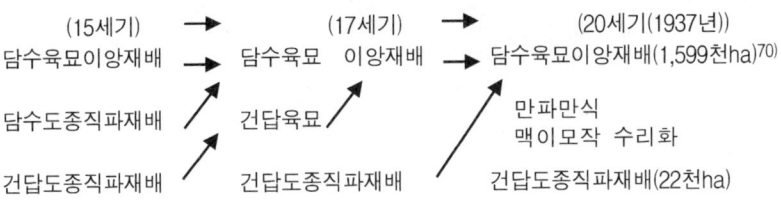

---

70) 小早川九部 『朝鮮農業發達史』 發達篇 附錄, 農業統計(1936~1938, 3個年 平均) 1944; 金熙泰 『朝鮮米作硏究』, 朝鮮米作參考事項, 正音社, 1948.

제4장 『병자일기』의 기후와 농업

박근필·이호철
경북대학교

1. 머리말

동아시아에서의 17세기는 흔히 근대를 향한 위기의 시대, 이른바 소빙기였다고 지적되어 왔다. 그러한 기상 위기의 징후는 당시 한국에서도 많이 발견되고 있다.[1] 무엇보다 먼저, 1592~1598년의 긴 기간동안 전개된 일본과의 전쟁으로 전 국토가 피폐해졌다. 여기에다 1624년 초에는 내전[2]이 발발하였으며, 곧 이어 1627년의 만주족 침입과 1636년의 재침입으로 당시 사람들은 엄청난 고통을 겪었던 것이었다.

특히 병자호란은 그러한 국내적인 격동 속에 처한 당시인들의 삶의 모습을 선명하게 보여주는 가장 대표적인 사건이었다. 1636년 12월 2일에 심양을 출발한 도합 12만 8천명의 청한몽(淸漢蒙) 연합군은 불과 8일 만인 12월 9일에 압록강을 도하하였다. 또 13일에는 안주를, 다음 날인 14일에 개성을 통과함으로서 인조대왕(仁祖大王)을 비롯해 전 도성안의 사람들이 피난길에 나서게 되었던 것이다. 아무런 준비 없이 떠난 피난길이었다는 사실은 도원수 김자점의 급보[3]와 개성류수의 급보[4]가 바로 당일인 13일과 14일에

---

[1] 羅鍾一, "17世紀 危機論과 韓國史", 『歷史學報』, 第94·95輯(1982).
[2] 李适의 亂(1624.1.24~2.15.).

차례로 올라왔다는 사실에서 잘 확인된다. 특히 당시의 기록을 보면, "날이 저물 무렵에 임금이 떠나려고 했으나 사복시의 사람들이 죄다 흩어졌"으며, "수도안 사람들 가운데는 부자, 형제, 부부 사이에 서로 행처를 몰라 통곡하는 소리가 하늘을 진동하였다"5)고 할 정도로 공황과 같은 혼란 상태가 벌어졌음을 알 수 있다.

혹독한 추위 속에서 갑작스레 피난을 떠난 당시 사람들은 극심한 의식주의 곤궁을 겪었다. 그러한 문제점을 어떻게든 해결해 나가는 과정을 통해, 우리는 자연스럽게 당시 사람들이 과연 어떻게 농업 생산과 식품 소비를 영위하였는지 그 구체적인 사정을 파악할 수 있을 것이다. 남평 조씨(1574~1645)6)의 『병자일기(丙子日記)』는 당시 병자호란에 처한 한 양반가의 피난생활(1636.12.15~1640.6.2)에 대한 기록이다. 이 일기는 기후, 피난지, 숙박지 등의 '주식(住食)에 관한 기록', 직영지(直營地)와 탁영지(託營地)의 경영 기록, 작물의 품종과 다양한 농법의 구사 등 세밀한 농업사에 관한 기록을 담아내고 있다. 아울러 이는 노비에 대한 수공, 사족간의 교제와 결속, 그리고 당시 사람들의 소비수준 등을 엿볼 수 있는 '사회적 성격을 띤 기록'으로 이루어져 있다. 더 나아가 이 일기는 위기 상황 속에서 생산을 영위하게 한 당시 생산 관계의 실체를 보다 선명히 추정할 수 있는 좋은 자료가 될 것으로 미루어 짐작된다.

이 원본은 1989년에 공주에서 처음 발견된 한글 필사본 일기로서, 병자년(1636) 12월부터 경진년(1640) 8월까지 지은이 남평 조씨가 예순을 넘긴 나이에 하루하루의 일을 절절이 기록한 것이다. 우리는 예순을 넘긴 나이에 난리를 만난 그녀의 일기를 통해 곡진한 표현 속에 담긴 여성적 취향의

---

3) 『仁祖實錄』 卷 33, 14年 12月 癸未.
4) 『앞의 책』, 12月 甲申.
5) 『앞의 책』, 12月 甲申.
6) 남평 曺氏(1574~1645) : 인조 때 좌의정을 지낸 南以雄의 아내. 현감을 지낸 조경남의 딸. 치밀하고 세심한 성격의 소유자였음을 남아 있는 기록을 통해서 알 수 있다.

자상한 사실들을 읽어낼 수 있다. 그녀의 일기는 세 아들을 잃고 남편마저 청나라 땅으로 잡혀간 상황 속에서, 때로는 병고에 시달리는 와중에서 쓰여진 것이었다. 그렇게 절절이 써 내려간 하루 하루의 기록들은 연대가 확실한 최초의 여성 문학으로 전쟁을 치르면서 겪어야 했던 고달픈 생활상을 섬세하게 보여 주고 있다. 이렇게 병자호란의 혼란 속에서 4년여에 걸쳐 기록된 대규모 한글 필사본 일기가 탄생한 것이었다.

<표 4-1>에서 남평 조씨의 피난 생활 중 숙소와 체류 기간을 살펴보면, 1639년 12월15일에 피난길에 나선 남평 조씨 일행 40여명은 진위, 평택, 신창을 거쳐 그 이듬해인 1637년에는 당진, 서산, 홍주, 예산, 청양, 여산, 신평 등을 배회하면서 피란살이를 거듭하였다. 그러다가 1638년부터는 지금의 충북 중원군 이류면 본리인 충주 이안지역에서 직접 농사를 직영하였다. 그러나 전란이 수습되어 같은 해 6월 2일에는 한성의 본가로 돌아가게 되었는데, 그곳에서도 이들의 노비를 이용한 직영지 경영은 계속되었다. 또한 이들 일행이 머문 곳은 대체로 감찰(監察) 남두화(南斗華), 호장(戶長) 박상, 유생원 홍판사(洪判事) 등의 지역유지나 친지의 집이나 병사(兵使) 류림(柳琳)과 같은 양반들의 농장(農舍)도 있었지만, 나머지 대부분은 업동, 한뉼, 막산과 같은 외거 노비(外居 奴婢)들의 집이었다. 그런 점에서 이 기록은 17세기 한국 양반들의 농업 경영의 일단을 노비 경영이란 측면에서 관조할 수 있는 놀라운 기록이기도 하다.

더구나 이 기록은 오랑캐를 피해 함께 피난 온 40여명의 대식솔과 심양에 잡혀간 남편 남이웅(南以雄, 1575~1648)[7)]을 뒷바라지 하고 걱정하면서도,

---

7) 南以雄 : 조선 중기의 문신. 본관 의령(宜寧). 자 적만(敵萬). 호 시북(市北). 시호 문정(文貞). 1606년(선조 39) 진사시(進士試)에 합격, 이듬해 사부(師傅)가 되고 세마(洗馬)·위솔(衛率)·통례(通禮)를 지냈다. 13년(광해군 5) 증광문과(增廣文科)에 병과로 급제하여 정언(正言)·수찬(修撰)·응교(應敎)를 역임하였다. 1623년 인조반정 뒤 오위장(五衛將)·황해도관향사(管餉使)·안악군수를 지내고, 이듬해 이괄(李适)의 난 때 황주수성대장(黃州守城大將)으로 도원수 장만(張晚)을 도와 공을 세워 진무공신(振武功臣) 3등에 책록, 춘성군(春城君)으로 봉해졌다. 1636년 병자호란 뒤 소현세자(昭顯世子)가

<표 4-1> 남평 조씨의 피난생활 중 숙소와 체류기간

체류기간(음력)	장소	숙소	기타
1636년 12월 15일	咸陽宅 農幕이 있는 마을	咸陽宅종의 집	
12월 17일	振威	監察宅(南斗華)	
12월 18~19일	平澤	업동의 집	
12월 20~22일	新昌일대(忠南 牙山郡 선장면 竹山里)	한늘의 집	
12월 23일	긴마루(忠南 唐津郡 대호지면 長井里)		
12월 24일	오목리(忠南 牙山郡 新昌面 五木里)	유생員宅	四寸
12월 25일~1637년 1월 13일	唐津邑內	戶長박상의 집	종-석희집에서 밥을 먹음
1월 14일	瑞山	막산의 집	
1월 15일	洪州境界	兵使柳琳의 農舍	南以興의 女婿
1월 17일~2월 18일	竹島(瑞山近處)		臨時建物居處
2월 19일	소허믜(瑞山近處)		
2월 20일~21일	瑞山	막산의 집	
2월 22일~3월 10일	唐津	석희의 집	
3월 11~13일	新平(忠南 唐津 新平面)		
3월 14일	大興邑內(忠南 禮山郡 大興面)		
3월 15일	"나발티를 넘어서 잤다"		
3월 16일	靑陽		
3월 17일~4월 6일	礪山 용틀	막난의 집	여러 종들이 次例로 上下廳 食事를 맡음.
4월 7~8일	唐津 닭잣골(唐津邑 東쪽城外 마을)	義州宅	南以興의 妻
4월 9~18일	礪山 용틀	막난의 집	上同
4월 19일~1638년 1월 24일	唐津 닭잣골	수명의 집	
1월 25일	礪山 용틀	막난의 집	
1월 26일	連山邑內(忠南 논산郡)		
1월 27일	公州 儒城近處		
1월 28일	淸安 時化驛村(忠北 괴산郡)		
1월 30일	忠州 南面		
2월 1일	忠州 利安(忠北 中原郡 이류면 本里)	장남의 집	
2월 2~18일	忠州 利安	정수어미의 집	
2월 19일	月灘(忠北 中原郡 금가면 月上里)	洪判事의 집	南以雄의 親友
2월 20일~5월 28일	忠州 利安	정수어미의 집	
5월 29~30일	月灘	洪判事의 집	
6월 1일	麗州배애(京畿 麗州郡 금사면 梨浦里)		
6월 2일	漢城	本家	

자료: 『병자일기』. 주: 1. 같은 장소의 ( )은 현 지명임.

여러 노비들을 거느리며 농업 경영을 영위해 나갔던 남평 조씨의 모습을

선양[瀋陽]으로 끌려갈 때 우빈객(右賓客)으로 시종하였고, 돌아와 부원군(府院君)에 봉해졌다. 1646년(인조 24) 우의정이 되어 민회빈(愍懷嬪) 강씨(姜氏)의 사사(賜死)에 반대하고 사직했다가, 1648년 좌의정이 되었다.

여실히 보여주고 있다. 또 이 일기는 날짜별로 먼저 그 날의 기후에 대해 기록한 뒤 그 뒤 일어난 사건과 일상사를 차례 차례로 비교적 소상히 기록하였다는 점에서 기후사적인 가치도 뛰어난 자료란 점도 아울러 평가된다.

여기에서는 농업사와 기후사의 관점에서『병자일기』를 분석함으로써, 17세기 농업의 실체에 보다 한 걸음 더 접근하려고 한다. 이 일기에 담긴 기후와 농업사정을 분석함으로써 당시 사람들의 삶을 보다 깊이 있게 그려볼 수 있을 것이며, 아울러 농업사 연구를 바탕으로 한 17세기 시대상 규명에 일정한 기여를 제공할 수 있을 것으로 생각된다.

2.『병자일기』의 기후와 농업

2-1. 17세기의 기후와『병자일기』

역사상 1550~1850년의 기간이 소빙하기(little ice age)적인 기후 상태를 보였다는 것은 널리 알려진 사실이다.[8] 이 시기에는 전 세계적으로 자연재해가 빈도 높게 발생하였으며 그 결과, 세계 곳곳에서 흉작이 거듭된 것으로 알려져 있다. 일반적으로 그러한 소빙기적 기후 특성으로는 무엇보다 불규칙성(anomalous weather patterns)[9]과 기온 저하 현상을 들 수 있다.

따라서 여기에서는 먼저 그러한 기온 저하와 불규칙성을 가져온 소빙기적 기후 특성을『병자일기』가 쓰여진 기간(1636년 12월~1640년 8월)과 같은 시기『조선왕조실록』의 자료를 분석함으로써 밝혀보고자 한다. 그러한 문헌분석의 문제점을 보완하기 위해 여기에서는 수목의 연륜연대학적인

---

[8] H.H. Lamb,『The Little Ice Age: background to the history of sixteenth and seventeen centuries, Climate, history and modern world』(London Methuen & Co, 1982), pp.201~30, John D Post,『The Last Great Subsistence Crisis in the Western World』(Baltimore : Johns Hopkins University Press, 1977), p.8.
[9] John D Post,『앞의 책』, p.26.

연구(tree ring research) 결과를 이용하였다.

한편, 이 연구는 『병자일기』에 기록된 기후 상황을 점검하려는데 그 의의가 있다. 특히 『병자일기』는 매일 매일의 날짜 다음의 맨 앞에다 '청(맑음)', '음(흐림)', '우(비)', '됴음만대우(朝陰晚大雨)', '혹청쇠나기오다(가끔 맑고 소나기가 왔다)' 등의 방식으로 그날의 기상을 표기하였는데, 이는 『조선왕조실록』의 기상 기록과 비교되는 오랜 기상관찰 기록이라고 생각된다. 특히 여기에서는 이 기록 가운데 농업 관련 특이 사항들을 확인하여, 이것을 『실록』의 기후 기록과 비교하여 그 신뢰성을 살펴보고자 한다.

마지막으로 자연 재해에 매우 취약했던 전 근대 시기의 농업 생산력의 모습을 『병자일기』와 『인조실록』의 기록을 통해 확인하고자 한다.

1) 『병자일기(1636. 12~1640. 12)』 시기 『실록』의 기상 기록

먼저, 『인조실록』의 기록에서는 1636년 12월~1640년 12월의 시기 동안에 상당한 기온저하 현상과 불규칙성이 연구기간에 계속해서 발생하였음이 확인된다. 다음의 <표 4-2>의 기온 추정(1636.12~1640.12)를 살펴보면, 먼저 1637년 1월 14일은 바로 남한산성(南漢山城)에서 침입한 청군(靑軍)과 대치하고 있던 날로써, 이날 "군사들 가운데서 얼어죽은 자가 있"[10]었다고 묘사될 정도로 극심한 혹한이 엄습하였던 것으로 보인다. 그처럼 극심한 저온을 보였다는 사실은 같은 해 2월 2일에 병조참지(兵曹參知) 이상급(李尙汲)이 전후 서울로 돌아오는 길에 얼어죽었다[11]는 사실에서도 역시 확인될 수 있겠다.

이어서 같은 해 3월 21일에 승지(承旨) 이경석(李景奭)은 "요즘 시절을 보면 3월로서 바로 늦은 봄철입니다. 그런데 비와 우박이 뒤섞여 내리고 강한 바람이 연일 불고 있기 때문에 사람들이 몹시 두려워"[12]한다고 언급하

---

10) 『仁祖實錄』, 卷34, 14年 1月 甲寅條.
11) 『앞의 책』, 卷34, 仁祖 15年 2月 壬申條.
12) 『앞의 책』, 3月 庚申條.

고 있었다. 이로 보아서 이 시기는 비와 바람에 의한 기온 저하 현상과 계절의 법칙을 벗어난 이상 기후의 불규칙성이 나타나고 있었음을 짐작하게 있으며, 그러한 사실은 윤 4월 23일의 "강원도의 흡곡, 고성, 인제 등 지방에 연일 눈이 내리었다"13)는 사실에서도 잘 확인된다. 4월 23일은 양력으로 5월 17일이었다는 점으로 보아, 1637년에는 "나라가 불행하여 기후가 철을 어기고 서리와 우박이 때 아니게 일찍 내리고 있"14)다고 묘사된 것처럼 비정상적인 저온 현상이 곳곳에서 발생하였다.

<표 4-2> 『병자일기』 시기의 기온추정(1636.12.~1640.12.)

년월일(음력)	기온기록
1637년 1월 14일	"이때 날씨가 몹시 추워서 성에 있던 군사들 가운데서 얼어죽은 자가 있었다."
2월 2일	"병조참지 이상급이 길가에서 얼어죽었다."
3월 21일	"요즘 시절을 보면 3월로서 바로 늦은 봄철입니다. 그런데 비와 우박이 뒤섞여 내리고 강한 바람이 연일 불고 있기 때문에 사람들이 몹시 두려워하고 있으며…."
(윤) 4월 23일	"강원도의 흡곡, 고성, 린제 등 지방에 연일 눈이 내리였다."
9월 24일	"나라가 불행하여 기후가 철을 어기고 서리와 우박이 때아니게 일찍 내리고 있으니…."
1638년 2월 11일	"지금 봄기운이 화창한만큼…."
3월 26일	"황해도에서 비가 오지 않고 서리가 내린 것과 관련해서…."
4월 22일	"전라도 진안지방에 서리가 내렸다."
5월 23일	"경원, 온성, 삼수에 서리가 내렸다."
7월 11일	"더위가 매우 심한만큼…."
1639년 5월 4일	"더운 기운이 확확 풍기고 스산한 바람은 더욱 심해져 아무것도 바라볼 것이 없다고 하니 나는 어쩔 수 없다."
5월 12일	"함경도 명천, 경성, 회령, 경흥, 온성 등지에서 4월에 눈이 내렸다."

---

13) 『앞의 책』, 閏 4月 辛酉條.
14) 『앞의 책』, 卷35, 15年 9月 己丑條.

년월일(음력)	기온기록
5월 24일	"요즘부터 구름은 사라지고 뙤약볕이 내려쪼입니다."
6월 14일	"어제 더위를 먹어서 몸이 잠시 불편하기 때문에…."
9월 4일	"평안도 용강현에서 우레가 크게 울면서 얼음덩이와 우박이 섞여 쏟아졌다."
1640년 1월 15일	"봄추위가 겨울철보다 심하니 해당 조에서…."
3월 14일	"평안도 상원군에 눈이 내렸다."
6월 27일	"(심양의) 날씨가 매우 더운데다가 어린아이에게 병이 많으므로 천천히 가을철에 가서 떠나보내려고 합니다."
7월 26일	"청주와 제천에서 서리가 내렸다"
8월 6일	"황해도에서는 이달 6일에 서리가 내렸다고 급보를 올렸다."
8월 11일	"평안도의 영원, 강계, 평양, 상원 등의 고을에서 때 이른 서리가 내려 곡식들이 결딴났기 때문에 백성들이 통곡하였다."
8월 16일	"신이 능을 돌아보려는 길에 양천, 김포, 부평, 금천 등 네 고을의 땅을 지나갔는데 서리피해가 침혹하여 걱정이 그지 없습니다."
8월 18일	"충청도의 전의, 정산, 회덕, 은진, 온양, 연기, 이산 등 고을에 눈이 내렸다. 직산에서는 강물이 모두 얼었다. 8월에 눈이 오고 얼음이 어는 일은 옛날에 있어보지 못하였다."
8월 23일	"평안도 덕천군에서 눈이 내렸다."
8월 24일	"큰 가물이 뒤 이어 때이른 서리까지 내려 논밭에서 거두어 들일것이 없으니 백성들의 목숨이 막다른 골목에 이르렀습니다."
12월 16일	"이때 날씨가 몹시 추웠다. 각 고을에서 공급을 담당한 사람들이 모두 얼고 기근을 당하였으며 죽은 사람도 있었다."

자료 : 『조선왕조실록』 권237~239.

1638년의 경우를 보면, 먼저 2월 11일에 "지금 봄기운이 화창한 만큼"[15]이라는 언급에서처럼 처음에는 별 무리가 없었던 것으로 보이나, 이후 3월 26일에 "황해도에서 비가 오지 않고 서리가 내린"[16]다고 한 기록과 4월 22일에 "전라도 진안지방에 서리가 내렸"[17]다는 사실에서 여전히 도처에서

---

15) 『앞의 책』, 卷36, 16年 2月 乙巳條.
16) 『앞의 책』, 3月 己丑條.

저온 현상과 불규칙적인 현상이 발생하였던 것으로 보인다. 특히 전라도 남쪽 지방인 진안의 서리는 그것도 음력 절기로는 여름이라는 점에서 매우 특별한 것이었다. 이은 5월 23일(양력 7월 5일)에는 "경원, 온성, 삼수지역에 서리가 내렸"[18)지만, 7월 11일에 서울에서는 오히려 "더위가 매우 심"[19)하다고 얘기될 정도로 비정상적인 기후 현상을 보였다.

한편 1639년의 경우는 5월 12일에 "함경도 명천, 경성, 회령, 경흥, 온성 등지에서 4월에 눈이 내렸"[20)고, 9월 4일에 "평안도 용강현에서 우레가 크게 울면서 얼음덩이와 우박이 섞여 쏟아[21)진 것과 같은 저온 현상이 발생하였다. 이에 비해 5월 4일에 "더운 기운이 확확 풍기고 스산한 바람은 더욱 심해져 아무 것도 바라볼 것이 없"[22)으며, 5월 24일에는 "요즘부터 구름은 사라지고 뙤약볕이 내려쪼"[23)인다는 기록에서처럼, 무더우면서 극도의 가뭄 현상이 발생하였음을 알 수 있다. "지난해의 가뭄은 가까운 옛날에는 없었고 올해의 가뭄은 지난해보다 심하여 농사를 짓지 못하였으니, 어떻게 수확을 바라겠"[24)는가란 언급과 6월 14일에는 "어제 더위를 먹어서 몸이 잠시 불편"[25)하여 정사를 볼 수 없다는 인조(仁祖)의 하교(下敎)와 같이 기후가 극히 불규칙이었다. 그러나 7월 16일에는 "입추 후에 장마비가 여러 날 계속 내려 곡식이 피해를 입"[26)었으며, 이후 전국적인 수재가 발생하였다는 점에서 1639년 역시 비정상적인 기후 때문에 극심한 한재와 전국적인 수재가 동시에 발생하였던 해였음을 보여준다.

---

17) 『앞의 책』, 4月 乙卯條.
18) 『앞의 책』, 5月 乙酉條.
19) 『앞의 책』, 7月 壬申條.
20) 『앞의 책』, 卷38, 17年 5月 戊辰條.
21) 『앞의 책』, 卷39, 17年 9月 戊午條.
22) 『앞의 책』, 卷8, 17年 5月 庚申條.
23) 『앞의 책』, 5月 庚辰條.
24) 『앞의 책』, 5月 辛未條.
25) 『앞의 책』, 6月 辛丑條.
26) 『앞의 책』, 卷39, 17年 7月 辛未條.

1640년은 앞선 어느 해보다도 더욱 강한 소빙기적 저온 현상을 나타냈던 것으로 보인다. 그러한 사실은 "봄추위가 겨울철보다 심"27)하며, 3월 14일에 "평안도 상원군에 눈이 내렸"28)다는 사실에서 잘 확인된다. 7월 26일에는 "청주와 제천에서 서리가 내렸"29)고, 8월 6일에는 "황해도에서는 이달 6일에 서리가 내렸다고 급보를 올렸다."30) 음력 8월 11일에는 "평안도의 영원, 강계, 평양, 상원 등의 고을에서 때이른 서리가 내려 곡식들이 결딴 났"31)으며, 8월 16일에도 "양천, 김포, 부평, 금천 등 네 고을의…서리 피해가 침혹"32)다고 한다. 8월 18일에는 "충청도의 전의, 정산, 회덕, 은진, 온양, 연기, 이산 등 고을에 눈이 내렸다. 직산에서는 강물이 모두 얼었다. 8월에 눈이 오고 얼음이 어는 일은 옛날에 있어 보지 못하였다"33)는 기록들은 이 시기의 농업이 냉해에 직면해 있었음을 직감하게 해준다. 8월 24일에는 "큰 가뭄이 뒤 이어 때 이른 서리까지 내려 논밭에서 거두어 들일 것이 없으니 백성들의 목숨이 막다른 골목에 이르렀습니다"34)라고 기록되었으며, 12월 16일에는 "이때 날씨가 몹시 추었다. 각 고을에서 공급을 담당한 사람들이 모두 다 얼고 기근을 당하였으며 죽은 사람도 있었다"35)는 기록도 보인다.

2) 『병자일기(1636.12~1640.12)』시기와 연륜년대학적인 연구

앞서 밝힌 바처럼 수목의 연륜연대학적인 연구(Dendrochronological study)는 고기온과 기 시기의 강수량에 대한 매우 합리적인 추정을 가능하게

---

27) 『앞의 책』, 卷40, 18年 1月 丁卯條.
28) 『앞의 책』, 3月 乙未條.
29) 『앞의 책』, 7月 乙巳條.
30) 『앞의 책』, 8月 乙卯條.
31) 『앞의 책』, 8月 庚申條.
32) 『앞의 책』, 8月 乙丑條.
33) 『앞의 책』, 8月 丁卯條.
34) 『앞의 책』, 8月 癸酉條.
35) 『앞의 책』, 12月 壬戌條.

해준다. 이 시기의 나이테에 관한 연구(tree ring research)로서는 박원규 등의 연구가 일반적인데, 이는 소백산 비로봉 부근의 아한대 침엽수를 중심으로 분석한 결과이다36). 다음의 <그림 1>은 1635년에서 1911년에 이르기까지 7~8월의 평균기온을 복원한 결과이다. 그림은 1635~1911년 사이 7~8월의 12년 이동 평균값을 보여준다. 그림에 따르면,『병자일기』의 시기인 1636~1640년의 7~8월 평균기온이 중심선을 밑돌고 있음을 알 수 있다. 이것은 분석 시기의 7~8월 기온이 정상 기후 이하였음을 알게 해주며, 특히 식물의 성장기라고 할 수 있는 이 시기의 저온 현상은 당시 농업 생산에 상당한 영향을 미쳤을 것으로 생각된다.

<그림 1> 나이테로 추정한 양력 7~8월의 기온

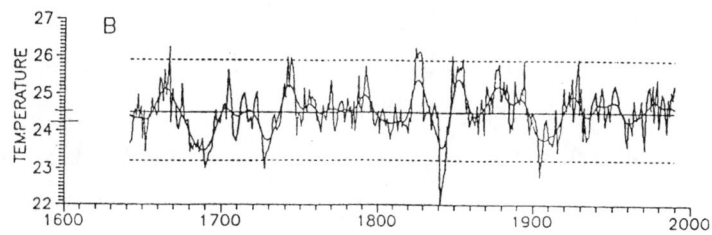

자료 : 최종남·유근배·박원규, "아한대 침엽수류 연륜연대기를 이용한 중부산간지역의 고기후 복원", 한국제4기학회 6권-1번 21~32(1992), p.29.
주 : 1. 가운데 직선 : 1636~1989년 동안의 7~8(7+8)월의 평균온도임.
   2. 실선 : 복원된 실제 7~8(7+8)월의 온도임.
   3. 부드러운 실선 : 12년 이하의 저 주기편차를 제거한 7~8(7+8)월의 온도임.

2-2.『병자일기』의 기후와 생산의 불안정성

『병자일기』에는 매일 매일의 기후가 매우 세밀히 기록되어 있다. 그러한

---

36) 최종남·유근배·박원규, "아한대 침엽수류 연륜연대기를 이용한 중부산간지역의 고기후복원", 한국제4기학회 6권-1번 21~32, 1992, p.29.

기후 기록 가운데서 특히 중요한 의미를 가지는 것은 1638년 4월 12일, 1639년 4월 20일, 1639년 6월 16일, 1639년 7월 16일의 기록이라고 판단된다. 이 네 시기의 기후 관련 기록을 동일한 시기의『조선왕조실록』의 관련 기록과 비교해 보면 일기 전체의 신뢰성을 확인할 수 있을 것이다. <표 4-3>은 이 네 시기의『병자일기』와『인조실록』의 기후 기록을 비교해서 보여주고 있다.

먼저,『병자일기』의 1638년 4월 12일(충주 이안)에는 "밤중에 빗방울이 떨어졌다. 날씨가 하도 가무니 보리도 못 먹게 되고 만물이 다 타니 하늘이 너무하신다"라고 기록하여, 당시의 극심한 가뭄에 애타는 심정을 보여준다. 이와 비슷한 시기의『인조실록』기록을 살펴보면, 3월 30일에 "요즈음 가물이 매우 심하여 온갖 곡식들이 싹트지 못하고 밀보리도 말라버린 만큼 백성들에 대한 일이 우려"된다고 하였으며, 이어 4월 8일에는 "심한 가뭄이 들"었고, 10일에는 "변란 끝에 가뭄이 이와 같이 심하니 백성들에게 무슨 죄가 있어서 이런 재앙을 당하게 하느냐"라는 매우 다급한 국왕 인조의 하교가 있었다. 그에 따라 정부는 5월 1일에 "승지를 보내여 삼각산, 목멱산, 한강에 기우제를 지냈"으며, "나라가 전에 없던 한재를 만난 만큼 이러한 때에 곡식을 모아들이는 일은 급선무"임을 밝히고 구제 사업에 착수하였다.

다음으로 1639년 4월 20일의『병자일기』의 기록을 보면 "요사이에 가뭄이 심하니 또 가난이 근심"이라는 조씨의 걱정이 실려 있다. 마찬가지로 동일한 시기『인조실록』에서도 역시 한재로 인한 깊은 우려를 표시하였다. 4월 21일에 "한재가 여러 해 계속되어 백성들은 굶주리고 있다. 오늘의 일을 생각할 때마다 걱정으로 속이 타는 것 같다"라고 언급한 인조는 5월 1일에 "가뭄 때문에 종묘와 사직단에서 비오기를 비는 제사를 거행"을 지시하였다. 이어 5월 2일에는 "하늘이 해마다 이와 같이 재변을 내리므로 살아남은 불쌍한 나의 백성들은 목숨이 경각에 이르렀다"라고 하였으며 또한 7일에는 "직접 사직단에서 비를 오게 해달라고 비는 제사를 지"낼 정도로 비오기를

<표 4-3> 『병자일기』와 『실록』의 기후 비교

『병자일기』	『인조실록』
"밤중에 빗방울이 떨어졌다. 날씨가 하도 가무니 보리도 못 먹게 되고 만물이 다 타니 하늘이 너무 하신다." (1638.4.12-충주 이안)	"요즈음 가물이 매우 심하여 온갖 곡식들이 싹트지 못하고 밀보리도 말라버린만큼 백성들에 대한 일이 우려됩니다(1638.3.30.)."
	"심한 가뭄이 들었다(1638.4.8.)."
	"변란 끝에 가뭄이 이와 같이 심하니 백성들에게 무슨 죄가 있어서 이런 재앙을 당하게 하는가(1638.4.10.)?"
	"승지를 보내어 삼각산, 목멱산, 한강에 기우제를 지냈다(1638.5.1.)."
	"나라가 전에 없던 한재를 만난만큼 이러한 때에 곡식을 모아들이는 일은 급선무로 나섭니다(1638.5.1.)."
"요사이에 가뭄이 심하니 또 가난이 근심이다." (1639.4.20-서울)	"한재가 여러해 계속되어 백성들은 굶주리고 있다. 오늘의 일을 생각할때마다 걱정으로 속이 타는 것 같다(1639.4.21.)."
	"가뭄 때문에 종묘와 사직단에서 비오기를 비는 제사를 거행하였다(1639.5.1.)."
	"하늘이 해마다 이와같이 재변을 내리므로 살아남은 불쌍한 나의 백성들은 목숨이 경각에 이르렀다(1639.5.2.)."
	"임금이 직접 사직단에서 비를 오게 해달라고 비는 제사를 지냈다(1639.5.7.)."
	"지난해의 가뭄은 가까운 옛날에는 없었고 올해의 가뭄은 지난해보다 심하여 농사를 짓지 못하였으니 어떻게 수확을 바라겠습니까(1639.5.15.)."
"요사이는 너무 더워서 견디기힘들다." (1639.6.16-서울)	"어제 더위를 먹어서 몸이 잠시 불편하기 때문에 불러서 만나보지 못하였다(1639.6.14.)."
"낮과 밤을 계속해서 큰 비가 왔다. 논에 물이 잠겼다고 한다. 두 논에 그렇게 수고하고 버리게 되었으니 그런일이 없다." (1639.7.16-서울)	"입추후에 장마비가 여러날 계속 내려 곡식이 피해를 입는것만큼 날이 개이기를 비는 제사를 지내기 바랍니다(1639.7.16.)."
	"한강의 물이 불어나 강변에 있던 민가 10여채가 물에 떠내려가거나 가라앉았다(1639.7.19.)."
	"경기의 광주, 수원, 부평, 안성, 양천, 양성, 금천, 과천 등 고을에서 장마가 계속되어 곡식이 피해를 입었다(1639.7.23.)."

資料: 『丙子日記』와 『仁祖實錄』 卷 36, 38, 39.

고대하였다. 그러한 위급한 상황은 15일에 "지난해의 가뭄은 가까운 옛날에는 없었고 올해의 가뭄은 지난해보다 심하여 농사를 짓지 못하였으니 어떻게 수확을 바라겠습니까"라고 언급할 정도로 심각하였다고 보여진다.
　이어 1639년 6월 16일에 『병자일기』에서는 "요사이는 너무 더워서 견디기 힘들다"라고 한 것과 이와 마찬가지로 6월 14일에는 인조 역시 "어제 더위를 먹어서" 정사를 보지 못하였음을 얘기하고 있었다.
　마지막으로 1639년 7월 16일의 『병자일기』의 기록은 "낮과 밤을 계속해서 큰 비가 왔다. 논에 물이 잠겼다고 한다. 두 논에 그렇게 수고하고 버리게 되었으니 그런 일이 없다"라고 기록함으로써 자연 재해에 취약했던 당시의 생산 상황을 보여준다. 『인조실록』에서도 7월 16일에 "입추 후에 장마비가 여러 날 계속 내려 곡식이 피해를 입"었음을 보여주고 있으며, 같은 달 19일에 "한강의 물이 불어나 강변에 있던 민가 10여 채가 물에 떠내려가거나 가라앉았"고, 23일에는 "경기의 광주, 수원, 부평, 안성, 양천, 양성, 금천, 과천 등 고을에서 장마가 계속되어 곡식이 피해를 입"었음을 보여줌으로써, 『병자일기』기록이 매우 정확하고 믿을만한 것임을 알게해 준다.
　이처럼 이 시기는 소빙기적 기후특성인 불규칙성과 기온저하 현상을 뚜렷하게 보여주었다. 그러한 기후 특성은 『병자일기』와 같은 시기 『조선왕조실록』의 자료에서도 일치되고 있었으며, 그러한 문헌분석은 역시 연륜연대학적인 연구에서도 역시 일치되고 있었다. 따라서 『병자일기』에 기록된 기후 상황은 『조선왕조실록』의 기상 기록과 비교되는 오랜 기록으로써, 그 가운데 농업 관련 특이 사항들은 자연 재해에 취약했던 전근대의 농업 생산력의 모습을 파악하는데 중요한 단서가 될 수 있을 것이다.

3. 『병자일기』의 농업 생산력

3-1. 토지소유와 그 경영

　먼저, 이 기록에서는 남이웅가가 소유한 전체 토지 면적은 파악되지 않는다. 다만 그러한 토지 면적을 추정할 수 있는 단서는 당시 양반가들의 일반적인 토지소유 면적이 전국 각지에서 상당한 양에 달하였다는 점에 있을 것이다. 그러나 피란기의 남이웅가가 기댄 것은 전국 각지에 흩어져 있었던 노비들의 힘과 원조였는데, 이처럼 소유 외거 노비들이 있었던 것에는 반드시 소유 전지가 있었을 것으로 추정할 수도 있겠다. 아래의 <표 4-4>는 『병자일기』로 확인된 남이웅가의 거주지별 노비들의 존재를 보여주고 있다.

특히 이를 보면, 남이웅가의 노비들은 서울 경기지역(廣州, 麗州, 水原 고족골, 平澤), 충청도 지역(新昌, 唐津邑內 닭잣골, 礪山 용틀, 瑞山, 保寧, 尼山, 忠州, 利安, 堤川, 文義), 전라도 지역(任實, 扶安, 방어돌), 그리고 경상도 지역(開寧, 善山, 咸陽)에 걸쳐 있었다. 그러한 사실은 바로 이곳에 남이웅의 농장과 전지들이 있었으리라는 것을 추정케 해준다.

다음으로 이들의 직영지 경영 사례를 충주 이안에 있었던 수전(水田)과 한전(旱田)을 중심으로 살펴보자. 피난기 남평 조씨가 이안에서 행한 농업 경영의 사례는 대략 다음과 같다. 우선 우리는 이 일기에 언급된 내용으로 보아 수전의 경우 흙당골논, 거리실논, 돌샘골논, 벗고개논의 모두 4 필지가 있으며, 그곳에서의 농사 작업과 그 작부체계(作付體系)를 추정할 수 있다.

먼저 그 면적에 대해 살펴보면 흙당골논은 약 14두 5승락지(14斗5升落地)에 달할 것으로 생각된다. 아울러 거리실논은 그보다 큰 23두락지(23斗落地)이고, 돌샘골 논도 '올벼 일곱 말'을 뿌리고 나서 또한 '열네 말'을 뿌렸다는 기록으로 보아서 모두 21두락지(21斗落地)였을 것으로 추정된다. 또한 벗고개논의 경우도 "열서마지기를 삶으려고 집의 종 넷과 용수가 갔으나 못 다 삶았다"는 표현으로 보아서 13두락지(13斗落地)로 그 면적을 추정할 수 있겠다. 다음의 <표 4-5>, <표 4-6>, <표 4-7>, <표 4-8>은 이들 직영지에서 행해진 농사작업의 내용을 정리한 것이다.

<표 4-4> 병자일기로 확인된 남이웅가의 노비명

소재지역별	奴 婢 名
서울 本家	혜아, 충이, 어산, 축이, 의봉, 세종, 일봉, 망남, 애남, 애남아내, 희배, 수야, 득신, 향생, 덕생, 기송, 세룡, 연총, 진만, 데쇠, 쇠아내, 이월이, 그린개, 염득, 염득어미, 학이, 바리춘이, 오장
서울	무생, 혜아어미, 기춘어미, 기춘, 개지
廣州	종순
麗州	개업
水原(고족골)	선탁, 대복, 녹화, 녹화남편
平澤	업동
新昌일대	한뇰
唐津邑內(닭잣골)	석희, 산희, 수명
礪山(용틀)	막난, 후명, 귀생, 귀일, 은동, 이른동, 수복, 수길, 수필
瑞山	막산, 막석, 막대, 막개, 애련
保寧	늣쇠
尼山	눈솔
忠州(利安)	정수어미, 정수, 정수아내, 장남, 장남아내, 용수, 용수아내, 효신어미, 효신, 충일, 충일아내, 충신어미, 충신, 충신아내, 충신어미, 쇠산할머니, 쇠산, 논대, 돌이, 절이, 재소, 안소, 이른개의 남편
堤川	우태
文義	승남
淸風	세미, 섬이, 명옥, 끝쇠
任實	근강
扶安	지상
방어돌	목산
開寧	내생
善山	덕경
咸陽	복상

자료: 『병자일기』

주 : 이 표는 본문속에 나오는 지역과 그 노비명을 확인하여 작성하였으므로 오차가 발생할 수 있으며, 일기 기록 당시의 남이웅가의 정확한 노비수는 알 수 없음.

<표 4-5> 흙당골논의 농사작업

연월일(음력)	농사작업 내용
1638/03/02	"흙당논 열서 마지기를 정수와 소 한 마리, 사람 열 하나가 갈았다."
03/08	"점심후에 셋은 흙당골논에 가래질하였다."
03/10	"(7명이) 흙당논을 두 벌째 가래질했다."
03/12	"흙당 올벼논 다섯 마지기를 삶으로 집의 종 다섯과 정수까지 갔다."
03/26	"흙당논에 다섯이서 추수하였다. 정수와 용수도 갔다."
03/29	"흙당논 여섯 말 반지기를 삶았다."
04/07	"흙당논을 마저 삶으로 씨 세 말 가져가고…."

자료: 『병자일기』

<표 4-6> 거리실논의 농사작업

연월일(음력)	농사작업 내용
1638/03/15	"(8명이) 가래 둘과 소 한 마리로 하루에 갈려고 갔다."
03/17	"(6명이) 갈고 가래질하고 파고 왔다."
03/19	"(5명이) 갔다"
03/28	"서 말 반지기 부쳤다."
03/30	"(13명이) 추수하였다."
04/09	"(10명이) 씨 일곱 말을 가지고 갔다."
04/14	"(5명이) 씨 세 말가지고 삶으로 갔다."
04/17	"(5명이) 씨 여섯 말 반, 찰벼 두 말까지 여덟 말 반 갔다."
04/18	"오늘 거리실 논을 마저 부쳤다. 정수와 집의 종 셋이 물을 퍼올리고 부치러 갔다. 그 논의 씨가 모두 스물 세 말인데 모두 벼니 다시금 가보라고 하였더니 황조는 스물일곱 여덟 말 뿌려야 한다고 한다."
04/19	"가래를 따러 둘이 갔다."
04/20	"가래를 따러 사람 셋이 갔다."

자료: 『병자일기』

<표 4-7> 돌샘골논의 농사작업

연월일(음력)	농사작업 내용
1638/03/05 03/6	"일곱 마지기를 갈았다. 소하고 종들 여섯이서 정수와 함께 갈았다."
03/08	"(6명이) 갈고 쇠스랑질 하였다."
03/09	"(8명이) 올벼 일곱 말 씨 뿌리러 갔다."
03/16	"정수가 돌샘골 논에 뿌릴 씨 열네 말을 맡아 가지고 갔다."

자료: 『병자일기』

<표 4-8> 벗고개논의 농사작업

연월일(음력)	농사작업 내용
1638/03/03	"오늘 벗고개논을 인부들을 들여가는라고 종들이 다 갔다."
03/20	"(7명이) 갈고 가래질하였다."
04/02	"(2명이) 갈려고 도로 갔다."
04/03	"열서마지기를 삶으려고 집의 종 넷과 용수가 갔으나 못 다 삶았다."
04/04	"어제 못다 삶았던 벗고개논을 오늘 둘이 가서 마저 삶고…."

자료: 『병자일기』

　이를 보면 이곳 논들의 작부체계를 보면 이미 논에서 보리나 밀을 추수한 뒤에다 볍씨를 파종하는 이모작(二毛作)의 형태를 보여주고 있었다. 왜냐하면 1638년 3월 26일의 경우, "맑았다. 흙당 논에 다섯이서 추수(秋收)하였다"는 기록을 보면, 보리인지 밀인지는 분명하지 않지만 추수를 하였음이 명백하기 때문이다. 그러나 놀랍게도 이 지역에서는 아직도 벼의 파종법의 경우는 이앙법(移秧法)을 사용하지 않고 직파하였음이 분명하게 나타나고 있었다.

　특히 조도(早稻)를 파종하는 경우에는 "올벼"라고 표기하고 있었던 것으로 보아 만도(晩稻)의 수경(水耕)이 일반적인 사정이었을 것이다. 특히 수경일 경우에는 "삶는다"는 표현을 구사하기도 하였는데, "삶으려고 집의 종 넷과 용수가 갔으나 못 다 삶았다" 등의 표현이 그것이다. 그 외에도 '부치다(付種)'라는 표현도 사용하였으며, 또한 "뿌리다"라는 표현도 사용하고 있었음이 확인된다.[37] 그러한 사정으로 보아 이 시기 이안 지방의 벼농사는 수전에 벼를 직파하는 농법이 가장 일반적이었음을 알 수 있는데, 바로 이 시기가 이앙법이 전국으로 확산되고 있었던 시기였다는 점에서 특이한 현상이라 말할 수 있겠다.

　한편, 이안 밭의 경우는 보리와 녹두를 파종하였음이 드러나고 있었다.

---

37) 그 예로써 "정수와 집의 종 셋이 물을 퍼올리고 부치러 갔다. 그 논의 씨가 모두 스물 세 말인데 모두 벼니 다시금 가보라고 하였더니 황조는 스물일곱 여덟 말 뿌려야 한다고 한다"(1638년 4월 18일)라는 기록이 그 대표적인 예이다.

<표 4-9> 이안 밭의 농사작업을 보면, 1638년 2월 15일에는 "이안 밭에 보리 갈려고 소 두 마리와 사람 열 명이 보리씨 열 여섯 말을 가지고 갔다"는 기록이 있는 것으로 보아서, 그 밭의 면적은 16마지기(16斗落地)로 추정된다. 아울러 5월 23일에는 보리를 수확한 뒤 바로 그 다음날에 "용수, 정수 등의 여러 종들이 이안의 밭에 "그루갈이 하러 갔다"는 표현처럼 그 후작물을 파종하였는데, 이는 바로『농사직설』에 나오는 근경법(根耕法)이 이 지역에서 널리 사용되고 있었음을 보여주는 한 사례이다.

<표 4-9> 이안밭의 농사작업

년월일(음력)	농사작업
1638/02/15	"이안밭에 보리 갈려고 소 두 마리와 사람 열 명이 보리씨 열 여섯 말을 가지고 갔다."
05/23	"(7명이) 보리 거두러 갔다."
05/24	"용수, 정수, 집의 종들은 이안의 밭에 그루갈이하러 갔다."

자료:『병자일기』

이와 같은 수전과 한전의 직영지 경영은 비록 피난기의 남평 조씨가 이안에서 행한 사례라고는 하지만, 당시 양반가에 있어 일반적인 농업경영의 사례와 일치하는 것이라 하겠다. 특히 이들의 경영에는 전적으로 서울에서 데리고 간 솔거노비(率居奴婢)의 노동이 주로 투입되었으며, 그들은 정수와 같은 외거 노비들에 의해 인솔되었을 것으로 생각된다.

그러나 노동력이 부족한 경우에는 품앗이 노동이나, 때로는 병작 경영도 동원되고 있었다. 특히 1638년 2월 16일에는 녹두(綠豆) 여섯 마지기를 파종하는 데, 필요한 노동을 "품앗이"로 이용하였다는 기록이 보인다. 아울러 지역 사정에 밝은 외거 노비인 용수에게 "정장이 밭"과 "돗골 논 열너마지기"와 "또 두마지기"를 병작(並作)으로 주었다. 이 경우 남평 조씨는 용수에게 "한 말 여덟 되의 팥"과 "볍씨"를 주었는데, 이는 지주가 시작(時作) 농민에게 종자를 대어주던 당시의 일반 관행에 따른 것이었다.

<표 4-10> 품앗이와 병작 경영의 사례

년월일(음력)	이용순서
?	"(○○○에) 綠豆를 갈았다. 여섯 말을 품앗이로 갈았다."
04/04	"용수가 돗골 논 열너마지기와 또 두마지기를 竝作으로 하기로 하고 씨를 가져갔다."
04/21	"정장이의 밭을 용수가 竝作하기로 하고 팥 한 말 여덟 되를 가지고 갔다."

자료 : 『병자일기』

3-2. 농업노동과 노동 도구

그럼 남이웅가의 직영지 경영에 동원된 노동력은 과연 얼마나 되었을까? 먼저 서울에서 함께 이안 지역까지 피난 간 노비들은 모두가 직영지 농업노동에 투입되었음이 분명하다. 그들 서울의 노비들은 혜아, 충이, 어산, 축이, 의봉, 세종, 일봉, 망남, 애남, 애남아내, 희배, 수야, 득신, 향생, 덕생, 기송, 세룡, 연총, 진만, 데쇠, 쇠아내, 이월이, 그린개, 염득, 염득어미, 학이, 바리춘이, 오장 등의 27명이었다. 아울러 원래 이안 지역에 거주하였던 정수어미, 정수, 정수아내, 장남, 장남아내, 용수, 용수아내, 효신어미, 효신, 충일, 충일아내, 충신어미, 충신, 충신아내, 충신어미, 쇠산할머니, 쇠산, 논대, 절이, 돌이, 재소, 안소, 이른개의 남편 등의 약 23명의 노비들도 여기에 동원되고 있었다. 이처럼 약 50여명의 노비들이 집중적으로 직영지 경영에 투입되었다는 사실은 시사하는 바가 적지 않다.

작업별로 살펴보면, 파종과 추수기에 가장 많은 노동력이 투입되었다. 특히, 이안전과 흙당논 및 돌샘논 등지의 여경과 파종 작업에는 적어도 10~12명의 대규모 노동력이 집중적으로 투입되었음을 알 수가 있다. 그밖에 거리실 논에서 보리나 밀을 추수한 1638년 4월 9일의 작업에도 모두 13명이 투입되었기 때문이다. 먼저 여경 작업은 3월 2일에서 3월 20일까지 지속적으로 추진되었으며, 그후 파종 작업으로 이어졌다.

파종 작업은 수전과 한전으로 나누어 볼 수 있겠다. 전자의 경우 파종

작업은 대략 조도의 경우는 3월 9일에서 3월 12일에 이뤄졌지만, 만도의 경우는 4월 3일에서 4월 18일까지 계속되었다. 특히 4월17일에는 찹쌀(糯稻)을 2두(斗)나 파종하였다. 한편 한전의 파종은 이안전 16 두락(斗落)에 춘맥을 파종하였으며, 1639년 6월 28일 서울에서는 이미 메밀(蕎麥)을 파종하고 있었다.

그 밖에 3월 10일에서 3월 20일까지의 기간 동안 이곳에서는 논을 여경한 뒤 가래질을 하는 작업이 집중적으로 이뤄지고 있었다. 특히 그러한 가래 작업의 모습은 다른 농서에서는 잘 나타나지 않는다는 점에서 이 일기의 농사 작업 기록에서 기장 특징적인 부분이었다. 그렇지만 대부분의 경우 가장 많은 시간과 노력이 투입된 농업 노동은 제초 작업이었는데, 이 작업은 대체로 4월 9일부터 7월 1일까지 지속적으로 추구되고 있었다.

수전의 제초는 대략 3차례나 이뤄지고 있었는데, 조도와 만도로 나누어 각각 3차례가 이뤄졌기 때문에 매우 복잡한 양상을 보였다. 4월 9일 돌샘골 올벼논에서 처음 시작한 제초 작업은 4월 5일에 올벼의 두벌매기를 마치고, 5월 25일에 올벼논 세벌 매기를 마치게 된다. 한편 만도의 경우는 5월 2일에 초벌매기를 시작하였는데, 5월 25일에 이르러 "보븨살미는 김매기가 미처 두 벌을 못 갔고 올벼는 세 벌, 다른 데는 다 두 벌씩 매었다"고 기록할 정도로 진전되었다. 김매기는 그후에도 계속 진전되어 1639년 6월 30일의 동막(東幕) 논에서 "네벌째 김을 매었다"는 기록이 발견될 정도로 집요하게 이뤄졌었다.

한편, 이 일기에는 자세한 노동 도구들이 잘 나타나지 않고 있다. 그러나 여경의 경우가 가장 많이 나타나고 있을 뿐 더러, 서지(鋤地) 작업의 사례도 많이 기록된 것으로 보아 쟁기(犁)와 호미(鋤)가 가장 기본이 되는 농구였음을 알 수가 있다. 그러나 '가래질'과 '쇠스랑질'을 한 사례가 많이 나타나고 있는데, 그로 보아 이들 농구가 널리 사용되었음을 알 수가 있겠다. 한편 3월 7일에는 "종들에게 가래 하나, 쇠스랑 세 개 만들게 하고 파자(把子)

세우게 하였다"는 기록이 보인다. 이로 보아 이날 초(鍬) 1개·철치파(鐵齒擺) 3개를 만들었음을 알 수 있으며, 그 외에도 일종의 '끌개'인 파자(把子)38)를 만들었던 것으로 여겨지기도 한다.

3-3. 수도품종과 농업기술의 성격

이 시기의 벼 품종에는 앞서 살핀 바처럼 조도(올벼)와 만도가 있었으며, 간혹 찹쌀을 파종하였음을 알 수가 있다. 아직 여기에서는 『금양잡록(衿陽雜錄)』에서 나타나는 차조도(次早稻)의 구분은 나타나지 않는다. 품종에 대해서는 거리실논에 볍씨를 파종하는 모습을 기록한 아래 4월 18일자의 일기 내용에 조금 나타나고 있다. 다음 <표 4-11>는 도종, 시비, 수확량의 기록을 정리한 것이다. 먼저 품종에 대해서 살펴보면, "오늘 거리실논을 마저 부쳤다. … 물을 퍼올리고 부치러 갔다. 그 논의 씨가 모두 스물 세 말인데 모두 벼니 다시금 가보라고 하였더니, 황조는 스물일곱 여덟 말 뿌려야 한다"고 하였다.39) 여기에 나오는 '황조'라는 새로운 벼 품종은 파종량이 더욱 요구되는 품종으로 기록되어 있었다. 그 밖에 한전작물로서 보리와 밀 외에도 녹두와 메밀 등도 등장하고 있었다.

한편, 시비(施肥)와 분전(糞田)에 대해서는 자세한 기록이 나타나지 않는다. 왜냐하면, 피난 중이어서 미쳐 비료를 준비하지 못하였기 때문일지 모르지만, 아직 비료의 원료와 그 가공법이 그리 많이 등장하지 않는다. "흙당논에 재(灰)를 날랐다," "올벼 심은 다섯마지기 재 치고" 등의 기록이 고작인데, 그것으로 보아서 재거름이 가장 보편적인 비료였다고 생각된다. 이 재(灰)거름은 아마도 농사직설의 요회(尿灰)였을 것으로 추정된다.

---

38) 『丙子日記』 原文에는 "바조셰다"라고 되어있고, 울타리를 세운 것으로 번역되었다. 그런데 『農政全書』 卷 二十二, 農器 圖譜 二를 보면 大杷, 穀杷, 竹杷, 耘杷, 小杷가 나오므로, 본문 속에 나오는 파자(把子)도 그와 같은 '갈퀴' 종류가 아닐까 생각된다.
39) 『丙子日記』, 4월 18일.

<표 11> 도종, 시비, 수확량의 기록

항목	년월일(음력)	내용
도종	03/09, 03/12, 04/09, 04/22.23, 04/24, 04/30, 05/07, 05/22, 05/25	早稻, 晩稻
시비	05/03	"흙당논에 재(灰)를 날랐다."
	05/07	"올벼 심은 다섯마지기 재치고…."
	05/25	"그 논(흙당논)에 보븨살미는 김매기를 미처 두 벌을 못갔고, 올벼는 세 벌, 다른 데는 다 두 벌씩 매었다."
수확량	06/02	"보리 타작을 하였더니 보통으로 두섬 다섯 말이 났다."
	08/16	"벼를 베어 찧으니 보통으로 한 섬이 조금 넘었다." (水災)
	08/02	"삼개의 논에 타작을 하여 아홉 섬 여섯 말을 거두었다."(아홉 말 播種)

또한 5월 25일의 일기에는 "그 논(흙당논)에 보븨살미는 김매기를 미처 두 벌을 못갔고"라는 표현이 보이는데, 여기에서 "보븨살미"란 용어는 '보비(補肥)'에다 재배를 의미하는 우리말인 '삶이'를 붙인 용어였을 것으로 추정된다. 만약 그렇다면, "보븨살미"라는 용어는 시비한 수전의 경우를 의미하는 것이라고 추정된다. 결국 논에 비료를 사용한 "보븨살미"의 경우는 가장 척박한 논이어서 파종도 늦었는데다 김매기도 가장 늦게 이뤄지고 있었던 것이 드러나는데, 그런 점에서 아직 이곳 흙당논의 농사는 극히 조방적인 모습을 보였다고 생각된다.

농업 기술의 측면서 볼 때 이 일기는 여전히 시비가 부족한 데다, 아직 한전의 간종법이 등장하지 않아서, 한전의 근경법이 일반적인 가장 조방적인 모습을 보였다. 그러나 서지법과 여경의 경우는 가장 활발한 조선전기적 모습을 보였으며, 아울러 아직은 이앙법이 등장하지 않았다. 그런데 아직도 이앙법 보급이 이뤄지지 않은 이 지역의 경우를 보면 거리실논과 흙당논에는 이미 수전종맥법(水田種麥法)이 도입되어 보리나 밀을 추수한 후에 도종이 직파되는 특이한 면모를 보이고 있었다.

흔히 수전종맥법은 이앙법이 보급된 결과 비로소 못자리에서 키운 도종을 맥을 수확한 본답에 옮겨 심을 수 있게 됨으로써 가능해졌다고 알려져 왔지만, 이곳의 경우는 그와는 전혀 다른 모습을 보였기 때문이다. 3월 30일에 맥을 추수한 거리실 논에 도종이 직파된 것은 4월 9일[40]이었는데, 이처럼 양력 5월 23일에 늦게 직파(무삶이)된 벼는 우선 큰 문제없이 수확될 수 있었다. 그렇지만, 그처럼 늦은 직파는 냉해로 인하여 그 수확량을 크게 낮추었을 것으로 추정된다.

그와 같은 조방적인 농업 기술 하에서 "벼를 베어 찧으니 보통으로 한 섬이 조금 넘었다"는 1639년 8월 16일의 기록은 비록 논 면적이 자세하지 않지만 아마도 수재로 수확이 반감한 사정을 보여주는 듯하다. 그러나 보다 자세한 것으로써는 아홉 말의 도종을 파종한 "삼개의 논에 타작을 하여 아홉 섬 여섯 말을 거두었다"는 1640년 8월 2일자 기록에서 유추해 본다면, 대략 9 두락의 토지에서 141말의 벼를 수확하였음을 알 수가 있다. 한편 보리의 수확량은 어떠하였을까? 6월 2일에는 보리 타작을 하였더니 보통으로 두 섬 다섯 말이 났다는 기록이 있지만, 그 토지 면적이 불분명하여 수확량 추적이 어려운 실정이다.

4. 『병자일기』의 생산 관계와 그 성격

4-1. 『병자일기』에 나타난 노비적 생산 관계의 성격

『병자일기』에 등장하는 노비들은 대개 서울에서부터 데리고 온 솔거노비

---

40) 바로 이 날은 양력으로는 5월23일로 환산될 수 있음.

와 전국 각지에 흩어져 있던 외거 노비로 나누어진다. 그런데 이들은 서울 본가에서 모든 노비를 다 데리고 온 것은 아니었다. 특히 아이를 가진 계집 종 덕생이는 울면서 함께 가겠다고 하였으나, 길을 가다가 아이를 낳으면 죽게 될까 염려하여 거기 있는 종에게 피난하라고 하였지만, 그후에도 끊임없이 남은 종들의 안부를 알아내려고 노비들을 파견하고 있었다.

그처럼 솔거노비는 주인과 함께 살면서 주인을 위해 가내사환적 노동뿐 아니라 농업노동에 직접 몸으로 깊숙히 참여하였다. 이른바 이들은 주인의 지시에 따라 농업생산을 위해 직접 대가없이 부역 노동을 제공하였으며, 온갖 굳은 집안 일을 도맡아 하였던 것이다. 특히 솔거노비들은 정수삼형제의 지휘를 받으면서 끊임없이 여경과 파종, 서지와 수확 등의 농업 노동에 거의 매일 동원되고 있었다. 그러나 이와 같이 생산의 근간을 이룬 노비들에 쏟는 주인의 관심과 정성은 대단한 것이어서 이들은 노주관계란 고전장원적 생산 관계를 넘어 상호보험적인 관계로까지 설명할 수 있을 정도였다.

한편, 남평 조씨가 기록한 다음의 외거 노비에 대한 생각들은 아마도 이에 대한 특수한 관계를 가장 감성적으로 잘 표현한 말이라고 생각된다. "정수 어미의 집에 오니 집도 무던하고 종의 집에 오니 편하다.…아무 데 가더라도 종이라는 것이 우연하지 않다". 또한 그는 소주(燒酒) 한 병과 경단(瓊團)을 가지고 찾아온 충신이의 아내에 대해서도 "하인이라도 슬기로워서 서울에서 제가 제대로 못 움직일 때에 행랑(行廊)에 와서 지내던 일을 잊지 않고, 또 인사(人事)를 알므로 전일을 생각하느라고 우리가 잡은 밥집에 가서 술 네 동이 가지고 왔다"고 할 정도로 따뜻한 정을 표현하고 있었다. 이 경우 하인이라고 표현된 "충신이의 아내"는 아마도 그 남편과 시어미와는 달리 남이웅가의 노비는 아닌 듯 하다.

또한 그녀는 "하인 몽득이가 친구 장가드는 데에 충주(忠州)에 왔다고 하면서 다녀가니 반갑다"거나 "(업동이는) 비록 소경인 종이지마는…정성으로 우리 일행을 대접하니 종이라고 하는 것이 곳곳에 우연하지를 않다"

등의 기록 보아도 그의 노비에 대한 태도는 이해타산보다는 보다 따뜻한 정적인 부분이 더욱 많은 듯 하다. 결국 그러한 노주관계는 경상도와 전라도에 사는 노비들이 솔거노비(집에서 부리는 종)들을 보고 "모두 마주 나와 상전(上典)의 소식을 묻고 난리를 무사히 지내신 것이 하늘같다고 하면서 우리 노비들도 상전님 덕분에 하나도 죽은 사람이 없이 다 살았노라고 하면서 모두들 즐거워하더라"는 대목에서 절정을 이룬다.

그러나 남의 집에서는 "주인을 보고 달아난 사람이 많고 숨은 사람이 많으나,⋯⋯ 외방(外方) 종이나마 상전이 모질게 하지 않은 탓일 것이라고 생각된다"는 것으로 보아 그러한 특수한 관계는 주로 남이웅가의 경우에 국한되는 측면이었다고 생각된다.

1) 노비의 신공과 금품 제공

외거 노비들의 상전에 대한 의무는 매년 신공을 제공하는 일이었다. 피난 길에 오른 남평 조씨는 서둘러 외거 노비를 방문하여 신공을 받아야 할 처지였으며, 그 때문에 수공을 받아내기 위해 친정 조카인 창원이를 부안(扶安)으로 보낸다. 그러나 그들이 항상 신공을 받기만 하는 존재는 아니었다. 왜냐하면, 청풍(淸風)의 노비(奴婢) 세미의 경우는 신공으로 베 3필을 가져 왔으나 "그래도 노주 사이라서 인심을 쓰는 모양"를 취하기 위해 이를 되려 돌려주고 있었던 것이다.

피란길에 오른 남평 조씨 일행을 위해 당시 노비들의 금품 제공 장면은 찾아간 상전을 반겨하면서 '밥과 죽'을 하여 먹게 해주었다거나 여산(礪山)과 같은 지역에서는 노비들이 힘을 합쳐 떡, 술, 민어(民魚), 음식을 장만하는 일 등에서 찾아 볼 수 있다. 음식물로서는 술과 알젓, 안주 그리고 소주와 경단 등도 등장하고 있었다. 한편, 이들 40여명의 일행을 위해 노비들은 상하청(上下廳)식사를 계속해서 차례로 제공하고 있었던 것이다.

그 밖에 서산(瑞山)의 막석이처럼 살림살이를 보내고 교통 편의를 위해 말을 제공하거나 소를 가지고 마중을 나와 '두 바리의 양식'과 '말먹이를 갖추어 주는' 노비들도 많이 있었다. 그리고 피난 갈 때 몸에 걸친 것만 가지고 나섰던 이들을 위해 노비들은 면화로 베를 짜고 길쌈들을 하여, "벗지 않고, 얼고 데지 아니하니 모두 다 종들이 아니었더라면 어찌 되었겠는가?" 라는 찬사를 받았던 것이었다. 그밖에도 개녕(開寧)의 내생이는 이들에게 요긴하게 소용이 되는 종이 두 권을 선물로 바치고 있었다.

2) 노비제 유지 비용과 노비의 도망

우선 조씨는 종들 밑에 비용이 너무 든다는 사실을 불평하면서도, 노비들을 서울로 보내어 그 곳 종들이 죽었는지 살았는지를 알아보려고 배려하고 있었다. 그들은 수원의 노비들에 대해서도 "거기 종들, 아이들까지 합해서 여덟이 고달프고 의지하여 살 것이 없다 하니 불쌍하기 그지없다"라고 동정을 표하기도 하였으며, 청풍의 세미가 낸 신공 베 세 필을 돌려보내는 모양도 취하였다. 또한 외거 노비 선탁에게 도리어 "보리씨 네 말과 무명 한 필을 주어 농기(農旗)나 하고 보리나 갈라"고 배려하고 있었다.

또한 노비의 생일을 맞아 외거 노비(外居 종)들에게 주찬(酒饌)을 내리는 일도 있었고, 노비 혜아가 침을 맞게 주선하여 치료해 주기도 하였다. 이와 같은 온갖 비용과 관리 속에서 노비들은 주인을 위해 힘을 내어 농사일에 부역 노동을 제공하고 여러 가지로 금품을 제공하여 피난살이를 편하게 도와주었던 것이다.

그러나 한편으로 피난길에 나선 노비들이 이를 절호의 기회로 보고 도망쳤다가 어쩔 수 없어서 되돌아 온 사례도 나타나고 있었다. 이에 대해 상전은 그래도 달아난 종도 있는데 하는 마음에서 뒤쳐졌다가 이제야 온 것을 몹시 괘씸하게 생각하면서, 이들을 다음과 같이 받아들이고 있었다. "(唐津邑內로) 이날 의봉이와 애남이가 서울로부터 찾아왔다. 어려운 때에 수고하던 종과 같으랴 싶은 생각도 있고 그렇게 뒤쳐졌다가 이제야 온 것이 몹시 괘씸하게 생각되기도 하지만 그래도 찾아오니, 한편으로는 달아난 종도 있는데 싶기도 하다".

이처럼 이 시기의 노주 관계는 전반적으로 점차 해체 관계로 돌입하고 있었지만, 남평 조씨의 노비 경영은 비교적 성공적인 모습이 돋보이고 있었다. 그러나 여전히 적지 않은 비용이 요구되는 부분이라는 점과 아울러 보다 많은 노비의 태업과 도망들이 감지된다는 점에서 이들의 노비경영은 매우 유동적이었다고 평가된다.

그럼에도 불구하고 이 시기 양반가의 농업 경영에서 노비의 노동력은 필수적이었다. 그 때문에 노주 관계가 확고히 뿌리를 내린 가운데, 부족한 노동력을 위해 믿을 만한 토지에 대해서는, 예외적으로 '용수'와 같은 외거 노비에게 병작을 주기도 하였으며 때로는 품앗이를 행하여 필요한 노동력을 조달하였던 것이었다.

4-2. 노비들의 경제력과 당시 양반의 소비 생활

다른 한편 당시 노비들은 과연 어떠한 경제적 처지에 놓여 있었을까? 절대다수의 솔거노비들과 일부의 외거 노비들이 주가의 부역 노동에 동원되는 존재였다는 점에서 이들은 주가에 비해 사회적 약자로써 존재하였을 것으로 추정되고 있지만, 과연 외거 노비들은 어떠한 존재였을까? 과연 경제적으로 주가에 기대지 않으면, 살아갈 수 없는 존재들이었을까? 다음의 <표 4-12>는 남이웅가 노비들의 경제력을 보여주고 있다. 이들 가운데 서울의 외거노비 '개지'는 창고(倉庫)를 보유하고 있을 정도였고, 조씨를 여산으로 모셔가기 위해 마 2필을 가지고 마중 나오거나 살림살이와 민어를 보내는 일도 흔히 기록되어 있을 정도였다.

상전댁의 노비였던 자기 시어미를 데려가기 위해 소주 1병과 경단, 그리고 술 네 동이를 선물로 가져와서 말로 제 시어미를 모셔갈 정도의 재력을 가졌다면, 오늘날 우리가 추정하는 노비들과 상당히 다른 차원의 존재들

<표 4-12> 남이웅가 노비들의 경제력

년월일(음력)	거주지	노비명	내용
1637년 3월 1일	礪山(용틀)	후명, 수길, 귀생	曺氏를 礪山으로 모셔가기 위해 馬 2匹을 가지고 唐津으로 마중나옴
4월 6일	서울	개지	倉庫保有
11월 11일	瑞山	막석	唐津 닭잦골로 曺氏에게 살림살이와 民魚 1首를 보냄
1638년 2월 3일	礪山(용틀)	이른동, 수복, 수길	馬 2匹을 가져와 礪山에서 忠州(利安)로 배웅해드림
2월 8일	水原(고족골)	선탁, 녹화 남편	보리씨 네 말, 무명 한 疋을 曺氏로부터 받아감
2월 10일	忠州(利安)	충신아내	燒酒1甁, 瓊團, 술 네 동이를 膳物로 가져오고, 말로 제 媤어미를 모셔감
2월 26일	〃	충일	충일의 배로 서울에서 그릇과 솥을 실어옴
3월 4일	〃	절	아버지 生日이라고 모든 종에게 飮食을 갖다 줌
3월 5일	〃	충신	서울에서 효신이 집에서 부리는 사람을 만남
7월 19일	開寧	내생	종이 두卷을 膳物로 가져옴
1639년 3월 21일	瑞山	막산	벼와 조 두 가지 스물 일곱 말이 膳物로 왔음
6월 20일	淸風	끝쇠	貢木 여섯 疋을 보내고 膳物로 베 한 疋을 보냄

자료:『병자일기』

이 아닐까 생각된다. 더구나 이들은 적지 않은 경제력의 보유자로써 신공이 아닌 선물로써 한지를 2권이나 가져오고, 집에서 부리는 사람도 데리고 있는 존재들이었다.

특히 충주 이안의 노비였던 충일은 자기의 배로 서울에서 상전가의 그릇과 솥을 실어올 정도의 실력자였으며, 청풍의 끝쇠는 '공목(貢木) 여섯 필'을 보내면서 선물로 베 한 필을 따로 보낼 정도로 성의를 낼 수 있는 처지에 있는 사람이었다.

그런 점에서 이 시기에 있어 그러한 노비들은 경제력이 크게 진전되어 노비제라는 굴레를 박차고 나가기 직전의 상태에 놓여 있었다고 보아야 할 것이다. 그러나 다른 한편으로 볼 때, 당시 양반들은 이러한 물품과 편의를 제공받는 입장에 있었으며, 그런 점에서 그들은 그러한 노비들의 경제적 부에 기대어 살아갈 수밖에 없는 존재들이었던 것이다.

그들은 말과 소, 그리고 물품 운반을 위해 배를 이용하였으며, 아울러 술과 소주, 그리고 경단과 떡을 좋아하였으며, 벼와 조 등의 곡식과 목면 여러 필, 그리고 종이를 선물로 받아 소비 생활을 즐겨왔던 지배 계급들이었음이 분명하다.

그러나 오늘날의 관점에서 볼 때, 그러한 소비 생활의 측면은 당시 노주 사이의 경제적 격차는 그리 깊지는 않았던 것으로 평가된다. 여하튼 그러한 특권을 유지하기 위하여 양반들은 신역(身役)과 신공(身貢)의 제공자로써의 노비를 잘 다독거려서 보유하려는 사람들이었다.

그런 점에서 우리는 남이웅가의 노비 경영은 아직도 탁월한 외형을 갖추고 있었다고 하겠다. 비록 그렇다하더라도, 그러한 탁월한 노주 관계의 유지라는 비밀은 그의 높은 정치적 지위와 수완 때문이거나 탁월한 노비 경영의 능력 탓으로 보아야 할 것이다.

5. 맺음말

여기에서는 흔히 소빙기였다고 지적되어 왔던 17세기 전반기의 기상 위기와 농업 생산의 실태를 『병자일기』를 통해 파악해 보았다. 특히 병자호란의 격동 속에 처한 사람들은 서둘러 서울을 떠나 피난하였다. 당시 날이 저문 서울거리에서는 마치 공황과 같은 혼란 상태가 벌어졌으며, 추위 속에서 갑작스레 떠난 피난 생활로 많은 사람들은 고통을 겪었다.

그 와중에서 4년여에 걸쳐 저술된 남평 조씨의 『병자일기』는 당시의 기후와 피난 상황, 그리고 직영지를 중심으로 한 농업경영 기록 등에 대한 자세한 기후사 및 농업사에 관한 내용을 보여주었다. 무엇보다『병자일기』에 기록된 기후 상황이 소빙하기(little ice age)적인 모습을 보였다는 점은 특히 그것이 심한 불규칙성과 기온 저하 현상을 보였다는 점에서 확인된다. 특히 이는 같은 기간의 기록인『조선왕조실록』의 기록 자료와 수목의 연륜연대학적(年輪年代學的)인 연구(tree ring research) 결과와도 일치되는 현상이어서 매우 주목된다. 특히『병자일기』에 기록된 '청(맑음)', '음(흐림)', '우(비)' 등의 기상 표기를 분석한 결과 이는『조선왕조실록』에 기록된 그것과 매우 유사한 결과를 보여주었다. 특히 이 시기는 양력 5-6월과 9월에 서리와 우박이 내리고 얼었고, "큰 가뭄에 뒤 이어 때 이른 서리"까지 내려 논밭에서 거두어들일 것이 없는 형편이었다.

『병자일기』에 실린 농업 생산력은 당시 양반가들의 일반적인 토지 소유와 농장 경영이 결국 전국 각지에 흩어져 있었던 노비들의 힘과 원조에 기대고 있었음을 알 수가 있었다. 특히 이곳 논들의 작부체계에는 이미 수전종맥법의 형태가 나타나고 있었지만, 아직 벼의 파종법으로는 이앙법은 사용하지 않고 직파가 일반적이었다. "올벼"보다는 만도의 수경이 일반적이었던 수전과는 달리, 한전에서는 보리와 녹두를 파종되었으며,『농사직설』에 나오는 근경법이 널리 사용되고 있었다. 이와 같은 수전과 한전의 직영지 경영은 서울에서 데리고 간 솔거노비와 정수 3형제와 같은 외거 노비들이 수행하고 있었다. 그 밖에도 노동력이 부족한 경우에는 품앗이 노동이나, 때로는 병작경영도 동원되었지만, 여전히 이는 예외적인 것이었다. 이 경우 병작 농민에게는 종자가 공급되는 것이 일반적이었다.

남이웅가의 직영지 경영에는 50여명의 노비들이 집중적으로 투입되었는데, 특히 작업별로는 파종과 추수기에 가장 많은 노동력이 투입되었다. 그 밖에 논을 갈아서 가래질을 하는 작업에도 집중적인 노동 투입이 이뤄졌는데, 특히 그러한 가래 작업의 모습이 바로 이 일기에서 가장 특징적인 농업 작업의 모습이었다. 그렇지만 가장 많은 시간과 노력이 투입된 농업 노동은 제초 작업이었는데, 이는 4월부터 7월초까지 지속되었다. 수전의 제초는 대략 3~4 차례나 이뤄지고 있었으며, 농구로는 가래와 쇠스랑들을 스스로 제작하여 사용하고 있었다. 벼 품종으로는 조도와 만도가 있었으며, 간혹 찹쌀도 파종되었으며, 황조라는 새로운 벼 품종도 기록되고 있었다.

그러나 이 일기에는 시비와 분전에 대해서는 비록 자세하지는 않지만, 아직도 요회가 가장 널리 사용되었을 보여준다. 그런 점에서 비록 김매기가 3~4회에 이르도록 열심이었지만, 농업의 성격이 극히 조방적인 모습을 보였다고 생각된다. 이른바 부족한 비료와 한전의 간종법이 등장하지 않았다는 사정, 그리고 조선전기적 모습을 보였던 시비법과 여경법 등이 그러한 특징을 적나라하게 보여주는 것이었다. 특히 아직 이앙법이 등장하지 않았으며, 그런 상황에서 수전종맥법이 행해지는 특이한 상황은 냉해 속의 벼 수확량을 크게 저하시키는 결과를 빚을 것이 자명하기 때문이었다.

『병자일기』에는 노비적 생산 관계가 집중적으로 등장하고 있다는 점에서 특징적이다. 서울에서부터 데리고 온 솔거노비들은 주인과 함께 피난을 다니면서 주인을 위해 가내사환적 노동뿐 아니라 농업 노동에 직접 몸으로 깊숙히 참여하였다. 이른바 이들은 주인의 지시에 따라 농업 생산을 위해 부역 노동을 제공하였는데, 끊임없이 여경과 파종, 서지와 수확 등의 농업 노동에 거의 매일 동원되었다.

생산의 근간을 이루었던 이들 노비들에 쏟는 주인의 관심과 정성은 대단한 것이어서, 이들은 노주 관계란 고전적 생산관계를 넘어 상호보험적인 관계로까지 설명될 수 있을 정도였다. 특히 남평 조씨의 외거 노비에 대한 생각의 편린들은 아마도 그에 대한 특수한 관계를 가장 감성적으로 잘 표현하고 있다고 생각된다. 노비에 대한 그의 태도는 생산 관계나 노주지분이란 이해타산보다는 보다 따뜻한 정적인 부분이 많았는데, 이는 결국 "주인을 보고 달아난 사람이 많은" 당시 세태와 다른 남이웅가의 특수한 사정 때문이었다고 생각된다.

외거 노비들의 의무는 매년 신공을 상전에게 제공하는 일이었다. 서둘러 외거 노비를 방문하여 신공을 받아들였지만, 동시에 청풍의 노비 세미의 경우는 신공 베 3필을 되돌려주는 인정을 베풀기도 하였다. 그 때문에 피난 길에 오른 남평 조씨 일행을 위해 노비들은 온갖 금품과 식사를 차례로 제공하고 있었다. 그러나 한편에서는 노비제 유지를 위한 비용이 너무 많다는 사실을 불평과 함께, 다른 한편에서는 피난길에 나선 노비들이 도망쳤다가 되돌아온 사례도 발견되었다. 이처럼 이 시기의 노주관계는 전반적으로 점차 해체 관계로 돌입하고 있었지만, 남평 조씨의 노비 경영은 비교적 안정적이었다. 그래서 비록 적지 않은 비용이 요구되었다고 해도 이 시기의 농업 경영에서 노비의 노동력은 필수적이었다.

그러나 당시 사회적 약자였던 외거 노비들은 어떠한 경제적 위치에 존재하였을까? 그러나 노비 가운데는 창고를 보유하고 상전을 모셔가기 위해 말 2필을 가지고 마중 나오거나 살림살이와 민어를 보내는 일도 흔하였다. 상전댁의 노비였던 시어미를 데려가기 위해 소주 1병과 경단, 그리고 술 네 동이를 선물로 가져와서 말로 제 시어미를 모셔갈 정도의 재력을 가진 노비였다면, 이들은 적지 않은 경제력의 보유자로써 자기 집에서 부리는 사람도 데리고 있는 존재들이었다.

다른 한편 그러한 노비들의 존재는 그들이 곧 노비제라는 굴레를 박차고 나날 개연성을 가지고 있었다고 생각되며, 다른 한편으로 당시 양반들은 그러한 노비들의 부에 기대어 살아가는 존재로 파악할 수 있었다. 그런 점에서 그러한 노주 관계를 통해 소비 생활을 즐겨왔었던 지배 계급들은 그 특권을 유지하기 위하여 신역(身役)과 신공(身貢)의 제공자로써의 노비제를 유지하려는 동인을 갖기 마련이었다. 그러나 『병자일기』로 나타난 기상 위기와 농업 위기는 바로 그러한 정체된 노비제적인 생산 관계에 심각한 균열을 가져오는 중요한 자극제가 되었을 것으로 추정된다.

제5장 | 17세기 조선의 기후와 농업

박근필
경북대학교 강사

1. 머리말

17세기는 전 세계적으로 소빙기적 기후 현상이 아주 뚜렷하게 나타났던 시기였던 것으로 알려져 있다.[1] 이와 같은 기후 현상은 한국의 경우도 예외는 아니었으며, 지금까지 여기에 관한 많은 연구 성과들이 속속 발표되고 있는 실정이다. 그러나 이러한 연구들은 이 시기의 기후 현상과 그 특징에 대해 나름대로의 견해를 적절히 피력해왔지만, 아쉽게도 대략적인 용어 검색과 집계를 통해 이 시기의 기후 현상을 지나치게 소략하게 설명해온 감이 적지 않다.[2]

---

1) Emmanuel Le Roy Ladurie, 『TIMES OF FEAST, TIMES OF FAMINE-A History of Climate Since the Year 1000』(New York: The Noonday press Farrar, Straus and Giroux, 1988), p.312. : "Then came the little ice age, so clearly visible in the seventeenth century and affecting the years from roughly 1560 to 1850."
2) 李泰鎭, "외계충격 대재난설(Neo-Catastrophism)과 인류역사의 새로운 해석," 『歷史學報』第164輯, 1999., 金連熙, "朝鮮時代의 氣候와 農業變動에 關한 硏究," 慶北大學校 經濟學碩士學位論文, 1996, 李泰鎭, "小氷期(1500-1750) 천변재이 연구와 『朝鮮王朝實錄』-global history의 한 章-," 『歷史學報』第149輯, 1996., 崔鐘南・柳根培・朴元圭, "亞寒帶 針葉樹類 年輪年代記를 利用한 中部山間地域의 古氣候復原," 『韓國第4期學會』, 第6輯, 1992, 金蓮玉, "韓國의 小氷期氣候—歷史 氣候學的 接近의 一試論," 『地理學과 地理敎育』, 서울大學校 師範大學 地理敎育科, 第14號 1984, "朝鮮時代의 氣候環境—史料分析을 中心으로," 『地理學論叢』, 第14號, 1987.

그 동안의 기후사 연구에서 1550년부터 1850년의 기간이 소빙기(little ice age)적인 기후 상태를 보였다는 것은 널리 알려진 사실이다.[3] 이 시기에는 전 세계적으로 자연 재해가 빈도 높게 발생하였으며 그 결과, 세계 곳곳에서 흉작이 거듭되었다고 한다. 일반적으로 그러한 소빙기적 기후 특성으로는 무엇보다 불규칙성(anomalous weather patterns)[4]과 기온저하 현상[5]을 들 수 있는데, 바로 17세기는 이와 같은 소빙기적인 기후현상을 가장 극명히 보여준 시기였던 것이다.[6]

이와 같은 소빙기적인 현상은 한국의 경우도 예외 없이 발생하였다. '기후가 절기를 어기고 기온이 저하되는 현상'[7]은 17세기 전체를 통틀어서 너무나 빈발하게 발생하고 있었으며, 이미 많은 연구 성과를 통해서 그 실체가 상당부분 규명되고 있는 실정이다.[8]

그러므로 이 시기 한국의 기후 현상에 대한 보다 엄밀하면서도 공정한 연구가 오래전부터 요구되어 왔었다. 물론 지금까지의 다른 연구들과 마찬

---

[3] H. H. Lamb, 『Climate, history and the modern world』(London and New York: Methuen, 1982), pp.201~30, John D Post, 『The Last Great Subsistence Crisis in the Western World』(Baltimore: Johns Hopkins University Press, 1977), p.8.
[4] John D Post, 『앞의 책』, 1977, p.26.
[5] Emmanuel Le Roy Ladurie, 같은 책, p.227. : "the secular trend of mean temperatures from 1590~1850 must generally have been a few tenths of a degree Centigrade below the contemporary level: probably between 0.3 and 1.0 degrees lower.", H. H. Lamb, Climate, 같은 책, p.200. : "In England the late seventeenth-century thermometer record indicates annual mean temperatures about 0.9℃ lower than in the period 1920~60. Over the years 1690~9 the deficit was 1.5℃."
[6] Emmanuel Le Roy Ladurie, 『앞의 책』, p.312. : "Then came the little ice age, so clearly visible in the seventeenth century and affecting the years from roughly 1560 to 1850."
[7] 수많은 사례 가운데서 『丙子日記』시기에 해당되는 몇 가지 사례를 들어보면 다음과 같은 것이 있다: "나라가 불행하여 기후가 철을 어기고 서리와 우박이 때아니게 일찍 내리고 있으니 망하게 될 위태로운 징조는 멸망에 처하던 옛 주나라 때와 다름이 없습니다"(『仁祖實錄』券35, 15年 9月 己丑條)., "충청도의 전의, 정산, 회덕, 은진, 온양, 연기, 이산 등 고을에 눈이 내렸다. 직산에서는 강물이 모두 얼었다. 8월에 눈이 오고 얼음이 어는 일은 옛날에 있어보지 못하였다."(『앞의 책』券40, 18年 8月 丁卯條).
[8] 주 2) 참조.

가지로 문헌 분석을 수행하였으나, 기존의 연구들과 다르게 특정 시기에 대한 정밀한 분석을 시도하였다. 그와 같은 분석을 통해, 본 연구에서 추구하는 궁극적인 목표는 소빙기적 기후 현상과 농업 생산과의 관계를 밝히고자 하는 데 있으며, 이를 통해서만이 우리는 이 시기의 기후 현상이 당시 사람들의 일상 생활에 어떠한 영향을 미쳤는지에 대해 엄밀하게 파악할 수 있을 것으로 믿어진다.

여기에서는 『조선왕조실록』을 주요 사료로 이용하였다. 이밖에도 기후사와 관련된 다수의 연구 성과를 이용하였으며, 연구 시기는 1623년부터 1656년으로 국한시켰다. 이 시기는 효종과 현종의 재위 기간이었으며, 이 시기의 기후에 관한 거의 모든 연구 성과에서 소빙기적인 기후 특징이 매우 뚜렷한 시기로 알려져 있다. 아마도 이 시기의 극심한 기후적인 재난은 농업 생산에 중대한 재앙적인 타격을 입혔던 것으로 생각되며, 바로 이러한 분위기 속에서 『농가집성(1655)』이 출현하게 되었던 것이 아닌가 여겨진다.

한편 이 장에서는 연구의 편의를 위해 연구 기간을 2 시기로 나누어 각기 다른 방식으로 분석하였음을 밝힌다. 먼저 인조의 재위기간에 해당하는 1623년부터 1649년의 기간은 왕의 행장(行狀)을 통해 대략적으로 검토하고 분석하였으며, 다음으로 효종의 재위기간에 해당하는 1649년부터 1656년의 시기는 구체적인 『효종실록』의 사례를 통해 정밀하게 분석하였다. 그리고 본 연구는 다양한 기후 현상 가운데서도 기온과 강수량을 중심으로 분석되었으며, 이밖에도 바람과 우박을 주요 연구 대상으로 하였다.

일반적으로 기온과 강수량은 농업 생산에 직접적인 영향을 미치는 것으로 알려져 있으며, 여기에 대한 연구가 집중되는 것은 이미 세계적인 기후사 연구의 추세이기도 하다.[9][10] 이와 같은 기온과 강수량을 구성하는 요소로

---

9) 소빙기 연구에 관해 학자들은 氣溫에 관심을 두는 것은 바로 이 시기의 뚜렷한 低溫現象 때문이었다. 여기에 그러한 학자들의 견해를 엿볼 수 있는 것으로 Emmanuel Le Roy Ladurie와 H. H. Lamb의 관해 간단히 들어보았다.: Emmanuel Le Roy Ladurie, p.227. ; "the secular trend of mean temperatures from 1590~1850

먼저 기온의 경우, '직접 기온을 언급한 경우("따뜻하다.", "춥다.", "서늘하다." 등), '때아닌 서리(霜)', '얼음(氷)', '때아닌 눈(雪)' 등과 관련된 용어를 집계하였으며, 다음으로 강수(량)의 경우, '비(雨)', '눈(雪)', '한재', '수재' 등과 관련된 용어를 중심으로 집계하고 분석하였다.

마지막으로 이러한 기후 분석의 결과를 각 시점에 있어 농업 생산과의 연관관계를 확인해 보고자 하며, 연구 기간 가운데서도 현종 연간(1649~1656년)은 당시 정부의 조세 감면과 구제 대책 등을 중심으로 그 농업 생산에 대한 타격정도를 살펴보고자 한다.

2. 17세기 기후에 관한 연구사

2-1. 유럽과 미국의 연구사

유럽을 중심으로 전개되어 온 17세기 기후사(the history of climate) 연구는 이미 그 연원이 매우 오래며, 그 연구성과 역시 상당한 수준으로 축적되어 있다. 관련 연구자 역시 다양한 분야에 걸쳐져 있는데 이들의 분야를 살펴보면, 크게 인문과학자와 자연과학자로 나누어진다. 지리학자 및 역사학자로 이루어진 인문과학자들 가운데서 특히 역사학자들은 대개 고문서 분석과 농업사 연구 등을 통해 그들의 고기후 연구를 수행하고 있으며, 그들

---

must generally have been a few tenths of a degree Centigrade below the contemporary level: probably between 0.3 and 1.0 degrees lower.", H. H. Lamb, Climate, 위의 책. p.200. ; "In England the late seventeenth-century thermometer record indicates annual mean temperatures about 0.9℃ lower than in the period 1920~60. Over the years 1690~9 the deficit was 1.5℃."

10) 氣溫과 마찬가지로 降水(量)이 중요시되는 것은 농업생산과 직결되기 때문이다. 네덜란드의 農業史學者인 슬리허 반 바트는 英國과 폴란드의 밀생산에 있어서 降水(量)과 氣溫으로 구성된 이상적 기후표를 만들기도 하였다 ; B. H. Slicher van Bath, 『The Agrarian History of Western Europe A.D. 500-1850』, Trans. from the Dutch by Olive Ordish(London, 1963).

이 주로 다루는 고문서로는 '포도 수확일(wine harvests dates)', '파종대비 수확량', '발아' 등과 같은 농업과 깊게 관련된 생물계절학(Phenology)적인 자료들이 있다.

이러한 인문과학자로서 대표적인 학자는 단연 Emmanuel Le Roy Ladurie를 꼽을 수 있으며, 이 밖에도 Slicher van Bath[11], M. H. Duchaussoy, Roupnel, Gustav Utterström[12] 등이 있다. 특히 이 가운데 Emmanuel Le Roy Ladurie, Gustav Utterström 및 Slicher van Bath는 농업경제사학자였는데, 이들은 그들의 농업사 연구에 매진하는 과정에서 그들의 연구의 한계를 느끼고 기후사 연구로 확대 전환한 경우에 해당된다.[13]

한편 자연과학자들은 인문과학자들에 비해 그 연구 분야가 매우 다양하다. 그 연구 또한 역사가 깊은데, 이들이 관심을 가지고 연구하는 분야로는 기후학(climatology), 기상학(Meteorology), 지리학(Geography), 형태학(Morphology), 연륜연대학(Dendrochronology), 고고학(Archaeology), 빙하학(Glaciology), 지질학(Geology), 화분학(Palynology), 탄소연대측정학(Radiocarbon dating) 등으로 실로 다양한 영역에 걸쳐진다.

이러한 자연과학자들 중 17세기 연구와 관련된 학자로는 H. H. Lamb, Rossby, Willet, Flohn, Pédelaborde, Shapiro, B. L. Dzerdzeevskii, Gordon Manley, C. Easton, Scherhag, A. Wagner, D. J. Schove, Hoinkes, Von Rudloff 등과 같은 기후학자가 있으며, 이들 가운데 H. H. Lamb, Rossby, Willet, Flohn, Pédelaborde, Shapiro, B. L. Dzerdzeevskii, Hoinkes는 전 지구적인 대기 순환과정의 분석을 통한 기후변동을 연구하였고, Gordon Manley, C. Easton, Scherhag, A. Wagner, D. J. Schove 등은 고 온도 복원에

---

11) 위의 주 10) 참조.
12) Gustav Utterström, "Climatic Fluctuations and Population problems in Early Modern History,"『The Scandinavian Econ. Hist. Rev.』3, 1955, pp.1-47.
13) Emmanuel Le Roy Ladurie,『위의 책』, p.1: "It was in fact the history of Agriculture that led me, by a logical and even inevitable transition, to the history of climate."

그 역량을 집중하여 왔다.

특히 기후학자 가운데는 H. H. Lamb[14]과 Gordon Manley[15]의 연구가 크게 주목되는데, H. H. Lamb의 전 지구적인 대기순환이론은 선험자의 연구를 확대 발전시킨 경우로써 17세기의 소빙기적인 현상의 설명에 매우 큰 설득력을 가진다. 그는 여기에서 더 나아가 도상법(Iconography), 탄소연대측정법(C14=Carbon-14) 등을 이용하여 17~19세기를 포함한 지난 100,000년의 기후를 복원하기도 하는 등 실로 그 연구 업적이 매우 방대한 것으로 알려져 있다.

한편 Gordon Manley는 온도계로 실제로 측정된 기간의 고문서를 분석하여, 17세기 중반으로부터 시작되는 온도 시리즈를 완성함으로써 기후 연구를 진일보시킨 것으로 평가된다. 바로 이러한 점에서 H. H. Lamb과 Gordon Manley의 연구는 17세기 기후학 연구에 있어서 매우 중요한 자리를 차지한다.

한편 이러한 기후학 이외에도 수목의 나이테연구 분석을 통해 고기온과 강수량을 연구하는 연륜연대학이 있다. 이들 연륜연대학자의 연구 성과는 빙하학의 연구 성과와 더불어 고 기후 추정에 궁극적으로 신뢰 할만한 자료로 이용되어진다.

최근 기후사 연구는 자연과학자와 인문과학자들이 각자 그들의 고기후 연구에 축적한 지식을 서로 교환하여 협력하는 경향을 강하게 띠고 있다. 그러한 과정에서 전 세계적인 범위의 고기후 연구는 더욱 발전적인 추세에 놓여있는데, 그 대표적인 학자로는 Emmanuel Le Roy Ladurie와 H. H. Lamb이 선두에 나서고 있다. 이들의 선험적이면서 광범위한 기후 연구는 여러 분야의 기후 연구를 '학제간 연구(interdisciplinary study)'로 통합하여 발전시켜나가는 주요한 동인으로 작용하고 있으며, 실제로 전 세계적인 범

---

14) H. H. Lamb, 『위의 책』, pp.201~230.
15) Gordon Manley, "Central England Temperatures: Monthly Means 1659 to 1973." 『Quarterly Journal of the Royal Meteorological Society』 vol.100, July 1974, pp.389-405.

위에서의 17세기 기후 연구는 더욱 더 활발해지는 경향을 보이고 있는 실정이다.

1) Emmanuel Le Roy Ladurie의 연구

① 포도 수확일 분석과 17세기 기후

Emmanuel Le Roy Ladurie는 16세기로부터 시작하여 18세기까지를 그의 주요 연구기간으로 삼아 고기후를 분석하였다. 그는 대략 1480년부터 1880년 사이의 포도 수확일(wine harvests dates)의 자료를 분석하고, 이를 빙하학, 생물계절학, 기후학 등 다양한 자연과학적인 연구 성과를 결합하여 프랑스에서의 17세기 소빙기 현상을 구체적으로 증명하였다.

그의 연구 대상 지역은 Kürnbach(독일 남서부 산림지역), Lavaux(독일 남서부 산림지대), Aubonne(스위스), Lausanne(스위스 서부지역), Salins(프랑스) 및 Dijon(프랑스 중동부 지역)까지 총 6개 지역이었으며, 이 지역에서의 포도 수확일의 늦고 빠름에 따라 "good", "bad" 및 "average"로 나누고, 이를 각각 -6, 6, 0으로 점수를 매겨 약 4세기에 걸친 포도 수확일 자료를 매우 엄밀히 정량분석(quantitative analysis)하였다.

그는 이러한 그의 분석을 토대로 생물계절학적인 온도 곡선의 복원에 성공하였는데, 그의 온도 곡선은 추세적으로 거의 정확히 Gordon Manley의 온도 곡선과 부합되었을 뿐만 아니라 알프스 빙하의 확장과 축소 역시 무난하게 설명하였다.

다음의 <표 5-1>은 17세기 프랑스의 봄과 여름의 포도 수확일과 기온 추정을 보여준다. 표를 보면, 프랑스의 포도 수확일은 결과는 크게 4구간의 특징적인 기후 기간으로 나누어진다.

먼저 첫째 구간에 해당되는 1601년부터 1616년까지의 구간은 전반적으로 '따뜻하거나 평균적인 기온'을 보였던 것으로 나타난다. 두 번째 구간인 1617년부터 1650년의 기간은 전반적으로 '저온과 늦은 수확'을 형성한 구

<표 5-1> E. Ladurie가 포도 수확일로 추정한 17세기 기후

기 간	기 후 현 상	세부적인 기후 현상	
1601-1616년	따뜻하거나 평균	별다른 추위가 없었음	
1617-1650년	저온·늦은 수확	1618-1621년	저온·늦은 수확현상이 극명함
		1625-1633년	저온·늦은 수확현상이 극명함
		1635-1639년	혹서(heat wave) 1637-1638 (Scorching summers)
		1640-1643년	저온·늦은 수확현상이 극명함
		1647-1650년	저온·늦은 수확현상이 극명함
1651-1686년	거의 언제나 빠르거나 최소한 평균	1650-1670년	엄청난 더위·모진 가뭄
		1672-1675년	상당히 서늘함
		1676-1686년	우물이 마름(남부지방)
		1686년	남부지방으로부터 메뚜기떼가 내습함
1687-1703년	매우 차가움·늦은 수확	1692-1698년	1675-1725년 중 가장 늦은 수확기간

자료 : E. Ladurie, 『Time of Feast, Times of Famine』

간이었는데, 이 중에서도 특이하게 1635년부터 1639년의 시기는 혹서현상을 보였으며, 특히 1637년부터 1638년의 경우는 "scorching summers"라고 할 표현될 정도로 아주 타는듯이 뜨거운 여름 현상을 보였다.

그러나 E. Ladurie에 따르면, 이러한 1637년부터 1638년의 시기라도 1601로부터 1616년의 구간과 1651년부터 1686년의 구간에 비한다면, '차가움' 또는 '서늘함'이 나타난 기간이 훨씬 많았다는 사실을 강조하였다. 결국 이 새로운 저온 현상(1617~1650)이 알프스 산악 지역에서 빙하를 두드러지게 확장되었음을 빙하학 연구 성과를 통해 무난히 증명하였다.[16]

한편 세 번째 구간인 1651년부터 1686년의 기간은 '거의 언제나 빠르거

---

16) Emmanuel Le Roy Ladurie, 『위의 책』, p.58.

나 최소한의 평균' 수확일을 나타내고 있다. 이 시기를 세부적으로 살펴보면, '엄청난 더위와 모진 가뭄'현상을 보여 "수년 사이에 중부 지방이 황폐해졌다"[17])고 묘사된 첫 번째 시기인 1650년부터 1670년, '상당히 서늘'했던 두 번째 시기인 1672년부터 1675년[18]), 그리고 '우물이 말랐다'고 표현될 정도로 가뭄 현상이 심각했다. 마지막 해인 1686년의 경우는 남부 지방으로부터 메뚜기의 내습이 있었던 세 번째 시기인 1676년부터 1686년으로 나누어지고 있었다.

마지막으로 1687년부터 1703년의 구간은 다시 '매우 차가운 기온과 늦은 수확'을 보였던 것으로 나타난다. 이 중에서도 1692년부터 1698년의 시기는 1675년부터 1725년의 구간 중에서도 가장 늦은 포도 수확일을 보였을 정도로 '매우 차가웠던' 시기였음을 알 수 있다. 이 구간의 심각한 저온 현상은 영국을 비롯한 전 유럽에서 거의 공통적으로 발견된 현상이기도 하였다.[19])

2) Gordon Manley의 연구

(1) 온도계로 측정된 최초의 기후

영국은 세계 최초로 온도계의 의한 기온 측정이 이루어진 나라였다. 영국의 1659년 이후의 기온자료는 기후학자인 Gordon Manley[20])에 의해 '온도계로 측정된 기후'가 수집되고 정치하게 분석되면서 '신뢰받는 시계열 자료'

---

17) 『같은 책』, p.58.: "In the Midi of France, made desolate by drought for several years⋯."
18) 『같은 책』, p.55: 《It was a very cold summer, Madame de sévigné wrote to her daughter, then in Provence. "It is horibly cold, we have to light fires and so do you, which is certainly a very strange thing."》
19) 『같은 책』, p.59:《Contemporary chroniclers noted that after the cold spring of 1692("very cold and unseasonable weather; scarce a leaf on the trees on April 24th 1692"), there "commenced a series of extraordinary bad seasons: they have been traditionally referred to as the barren years at the close of the seventeenth century," wrote T. H. Baker, on purely documentary evidence and without benefit of thermometers or wine harvests dates.》.
20) Gordon Manley, 『위의 논문』.

로 거듭나게 되었다. 이러한 그의 연구성과는 다른 학자들의 기온 추정 자료의 준거자료로서 이용됨으로써 엄밀한 의미의 과학적인 기온고찰이 시기가 도래하게 만든 아주 대단한 성과로 평가된다. E. Ladurie의 포도 수확일로부터 추정한 온도 곡선의 결과도 이를 통해 검증 받았으며, 이제 기후사 연구는 더욱 과학적인 타당성을 가지게 되었다.

<표 5-2> 영국의 17세기 기후와 Gordon Manley의 온도측정

기 간	기 후 현 상	
1650-1670년	따뜻하고 건조함(남동부지방)	템즈강 수위가 낮아짐
		런던대화재(1666.9.2)
1673-1675년	서늘하거나 매우 서늘함	1673년 서늘함
		1675년 매우 서늘함
1676-1686년	엄청난 열풍과 가뭄	
1690년대	매우 차가운 봄과 여름들	1680-1790년 동안의 봄과 여름 두 계절의 모든 차가운 기온보다 거의 1℃ 정도 더 차가움.
		매우 추우며 절기에 맞지 않음

자료: 1. 『Central England Temperatures: Monthly Means 1698 to 1973』.
　　　2. 『Time of Feast, Times of Famine』

영국의 17세기 기후와 Gordon Manley의 온도 측정을 보면, 영국의 경우도 프랑스와 유사한 패턴의 소빙기적인 기후 현상을 보였던 것으로 나타난다. 프랑스와 마찬가지로 영국의 경우도 1650년대부터 1670년대까지 남동부 지역의 경우 '따뜻하고 건조한 양상'을 보였으며, 그 결과 이 시기 템즈강의 수위가 낮아졌다. 특히 1666년 9월 2일에는 유명한 '런던 대 화재'가 발생하였는데 이 화재는 이 시기의 건조한 날씨와 깊은 관련이 있는 것으로 알려져 있다.21)

---

21) H. H. Lamb, 『위의 책』, p.220. : "The well-known occurrence of very hot summer

한편 1673년부터 1675년의 시기는 '서늘하거나 매우 서늘한' 봄과 여름 기온을 보였던 것으로 나타났다. 곧 이어지는 1676년부터 1686년의 시기는 '엄청난 열풍과 가뭄(a great gust of heat and drought)'이 연속적인 해로서 알려져 있다. 그러나 이러한 상황은 반전되어, 1690년대는 1680~1790년 사이에 봄과 여름이 차가웠다는 어느 기록보다도 실제 기온이 거의 1℃도 가까이 낮았던 저온의 시기였음이 분명히 밝혀졌다.22)23)

3) H. H. Lamb

현존하는 기후학자로서 가장 탁월한 업적을 보인 학자는 단연 H. H.

---

weather in the two summers of 1665 and 1666, when London experienced its last great epidemic of the plague which ended with the great fire that burnt the city in September 1666, occurred in the middle of the coldest century of the last millennium."

22) John D Post, 『위의 책』, p.7. : 흔히 서양사에서 '최후의 생존의 위기(The last great subsistence crisis)'라고 얘기되는 1816년은 이미 우리나라에서도 기후학적인 견지에서 충분히 입증된 바 있다. 그러나 그러한 전 지구적인 기후재해로 불러 일으켰던 농업위기의 경우라 할지라도 이 해의 연평균 온도가 가장 추웠음을 의미하지는 않는다. Massachusetts의 Williamstown에서 관측된 경우를 예로 들면, 1816년은 연평균온도는 1816~1838년도의 전체 평균온도에 비해 1.3°F 낮은 44.3°F였으며 이는 42.6°F를 기록한 1836년과 1837년보다는 높게 나타난 수치였다. 바로 이러한 사실은 농사작황에 있어 연평균온도도 중요하지만, 보다 중요한 것은 식물의 성장기의 월별(monthly), 심지어는 일별(even daily) 온도가 무엇보다 중요하다는 사실을 명확히 환기시켜준다. 이러한 관점에 덧붙여, 여름의 평균기온의 1℃의 하락은 식물의 성장기를 3-4주 동안 지연시키며, 작물경작의 한계고도를 약 500피트 낮춘다는 것은 농업사에서 일반적으로 얘기되어지고 있는 것인데, 특히 우리 나라와 같이 산악국가인 경우는 같은 소빙기적인 기후재난을 당하는 경우라도 작황에 미치는 영향력은 평탄한 지형을 갖춘 나라에 비해 월등하게 컸을 것임을 충분히 짐작할 수 있다(100m↑ = -0.6~0.7℃↓).
23) 여기에 나오는 1℃의 차이는 실제 당시 사람들은 거의 의식하지 못할 정도의 온도였을 것이라는데 일반적인 견해이다. : Emmanuel Le Roy Ladurie, 『위의 책』, p.234. : "It seems they were not actually conscious of it directly, and as such. The long-term climatic trend was too slow and slight, too much disguised by brief but marked oscillations, to be perceptible in fifty years of adult life. Only the historians is in a position to observe and elucidate it by collecting and comparing the various pieces of evidence."

Lamb이었다. 그의 연구는 기후학으로부터 출발(기후의 전개)하여 "기후와 역사", "현대 세계의 기후 및 미래에 대한 문제들"에 이르기까지 실로 광범위하게 전개되었는데, 그의 연구성과 역시 100,000년 이전의 빙하시대에서부터 미래 문제에 이르기까지 타의 추종을 불허하였다.

그러한 Lamb은 역사상 소빙기의 주요한 원인으로 대기순환론을 들어 설명하였는데, 대기순환론은 화산 폭발, 태양 활동의 변화 등 여러 가지 유력한 원인 가운데서도 가장 압도적인 지지를 받고 있다. 이러한 H. H. Lamb의 대기순환론을 간단히 설명하면, 지구 대기의 기본적인 흐름은 기본적으로 위도 40도부터 70도 사이에 흐르는 "편서풍(Westerly)"이며, 이 '편서풍'과 '열대성 저기압과 고기압' 그리고 '북극 지역에서 한랭한 대기'의 작용에 의해 기온과 강수량이 결정된다고 보았다.24) 바로 이 때 편동풍의 경향을 띠는 '북극 지역에서 한랭한 대기'가 주도적으로 밀려들어오고, '열대성 저기압과 고기압'이 남극 방향으로 하향하면서, "편서풍(Westerly)"흐름이 정지하듯이 멈추어 섰을 때, 유럽은 춥고 습한 계절을 경험하였는데 이러한 증상이 장기 지속된 시기를 그는 소빙기로 보았던 것이다.

Lamb의 소빙기 이론은 크게 두 가지 순환을 가정하고 있는데 비해, 최초

---

24) H. H. Lamb, 『CLIMATE PRESENT, PAST AND FUTURE』 Vol. 2. (London and New York: Methuen, 1977.): 편서풍은 지표고도 4-5 km에서 흐르는 "upper westerlies(상류편서풍)"까지도 포함한다. 상류편서풍은 움직이면서 거대한 공기의 흐름을 통해 "warm ridges(온란 고기압)"와 "cold troughs(한냉한 기압곡)"을 만들어내며, 여기에서 생성된 "warm ridges(온란 고기압)"와 "cold troughs(한냉한 기압곡)"은 4-5 km 상공에서 500 millibars의 지표기압을 변형시켜 이를 떨어뜨리거나 상승시킨다. 이러한 편서풍이 활발하게 작용할 때(Zonal circulaton), 열대성의 "cyclones(저기압)"과 "anticyclones(고기압)"이 편서풍의 트랙을 따라 지구를 띠모양이 순환을 하면서 북상하는 경향을 띠므로 전반적으로 위도 40-60도에 위치한 나라들은 화창하고 따뜻한 날씨를 보인다. 그러나 이와는 반대로 편서풍이 거의 작용하지 못할 때(meridian circulation)는, 열대성의 "cyclones(저기압)"과 "anticyclones(고기압)"은 남하하는 경향을 띠는, 동시에 북쪽으로부터 "circumpolar vortex(극소용돌이)"의 한냉한 기운이 내려옴으로써 전선대를 형성하고, 전반적으로 이 위도에 있는 지역은 춥고 습한 계절을 경험하는 것으로 알려져 있다.

로 컴퓨터를 이용하여 대기순환의 흐름을 분석한 러시아의 기후학자인 B. L. Dzerdzeevskii는 여러 유형의 대기 흐름의 자료를 통해 도합 6개의 뚜렷한 순환 모형을 설정하는 대단한 성과를 거두었다. 이로써 H. H. Lamb으로까지 이어진 대기순환이론은 더욱 진보적으로 변해가게 되었다.[25]

4) 연륜연대학자와 빙하학자들의 연구

연륜연대학은 현재 미국, 독일, 핀란드, 러시아 등지에서 매우 활발하게 그 연구가 수행되어왔으나, 그 중에서도 미국의 연구 성과가 가장 탁월한 것으로 알려져 있다. 미국의 연륜연대학자로는 원래 천문학자였던 A. E. Douglass를 비롯하여 그의 제자인 Harold Fritts와 Edmond Schulman 이 있으며, 이들은 이후 Tucson학파를 이루게 된다.

미국의 연륜연대학들이 주요 관심의 대상으로 삼은 것은 기온(temperature)과 강수량(precipitation)이었으며, 그들의 미국의 서부 지역의 실험용 나무들을 10년 단위(decenary scale)로 분석하였다. 이들의 연구 결과 17세기에 해당하는 1641년부터 1755년의 기간은 그들의 표본 지역의 나무에서도 압도적으로 '서늘하면서도 습한 시기'였다는 명확한 증상을 보여주었다. 이들의 연구 성과는 다른 분야의 기후 연구에서도 자주 원용되었는데, 특히 고문서를 통한 문헌사학인 E. Ladurie의 경우는 그러한 경향이 더욱 두드러진다.

---

25) H. H. Lamb, 『Climate, history and the modern world』(London and New York: Methuen, 1982), p.201. : "The warmth of the early sixteenth century in Europe was probably produced by rather frequent anticyclones affecting the zone near latitudes 45-50°N and westerly winds over northern Europe, whereas the previous century-like the period from 1550 to after 1700-was characterized by a remarkable frequency of anticyclones north of 60°N and winds from between northeast and southeast over Europe south of that latitude."의 소빙기시대의 열대성고기압과 바람의 특징에서 알 수 있듯이, 두 가지 순환이론과는 기본적으로 색 다른 형태를 취하고 있었다. 이러한 점에서 B. L. Dzerdzeevskii의 새로운 작업은 더욱 개량적인 대기흐름의 분석을 보여준다고 할 수 있을 것 같다.

마지막으로 빙하학의 성과를 들 수가 있다. 17세기와 관련된 빙하학으로는 알프스 산악지역의 빙하의 확장과 수축으로 당시의 기온의 변화를 추정한 경우에 해당되고 있다. 그에 따른 빙하학 분석 결과는 나이테 연구의 결과와 마찬가지로 17세기 소빙기적인 현상을 매우 잘 설명해주는 것으로 일반적으로 널리 알려지고 있다. 대표적인 빙하학자로는 Matthes, Lliboutry 등이 있으며, 이러한 빙하학자들의 연구는 놀랄 만큼 포도 수확일 결과와 일치되는 것으로 나타났다.

<표 5-3> 알프스의 빙하 확장과 늦은 포도 수확일

늦은 포도수확일의 기간	가장 규모가 컸던 빙하확장기
1591-1602	1601
1639-1644	1643-1644

자료: 『Time of Feast, Times of Famine』

따라서 빙하학은 고기후를 연구하는 다른 분야의 학자들이 모두 즐겨 이를 인용하고 있을 뿐만 아니라 미래의 기후를 예측하고 하는데 있어서도 매우 중요한 근거로 널리 활용되고 있는 연구분야라 하겠다.

이 외에도 화분학자로 Christian Pfister와 M. Woillard 등의 연구성과가 제시되었는데 이들은 토탄층 분석을 통해 선사시대 및 지질시대를 주요 연구대상으로 삼고 있어서 여기서는 제외하였다.

2-2. 한국의 연구사

1) 나종일의 연구

나종일은 '17세기 유럽의 위기', '세계적 위기의 시대로서의 17세기'를 해외의 연구 성과를 통해 살펴보고, 나아가 당 시대의 한국사에서도 그러한 유사한 위기적 상황이 있었는지를 분석하였다.26) 그는 17세기 유럽의 경우 "인구와 농업 생산에서의 후퇴 혹은 침체 현상은 많은 학자들이 이를 시인" 한다는 점을 언급하면서, 바로 그러한 위기의 근원에는 기후가 있다는 점을 지적하였다.27)

그는 '태양의 흑점 활동', '나이테', '포도 수확기', '인구 변동' 등에 관한 해외의 소빙기 연구 성과를 소개하였을 뿐만 아니라, 이를 활용하여 17세기 우리 나라의 '농업 생산력의 발전', '인구 변동의 추세' 및 '태양의 흑점 활동' 등을 설명하기도 하였다. 또한 그는 우리 나라가, 적어도 18세기 이전의 자료 확보라는 측면에서, 천문학사나 기후사 등의 연구 조건은 세계 어느 나라에 비해서도 유리하다는 점을 강조하였다. 이와 관련하여 호적과 족보와 같은 자료를 이용한 계량사학적인 연구 방법의 유용성을 제안하기도 하였다.

결론적으로 그는 17세기에서의 계속된 흉작을 '기후 조건의 변화'와 그 결과로서 '생존위기적 상황'으로 언급하고, 1650년부터 1720년경까지 약 70년이 그러한 현상이 두드러지게 나타난 시기라고 설명하였다.

나종일의 연구는 기후 변동, 농업 생산력의 변동, 생존의 위기, 나아가 사회적 변동으로 이어지는 일련의 과정을 구체적으로 분석하지 못했다는 점에서 분명한 한계를 가지고 있다. 또한 그의 분석 역시 국내의 다른 연구자들과 마찬가지로, 대략적인 기후의 분석을 통해 결론을 도출하였을 뿐이다. 그 때문에 기후 변동의 요인이 어떻게 농업 생산력에 구체적으로 영향을 미쳤는지에 관해서는 설득력이 떨어지는 것으로 여겨진다.

---

26) 羅鍾一, "17世紀 危機論과 韓國史,"『歷史學報』第94-95合輯, 1982.
27) F. Braudel,『물질문명과 자본주의』Ⅰ-1 일상생활의 구조(상), 까치, 1995, pp.50-52. : 羅鍾一은 F. Barudel의 연구를 인용하면서 '경제적 후퇴', '인구감소', '대재난' 등으로 일컬어지는 "17세기의 위기가 세계적인 현상이었던 보다 근원적인 원인"으로 "역사가들이 생각할 수 있는 거의 유일한 요인은 바로 기후변화의 요인일 것"이라는 점을 재차 강조하였다.

2) 김연옥의 연구

다음으로 김연옥의 연구를 들 수 있다. 그녀는 『증보문헌비고(增補文獻備考)』, 『조선왕조실록(朝鮮王朝實錄)』 등의 사료와 해외의 연구 성과를 이용하여, 고문헌에 언급된 기상관련 용어를 정리하고 이를 유형별로 분류하고 계량화하는 선험적인 연구를 시도하였다. 그 결과 그녀는 소빙기적인 기후 현상인 이상 저온 현상을 우리 나라에서 처음으로 입증하였다.28)

그녀는 우리 나라의 소빙기를 입증하기 위해 『증보문헌비고』에서 비, 서리, 눈, 바람, 천둥, 번개, 우박, 안개, 추위 등의 기상 관련 용어를 정리하여 총 177건으로 집계하였다. 이를 50년 단위로 묶어 시기 구분 한 결과, 이 시기를 1551~1600년(21건), 1601~1650(44건), 1701~1750(16건), 1801~1850(23건), 1851~1900년(26건)으로 나누었다. 그리고 기상 관련 용어를 분류하고 이를 "냉량지수(冷凉指數)"로 전환시켜 우리 나라의 소빙기를 3기로 나누었다. 분석에 따르면, 제1기는 1551년부터 1650년까지(旱魃・多雨期), 제2기는 1701년부터 1750년까지(多雨期), 제3기는 1801년부터 1900년까지(極甚한 多雨期)로 구분되며, 그녀는 이러한 시기 구분이 유럽의 소빙기와 일치한다고 주장하였다. 여기에 덧붙혀 가뭄이 극심했던 시기로는 1601년부터 1700년까지를, 그리고 가장 다우한 시기로는 1801년부터 1900년까지로 보았다.

김연옥 연구의 문제점으로는, 먼저 저온을 형성하는 기상 요소로 저온 현상과는 거리가 다소 먼 바람, 비, 천둥・번개, 우박, 안개 등을 설정하였다는 점을 들 수 있다.29)30) 이 가운데 특히 우박의 경우는, 우리 나라의 경우

---

28) 金蓮玉, "韓國의 小氷期 氣候-歷史氣候學的 接近의 一試論," 『地理學과 地理敎育』 第14輯, 1984., "朝鮮時代의 氣候環境-史料分析을 中心으로", 『地理學論叢』 第14輯, 1987.
29) 윤진일, 『農業氣象學』, 대우학술총서 443, 아르케, 1999, pp.189-204., 坪井八十二, 『韓國의 農業生産의 氣象技術』, 技多利, 1983, pp.10-15.
30) 中央氣象臺, 『地球氣候를 診斷한다』, 1989, p.26. : "기후변동을 평가하는 지표의

5월과 6월 사이 그리고 9월과 10월 사이처럼 "비교적 기온이 높은 시기에 내리는 것"이 통상적이며, "한 여름에 내리는 서리나 눈 등과 비교할 경우 식물의 생장에 미치는 영향의 정도가 미약"한 것으로 널리 알려져 있다는 점에서 김연옥의 변수 설정의 문제성을 어느 정도 짐작할 수 있다.31)

다음으로 김연옥이 주요 사료로 이용한 『증보문헌비고』 기록의 지나친 소략성을 들 수 있다32) 마지막으로 김연옥의 연구에 있어서 분석 기간이 50년이 될 정도로 지나치게 길다는 점을 들 수 있는데, 이는 적어도 농업생산력 변동과 관련된 최근의 기후 변동 분석들이 모두 1년, 2년, 10년(Decade), 늦어도 20년 단위의 분석에 주안점을 두고 있다는 점에서 더욱 그러한 것으로 생각된다.33)

3) 이태진의 연구

이태진의 연구34)는 『조선왕조실록』을 주자료로 각 기상 현상의 발생건수를 1392년부터 1863년 사이의 기간을 50년 단위로 나누어 9기로 분석하였다. 그가 소빙기적 현상으로 파악한 요소로는 크게 '하늘의 이상 현상', '지상과 기상적 재변', 및 '인간 사회에 직접 닥친 재해'로 나누어진다. 그 중에서도 이태진이 소빙기적 현상으로 파악한 것은 '우박', '서리', '때 아닌 눈',

---

하나로서 중요한 것은 계절 변화의 기준이 되는 눈, 서리, 얼음의 초·종일, 벚꽃의 개화일 등이다."
31) 이찬, "氣候의 特色,"『韓國의 氣候』, 1973, pp.50-52.
32) 金連熙, 『위의 논문』. : 金連熙에 따르면, 『증보문헌비고』는 "삼국시대부터 조선시대에 걸치는 약 2,000년간의 이상 천변 현상을 수록하고 있다. 그러나 전 시대에 걸치는 기후 변화에 대한 기록을 하나의 책으로 모아 기록하였다는 사실로서는 그 중요성이 높지만, 그에 수록된 내용은 매우 소략하다고 하지 않을 수 없다. 더구나 그러한 기록마저도 조선시대만을 한정시킨다면 그 분량이 100페이지에도 미치지 않기 때문이다."
33) 羅鍾一, 『위의 논문』 "라뒤리 또한 1, 2년 단위나 10년, 20년 단위의 단기적인 규모에서는 기후요인이 곡물생산량을 좌우하는 중요한 요인임을 인정한다."
34) 李泰鎭, "小氷期(1500-1750) 천변재이 연구와 『朝鮮王朝實錄』—global history의 한 장,"『歷史學報』第149輯, 1996., "외계충격 대재난설(Neo-Catastrophism)과 인류역사의 새로운 해석,"『歷史學報』第164輯, 1999.

'때 아닌 비'에 대한 기록이었다. 그는 연구 결과, 1501년부터 1750년까지의 기간(제3기~제7기)을 조선시대에 있어 소빙기로 파악하였으며, 소빙기 발생의 주원인으로 미국의 물리학자인 Luis Alvarez의 학설을 인용하여 혜성 출현의 증가를 그 증거로 들었다.

이러한 이태진 연구의 문제점으로, 첫째, 김연옥과 마찬가지로 그 역시 50년 단위로 시기 구분을 하였다는 점을 들 수 있다. 둘째, 그가 소빙기라고 간주한 1500년부터 1750년간은 단순히 분석 대상이 된 기상 현상의 발생건수가 높게 기록된 기간에 지나지 않으며, 실제로 이는 소빙기적 현상과는 그 상관 관계가 분명하지 않다는 점을 들 수 있다. 셋째, 이태진이 소빙기 현상의 하나로 파악한 기상 요인에 대한 의문이다. 우박은 일반적으로 저온을 형성하는 기상요인으로 인식되지 않고 있으며, 그가 강조한 "시기에 맞지 않는 비"도 저온 현상과는 그 상관 관계가 높지 않기 때문이다. 넷째, 이 시대 소빙기의 주된 원인으로 파악한 운석 충돌의 주장도 소빙기에 대한 자연과학 분야의 주류 연구성과와 정면 배치된다는 사실이다.[35]

그럼에도 이태진이 분류한 소빙기는 본 연구의 기간인 17세기와 일치하고 있다는 점에서 그가 제안한 '유성과 운석의 소빙기 주요 원인설'은 앞으로 계속해서 연구되어야만 할 과제인 것만은 분명하다.

3. 17세기 조선의 기후와 농업

조선의 경우도 17세기는 소빙기적인 기후 현상이 선명히 드러난 시기였

---

[35] Mitchell, J. Murray, Jr. "Recent Secular Changes of Global Temperature," 『Annals of the New York Academy of Sciences』 95, 1961, pp.235-250. Mitchell에 따르면, 이 시기 기후변화의 근본요인으로 "산업화로 인한 지구대기에 CO^2 축적 (Greenhouse effect)," "화산분화의 변화하는 주기(The varying frequency of volcanic eruptions)," "태양 방열의 미세 가변성(The possible microvariability of solar-radiation)," "해양-대기체계의 자동변화(The autovariation of the ocean-atmosphere system)" 등을 들고 있으나, 운석 충돌의 문제는 전혀 제기되지 않았다.

다. 많은 국내 연구자들의 소빙기적인 기후 현상의 증명도 사실상 나이테 연구를 제외하고는 그 연구 결과는 제각기 다른 실정이다. 그것은 문헌 분석의 문제에서 발생되며, 연구자들은 대략적인 시기 설정과 용어의 집계로 그 결과를 산출하였으므로 사실상 그 정확성에 대한 의문이 제기된다. 17세기 기후의 전체적인 특징은 과연 어떠하였을까? 여기에서는 그간 국내 연구자들이 쌓아온 17세기의 소빙기적인 기후의 특징을 먼저 살펴보고, 이를 통해 17세기의 기후를 먼저 확인하려고 한다.

3-1. 국내 연구자들이 파악한 17세기 기후

김연옥[36]은 그의 '소빙기 1기'를 1551년부터 1650년까지로 보았다. 그 중에서도 1601년부터 1650년까지를 저온현상과 함께 "한발과 다우"의 시기로 보았으며, 강수량의 변동에 있어서는 1601년부터 1700년까지의 시기를 전반적으로 다우했던 것으로 분석하였다. 나종일[37]은 1650년부터 1720년경까지의 우리 나라의 소빙기의 주된 기후적인 특징은 가뭄이라고 보았다. 이태진[38]은 우리 나라가 1500년부터 1750년 사이에 소빙기적인 현상을 겪었다고 밝혔을 뿐, 이 시기의 기후적인 특징에 관해서는 별다른 언급이 없었다. 17세기 기후 현상에 관해 가장 많은 시사점을 주는 연구 성과로서는 김연희의 연구와 박원규팀의 연륜연대학적인 연구가 있다. 이 두 연구의 17세기 기후 특징과 관련된 구체적 내용은 다음과 같다.

1) 김연희의 연구성과

김연희[39]는 『CD-ROM 국역 왕조실록』을 통한 문헌 분석으로 소빙기와

---

36) 주 28) 참조.
37) 주 26) 참조.
38) 李泰鎭, "小氷期(1500-1750) 천변재이 연구와 『鮮王朝實錄』—global history의 한 장," 『歷史學報』第149輯, 1996.
39) 金連熙, 『위의 논문』.

관련된 기후요소와 농업생산을 둘러싼 용어를 검색한 후, 이를 10년 단위 (Decade)로 분류하였으며, 이를 다시 월별·지역별·발생건수별로 집계하였다. 그녀의 연구는 크게 '기온 변동의 분석'과 '강우량의 분석'으로 나누어지는데, 먼저 기온 변동의 분석으로는 '이상 저온 현상(이상저온 기록, 서리 등)', '이상 고온 현상(이상난동 기록, 무빙, 개화)'이 있었고, '강우량의 분석'으로는 비와 홍수, 가뭄, 기타(우박, 안개 등)을 들 수 있다.

그는 이상 저온 현상이 두드러진 소빙기의 시기로 1511년부터 1560년까지를 제1기로, 1641년부터 1740년까지를 제2기로, 그리고 1781년부터 1850년까지를 제3기로 분류하였으며, 특히 서리의 경우 제2기와 제3기(17세기 후반에서 18세기 전반까지)에 하강건수가 매우 높게 나타나 이 시기 여름 기온이 한냉하였음을 밝혔다. 그러나 이와는 달리 제1기는 "이상 난동 현상을 두드러지게 보인" 시기란 점을 밝혔다. 그리고 10년의 기온 분석의 경우, 조선 전기는, 1511년부터 1520년까지의 기간은 여름과 가을이 매우 한냉하였으며, 1541년부터 1550년 까지의 시기는 봄·여름이 한냉하였다고 밝혔다. 조선후기는 1671년부터 1680년까지의 시기(가장 한냉한 봄), 1701년부터 1710년까지의 시기(가장 한냉한 여름), 그리고 1801년부터 1810년까지의 시기(가장 한냉한 봄)가 한냉하였다고 밝혔다. 이러한 김연희의 연구 결과는 이 시기 수목의 나이테 연구와 가장 잘 부합되는 것으로 나타났다.[40]

이상에서 김연희[41]는 1641년부터 1740년간을 "여름→한랭, 한발→극심"의 시기로 보았다. 김연희는 17세기 전체에 걸쳐서 이상저온 현상이 봄 6회, 여름 17회, 가을 9회로 합해서 모두 32회에 걸쳐 발생하였다고 보았다. 조선시대 전 시기를 통틀어 총 65회의 이상 저온 현상이 발생하였는데, 그 가운데 32회는 거의 절반에 가까운 수치이다. 그로서 17세기가 전반적으로

---

40) 崔鐘南·柳根培·朴元圭,『위의 논문』. 李鎬澈·朴根必, "19世紀初의 氣候變動과 農業危機,"『朝鮮時代史學會』第1號, 1996.
41) 金連熙,『위의 논문』.

저온 현상을 겪었음을 확연하게 알게 해주며, 동시에 여름에 17회로 집계되었다는 점에서 이 시기가 매우 한냉한 여름을 겪었음을 알게된다.

그리고 그녀의 월별 서리 강하표를 살펴보아도 17세기의 저온 현상을 어느 정도 짐작할 수 있을 것 같다. 총 593회의 서리 기록 중 210회의 서리가 17세기에 내린 것으로 밝혀졌으며 이것은 17세기가 전반적인 저온 현상을 겪었음을 다시 한번 확인해준다. 마지막으로 김연희는 10년의 기온 분석의 경우, 1671년부터 1680년까지의 시기가 가장 한냉한 봄을 겪었을 것으로 분석하였으며, 전반적으로 17세기를 혹독한 가뭄의 시기로 분석하였다.

2) 연륜연대학자들이 밝힌 17세기 기후

(1) 특이한 기온을 나타낸 해

중부 산간 지역의 수목의 나이테 분석[42]을 통해 복원된 고기온(1636~1989년의 7~8월) 가운데 17세기와 관련된 내용은 아래의 <표 5-4>와 같다. 이 표를 보면 연구 기간인 17세기 중 1637년이 1636년부터 1989년 가운데서 가장 한냉했던 해였던 것으로 판명되었으며, 가장 온난했던 해는 1667년이었다. 그리고 가장 한냉했던 10년은 1684년부터 1693년 사이였던 것으로 나타났다.

<표 5-4> 나이테 분석으로 살펴본 17세기의 기온
(1636~1989년의 7~8월 기온: 평균기온 24.5℃)

구간	연도
가장 한냉했던 해	1637년
가장 온난했던 해	1667년
가장 한냉했던 10년	1684-1693년

자료 : 최종남・류근배・박원규, "아한대 침엽수류 연륜연대기를 이용한 중부산간지역의 고기후복원", 『한국제4기학회』, 제6집, 1992.

---

[42] 崔鐘南・柳根培・朴元圭, 위의 논문.

(2) 나이테 분석을 통한 기온 추세

나이테로 추정한 7~8월의 고기온(1636-1989)은 17세기에 두 번의 평균 온도선(24.5℃)과 접점을 이루었다. 첫 번째 접점은 1658년경이며, 이 시기 이후로는 7~8월의 기온이 평균 온도가 상회하는 온난함을 나타냈으며, 두 번째 접점은 1677년경으로써 이후 시기의 기온은 평균 온도를 하회하는 추세를 나타냈다. 한편 전환점으로는 1653년경(1658년), 1666년경(1658년~1677년), 1690년경(1677년~1700년)이 구체적으로 지적되고 있다. 즉 이를 통해 우리는 1658년경 이전에는 비교적 평균 온도 약간 낮은 7~8월의 기온을 보였으며, 1658년 이후로는 기온이 계속 상승하다가 1666년경을 고비로 다시 하향 추세로 전환하였다. 이후 1677년경 이후로는 평균 기온 이하로 급격히 떨어지다가, 1690년경을 전환점으로 계속 상승하지만 기본적으로 17세기가 끝날 때까지 평균 기온을 회복하지 못하였음을 알 수 있다.

<표 5-5> 나이테 분석으로 살펴본 17세기의 구간 기온

(1636~1989년의 7~8월 기온)

구 간	기온해석 (평균온도선 24.5℃)	
~1658년경	비교적 미약한 저온기	전환점(1653년경~약24.3℃)
1658년경(접점)	—	—
1658년경~1677년경	고온기	전환점(1666년경~약25.2℃)
1677년경(접점)	—	—
1677년경~1700년	극심한 저온기	전환점(1690년경~약23.5℃)

자료 : 최종남·류근배·박원규, "아한대 침엽수류 연륜연대기를 이용한 부산간지역의 고기후복원," 『한국제4기학회』, 제6집, 1992.

3-2. 『조선왕조실록』으로 본 17세기 기후

여기서는 17세기 기후의 전반적인 특질을 살펴보기 위해 두 가지 형태로 접근하였다. 첫째로, 1623년에서 1649년까지의 기간은 『조선왕조실록』과

왕의 행장을 이용하여 분석하였는데, 기후적으로 큰 의미가 있다고 판단되는 자료를 발췌하여 분석을 행하였다.

둘째로, 그와는 달리 1649년부터 1656년의 기간은 모든 기후적인 요소를 집계하여 정밀하게 표로 집계하여 분석하였다. 두 가지 경우 모두 분석 대상이 되는 주요 요인으로는 기온과 강수량이었다. 한편 이용된 자료 가운데 행장은 왕의 연대기와 같은 성격을 지니고 있어서, 비록 모든 기후적인 사실을 보여주지는 않지만, 적어도 당시 사람들이 중요하다고 생각되는 해를 기술하였다는 점에서 활용도가 크다고 생각된다.

한편 이와 같은 두 시기에 대한 접근 방법을 통하여, 과연 차별화된 연구 결과를 얻어낼 수 있을지도 새로운 과제가 될 것이다. 그리고 17세기의 기후 동향 파악에 있어서도 어느 정도 그 추세를 분명하게 파악할 수 있을 것인지도 검토되어야할 과제이다.

1) 1623년부터 1649년 사이의 기후와 농업

(1) 행장으로 살펴본 인조년간의 기후

다음의 <표 5-6>는 인조 연간의 기후, 농업, 기근(구제) 및 전염병에 대하여 인조의 행장을 보고 간추린 것이다.

이를 보면, 1628년, 1630년, 1636년, 1642년 및 1647년의 다섯 해가 기후와 관련되어 나타나고 있었다. 먼저 1628년은 "추위가 심하였는데"라는 기록에서 알 수 있듯이, 이 시기의 겨울 기온이 상당히 낮았음을 알게 해준다. 인조는 추위로 시달리는 평안도와 황해도 영세민의 구제를 위해 공물인 "잘갖옷" 납부를 면제하고 그 비용을 구제 기금으로 충당할 것을 지시하고 있었다.

이어지는 1630년은 "7~8년간이나 병란과 기근이 없는 해가 없었다"라는 언급에서 알 수 있듯이 '계해반정(1622)', '이괄의 난(1624)' 및 '정묘호란(1627)' 등으로 이 시기 사람들은 매우 극심한 고통을 겪었으며, 이러한 사회적 요인은 자연요인인 소빙기적인 기후 재난과 결합하여 더욱 당시 사람들을 기근의 상황으로 몰고 갔을 것이다.

한편 1636년은 "올해에는 한재의 뒤끝에 수재가 더욱 혹독한데 이것은 재앙 가운데서도 더욱 절박한 것이다"라고 언급에서, 1636년은 병자호란 전 이미 이 시기 사람들은 한재와 수재로 극심한 고통 하에 놓여있었음을 알 수가 있다. 이를 통하여 우리는 이 시기의 사람들은 다양한 기후 현상 가운데서도 작물 생산에 곧 바로 영향을 미치는 한재와 수재를 가장 두려워하고 있었다는 사실을 명확히 알 수가 있다.

<표 5-6> 행장으로 살펴본 1623~1649년의 기후

연도	기후관련내용	농업, 기근 및 전염병
무진년(1628)	"추위가 심하였는데… 서도의 백성들이 얼어 죽는 때에…."	○ 잘 갖옷 공급비용 면제("대체로 임금에게 바치는 물건들은…거의 다 면제해주었는데 아직 덜어주지 못한 것은 잘갖옷뿐이다.")→평안·황해도 영세민 구제
경오년(1630)	—	○ "7~8년 간이나 병란과 기근이 없는 해가 없었으므로…."
병자년(1636)	"올해에는 한재의 뒤끝에 수재가 더욱 혹독한데 이것은 재앙가운데서도 더욱 절박한 것이다."	○ 당해 음식물재료 면제·궁궐종이 공급면제·급재면세(여러 도) ○ "전란 후에 소 전염병이 크게 성해서 소들이 거의 다 죽어 넘어지자 여러 곳의 목장에서…."
임오년(1642) 봄	—	○ "심한 기근이 들었는데…."
정해년(1647)	"또 한재와 수재가 있게되자 호조에 지시해서…."	○ 정부미 지출 (호조미5만섬) - 공물·조세대체…구휼(진휼청설치)··환곡 등(중앙·지방 곡물 재배분)

자료: 『인조실록』 권40, 27년 5월 병인조.

극심한 한재에 이어지는 심각한 수재 현상은 17세기에 전체를 통해서 매우 두드러진 기후 현상이었다. 한반도에서 일반적으로 나타나는 봄 가 봄·여름 장마의 기후 체계가 이전과 달리, 봄 가뭄이 장기 지속되는 경향을 보였으며, 극심한 가뭄 끝에 이어지는 수재는 전국에서 집중적으로 발생하여 그 피해를 가중시키고 있었던 것이다.

이어 1642년은 심한 기근이 들었으며, 왕실의 가까운 친척인 "임해군, 순화군, 인성군 세 왕자의 부인에게 모두 요식을 주는 것을 일정한 규례"로 삼을 정도로 그 피해가 컸던 것으로 드러난다. 마지막으로 1647년은 다시 한재 이후에 수재가 있게 되어, 그 구휼을 위해 정부는 정부 비축분 5만섬을 지출하여 공물 및 조세를 대체하고, 진휼청을 설치하는 등의 구제 사업에 착수하였던 것으로 나타난다.

한편 행장에서 주로 언급된 해들을 중심으로 『조선왕조실록』의 사례를 살펴보면, 행장에서 보여지는 기후 특징은 사실상 1623년부터 1649년의 전시기에 동일하게 나타나는 현상임을 알게 된다. 그러한 사실은 "매번 흉년과 병란의 화를 당할 때면 반드시 조세를 감해주고 그 부역을 덜어주며 달마다 바치는 음식물과 명절날에 바치는 물건들, 아침·저녁으로 바치는 물건들, 안팎의 관청들에 바치는 술을 다 줄이되 3~4년까지 계속된 적이 항상 많았다"라는 행장의 기록에서 명확히 이해된다.

(2) 기후의 특징

거시적인 조망에서 1623년부터 1649년까지의 기후의 특징을 파악해보면, 혹심한 가뭄과 이어지는 홍수의 경향을 강하게 띠며, 여기에 국지적인 저온현상이 전국에서 골고루 발생하였다. 그러나 1647년은 전국적인 저온현상을 보인 해로 여겨진다. 각 10년대별로 기후 상황을 비교할 경우, 30년대가 가장 좋았던 것으로 보이면, 이후 20년, 40년 순으로 그 기후 조건이 점차 나빠지는 추세를 보였다. 특히 소빙기적인 기후의 지표라 할 이상 저온현상은 40년대에 들어 두드러진 경향을 띠었다. 이상 저온 현상을 시기별로 분석해보면, 20년대에는 1628년과 1629년이, 30년대에는 1631년과 1633년이, 그리고 40년대에는 1641년, 1643년, 1644년, 1646년, 1647년, 1648년에

서리와 눈으로 추정한 저온 현상을 보인 해였다. 그 중에서 전국적인 저온 현상의 관점에서 가장 높은 저온 현상을 보였던 해는 단연 1647년이었을 것으로 추정된다.

한편 가뭄과 홍수의 경우, 우리 나라의 전형적인 기후 패턴인 '봄-가뭄', '여름-홍수'의 형태를 벗어나지 않았으나, 전반적으로 장기화하고 집중화되는 경향이 강하게 나타났다. 즉 가뭄이 무척 오래 지속되고, 홍수의 경우는 전국적인 현상과 동시에 집중화 경향을 드러내었다. 마지막으로 바람의 재해 역시 대단해서, 1645년의 제주도의 경우 "큰 비가 급작스럽게 내리고 큰 바람으로 나무가 뽑"혀 이 때문에 죽은 말이 2백 필이나 될 정도였으며[43], 마지막으로 1648년 함경도의 경우 "바람이 불어 밭에 남아난 곡식 종자가 없"을 정도였다.[44]

2) 1649년부터 1656년 사이의 기후와 농업

(1) 1649년의 경우

1649년의 기후 상황을 살펴보면, 별 다른 소빙기적인 정황을 보이지 않았다. 이 해에 특징적인 기후 현상으로는 8월 26일 "왕위에 오른 이래 몇 달이 지나도록 때아닌 비가 내렸는데"라는 기록이 있었을 뿐이었다. 선왕인 인조가 5월에 죽고 이어 즉위한 효종이 아마도 곡물의 성숙기에 해당하는 시기에 연이어서 비가 내린 것을 언급한 것으로 생각되며, 1649년의 경우는 기후적인 요인으로 인한 별다른 농업 재해가 발생하지 않았던 것으로 생각된다.

(2) 1650년의 경우

1650년의 기후는 소빙기적 기후적인 현상을 대표한다고 볼 수 있을 정도이다. 이 해에는 일시적인 이동성 고기압의 영향으로 국지적 저온 현상이 발생하였던 것으로 보이며, 이후 북태평양 고기압의 세력이 매우 강해져

---

43) 『仁祖實錄』 卷46, 23年 9月 乙巳條.
44) 『仁祖實錄』 券49, 26年 5月 乙亥條.

극심한 한발 현상을 보였다. 이러한 극심한 한발 양상은 이후 소나기성 호우로 전변해 전국적인 홍수의 양상을 띠었던 것으로 생각된다. 이러한 기후 현상이 농업 생산에 가장 강한 영향력을 미친 것은 당연히 가뭄이었다.

먼저 1650년의 기후를 보면, 서울의 경우 봄 추위가 3월 6일까지 지속되었음을 알 수 있다. 이후 5월 3일의 경우는 "요즘 매일 서리가 내리면서 날씨가 몹시 차"고 "절기가 차례를 잃었"다고 당시 사람들이 이상 저온 현상을 대단히 우려하고 있었음을 알 수 있다. 이후 이러한 이상 저온 현상은 사라졌으며, 7월 22일에는 오히려 "날씨가 타는 듯이 뜨겁다"라는 기록되어 있을 정도로 대단한 혹서의 여름 날씨로 반전되고 있었음을 알 수 있다. 한편 서울 이외 지역에서도 국지적인 이상 저온 현상이 발생하고 있었는데, 그것은 순안 등지(4월 30일), 안동·의성·밀양 등지(5월 3일), 상원(5월 3일), 적성(5월 4일)에서 눈이 내렸다는 사실에서 명확히 확인된다. 여기에서 재미있는 사실은 순안 지역을 제외하고 그 밖의 모든 지역의 이상 저온 현상이 5월 3~4일에 발생하였다는 사실이다. 아마도 이것은 한반도를 대각선으로 가로지르는 일시적인 이동성 고기압의 영향으로 짐작되며,[45] 이와 같은 이상 저온 현상은 "절기가 차례를 잃었으니 농사에도 피해가 있을 것입니다"라는[46] 우려에서 알 수 있듯이 당시 위정자들에게는 상당한 걱정거리로 작용하고 있었음이 분명해 보인다.

한편 1650년의 농업 작황에 큰 영향을 미쳤던 것으로 드러난 것은 무엇보다 강우와 관련된 요소들이었다. 1650년의 강우량의 증상은 8월을 전환점으로 전국이 극심한 한발에 시달리다가, 이후 수재를 겪었던 것으로 드러난다. 특히 이러한 가뭄은 평안도, 함경도, 황해도, 서울 지역에서 매우 심하였던

---

[45] 金蓮玉, 『韓國의 氣候와 文化』, 韓國文化研究員 韓國文化叢書 9, 梨花女子大學校, 1994, p.198.; "시베리아 氣團에서 떨어져 나온 移動性 高氣壓이 通過할 때는 겨울철의 氣壓配置로 되돌아가 꽃샘추위가 나타나기도 한다."; 아마도 이것은 韓半島를 통과하는 移動性 高氣壓이 오랫동안 머물면서 陽子江氣團에 따르는 低氣壓과 만나 一種의 前線帶(front zone)를 一時的으로 形成한 것이 아닌가 한다.
[46] 『孝宗實錄』 卷3, 1年 4月 丙戌條.

것으로 보이며, 이러한 기후적 현상은 아마도 강력한 북태평양 기단의 영향으로부터 발생한 것으로 짐작된다.47) 이후 8월 24일 이후로 평안도, 경기도, 강원도, 전라도 지역에 걸쳐 광범위한 큰물 피해의 양상의 전환되었던 것으로 드러났다.48)

극심한 가뭄 현상은 당시 농업 생산에 막대한 타격을 입혔던 것으로 보인다. 그러한 사실은 "하늘의 이변과 물건의 괴변 치고 어느 것인들 재변이 아니겠습니까만 가뭄에 곡식이 마르고 황충이 뿌리를 먹어버려서 먹을 것이 모조리 결딴나는 통에 살아남을 백성이 없게 되었으니 어디에 오늘처럼 살을 도려내는 듯한 급한 사정이 있겠습니까"49)라고 기록된 당시 사람들의 표현에서 잘 확인된다. 즉 이 시기 사람들은 어떠한 재변보다 가뭄 재해를 가장 두려워하고 있었음을 명확히 알게되는 것이다. 그러나 수재에 관련하여서는 농업 생산과 관련하여 별 다른 언급이 없는 것으로 보아 1650년의 홍수는 이 해의 농업생산에 별다른 영향을 주지 않았음이 분명해 보인다.

(3) 1651년의 경우

1651년의 기후를 보면, 1650년의 기후 패턴과 아주 유사한 양상을 취하고 있었다. 즉 국지적인 이상 저온 현상을 보였으며, 8월에 이르기까지 전국적인 가뭄 현상을 보이다가 이후 전국적인 홍수 현상을 보이고 있었다. 1650년과는 달리 1651년의 수재는 그 강도면에서 훨씬 강하였던 것으로 나타났다.

먼저 이상 저온 현상으로는 6월 17일에 평안도에 서리가 내린 현상, 그리고 음력으로 5월에 안동과 예안 지방에서 눈이 내렸다는 사실에서 국지적인 이상 저온 현상이 잘 확인된다. 그리고 서울의 경우는 9월 23일에 벌써 서리

---

47) 金蓮玉, 『위의 책』, p.68.; "北太平洋氣團은 여름철 北太平洋 海域에 發源하는 熱帶의 海洋性 氣團으로 氣溫이 높고 水蒸氣를 많이 포함한다. 이 기단이 여름에 우리나라를 强力하게 支配할 때는 前線의 形成이 어려워 오히려 旱魃이 나타나는 수가 있다."
48) 『같은 책』, p.68.; "北太平洋氣團이 內陸地方에서 지표면으로부터 열을 받으면 積雲, 積亂雲이 발달하여 한 여름의 雷雨나 소나기가 잘 나타나게 된다."
49) 『孝宗實錄』 卷4, 1年 7月 甲寅條.

가 내렸다는 사실에서 역시 이상 저온 현상을 짐작할 수 있을 것 같다. 그러나 여기에 대한 농업적 피해 상황은 별로 눈에 띄지 않으며, 농업적 피해가 직접적으로 연결되는 것은 역시 강우량과 관련된 가뭄과 홍수였다. 이 해의 가뭄 정도는 그 정도가 매우 심해서 7월 10일에 "거의 40일 동안이나 비가 내리지 않앗"다고 할 정도였으며, 이 시기 위정자들은 이를 매우 심각히 보고 7월 7일에 "가장 급한 걱정 치고 가물 재해보다 더 큰 것이 어디 있겠는가"하고 어쩔줄 몰라 하고 있었다.

이러한 사실은 다음의 기록을 통해서 잘 확인된다. "더구나 지난 해의 흉년은 근간에 없던 것인데 오늘 또 여름철에 큰 가물이 들었습니다. 영남과 호남 지방에는 모내기를 제철에 한 데가 없고 수도 가까운 지방들에도 아직 비가 흠뻑 내리지 못하였다는 한탄이 일어나고 있으니 올해 농사 형편은 벌써 알만한 일입니다."라고 한 기록50)에서 큰 가뭄으로 인해 모내기 작업이 매우 지연되었으며, 그 수확량이 대폭 감소할 수밖에 없는 상황에 놓여있음을 알게된다.51)

한편 전국적인 한재에 이어 닥친 수해 역시 농업 작황에 큰 피해를 입혔던 것으로 나타난다. 이러한 큰 물 양상은 8월 4일 이후 평안도, 전라도, 충청도, 황해도로 그 영역이 광범위하게 이어졌으며, 9월 23일에는 "여러 달 째 큰 비가 계속되고"할 정도로 지속적인 수재였던 것으로 보인다. 이러한 수재는 농업 생산에 심각한 타격을 입혔다. 그것은 "모든 백성들은 올 가을만을 바라보고 있었건만 여러 달 째 큰 비가 계속되고 우레가 울고 번개까지 함께 치는 통에 그나마 남아있는 곡식은 깡그리 없어지고 여렸던 목화송이

---

50) 『같은 책』 卷6, 2年 6月 辛亥條.
51) 李善龍, 『벼의 氣象災害와 對策』, 湖南農事試驗場, 1996, p.211.; "移秧이나 播種期 遲延은 예기치 않았던 長期 旱魃로 불가피하게 老熟苗를 移秧 하게 되는 境遇…生育期間이 짧아 生育量 不足에 따른 收量減少가 따르게 된다."; 1989~1990년 慶南地域에서 금오벼를 취해서 移秧期를 6月 15日 基準(427kg/10a)으로 보았을 때, 7月 5日에 移秧된 경우 減收率이 17%, 7月 10日은 26%, 7月 15日은 38%, 7月 20日은 64%였던 것으로 나타났다고 한다.

도 모두 다 떨어지고 말았습니다. 8도 백성들이 먹고 입는 원천이 모두 다 끊어지고 말았으니 전하가 앞으로 어떻게 구원하겠는지 모르겠습니다"52) 라는 기록에서 이 시기 기상 재해로 인한 수확의 실패로 인한 백성들의 궁핍한 실상이 여실히 드러난다.

(4) 1652년의 경우

1652년의 기후 상황은 앞선 시기와 그 유형 면에서 동일한 양상을 띠었다. 그러나 특징적으로 이 해에는 겨울이 굉장히 따뜻했던 것으로 나타나며 그 자세한 사실은 1652년의 기후 정황에 잘 보여준다. 먼저 이상 저온 현상에 대해 살펴보면, 6월 4일 이전에는 서울과 금산, 임실, 문경 등지에서 국지적이면서 상당한 이상 저온 현상을 보였던 것으로 나타났다. "추위가 엄혹(서울, 1월 1일)"하고, "된서리가 여러 날 째 계속되고 초겨울처럼 날씨가 스산하(서울-0502)"며, "초여름에 이렇게 서리가 내리는 재변(금산·임실·문경, 6월 4일)"이 발생할 정도로 비정상적인 이상 저온 현상은 이후, 서울에서 살구꽃이 핀 11월 17일 이후로는 "날씨가 봄철처럼 따뜻한(12월 23일)" 전형적인 이상 기후의 증상을 보였던 것이다.

그러나 이러한 저온 현상에 대한 뚜렷한 농업 생산의 피해는 보이지 않았으며, 실질적인 농업 생산에 있어서의 피해는 역시 강우량과 관련된 요인에서 발생하고 있었다. 1652년의 경우도 앞선 해들과 마찬가지로 6월 28일 평안도에서 큰물이 난 것을 기점으로 가뭄과 수해의 두 시기로 양분되어 있었다. 가뭄의 경우는 서울, 평안도, 함경도에서 극심했던 것으로 보이며, 이후 수해는 평안도, 황해도, 서울, 함경도 일부 지역에서 발생하였는데, 특히 평안도의 경우는 6월 28일과 9월 7일에 두 차례에 걸쳐 수해를 입었던 것으로 드러난다. 이러한 수해에 대해서 "찬비가 장마 때처럼 퍼부어(서울, 11월 20일)"서 "동이의 물을 쏟아 붓듯이 퍼붓는 비가 사흘 동안이나 개이지 않고 내리는데 마치 여름철 장마와 같습니다(서울, 11월 21일)"다고 할

---

52) 『孝宗實錄』 卷7, 2年 8月 甲寅條.

정도로 매우 특이한 양상을 보이고 있었다.

한편 이러한 한재로 인한 농업 생산에 있어서의 영향은 매우 커서 "오늘에 와서는 가까운 역사에 있어 보지 못한 혹심한 가물이 들어 불쌍한 우리 백성들의 목숨이 거의 끊어지게 되었다"[53]고 한탄할 정도로 그 정황이 시급하였던 것으로 느껴진다. 한편 수많은 사람들의 인명 피해를 입혔던 것으로 드러난 수재는 농업 생산에 그리 중대한 영향을 미친 것으로 나타나지는 않았던 것으로 보인다.[54] 이 밖에도 1652년에는 5월 2일부터 10월 25일 사이에 서울, 호남, 영남, 충청도, 제주에서 바람 피해를 입었던 것으로 나타난다.

(5) 1653년의 경우

1653년의 기후 정황을 보면 1653년의 기후 역시 앞선 다른 해들과 마찬가지의 기후 유형을 보였음을 알 수 있으나, 이상 저온 현상을 제외하고 강우량의 문제는 상당히 좋아진 것으로 나타난다. 먼저 기온에 관하여 살펴보면, 서울의 경우 번드는 군사들에게 "겹옷을 나누어(서울, 1월 10일)" 줄 정도로 1652년의 겨울과는 달리 그 기온이 떨어졌음을 알게된다. 이후 "눈비(맹산, 4월 13일)", "서리(경기 장단, 5월 23일)", "서리(황해도 장연·송화, 5월 23일)", "6월에 서리(강릉, 7월 8일)"등의 현상을 보여 국지적이면서도 일시적인 이상 저온 현상이 발생하였음을 알 수 있다.

이후 서울의 경우는 "서리(10월 4일)"가 내리고 "날씨는 때 이르게 차지는데(10월 22일)"라는 기록에서 알 수 있듯이, 다른 시기보다 기온이 떨어진 가을 날씨를 보였던 것으로 여겨진다. 한편 강우량의 경우는 8월 23일에 이르기까지 전국적인 "가물이 한창 혹심"한 현상을 보였으나, 이후 별 무리 없이 해갈되었던 것으로 보인다. 이밖에도 강한 바람이 양양에서 발생하였

---

53) 『같은 책』 卷8, 3年 4月 丙辰條.
54) 『같은 책』 卷9, 3年 8月 甲辰條. : "평안도에 큰물이 져서 물에 빠져 죽은 사람이 50여명이나 되었다."

으며, 서울 및 그 북부 지방에서 국지적인 우박이 3회 가량 발생하고 있었다.

이러한 1653년의 기후 사정은 농업 생산에 일정한 영향을 미친 것으로 드러나는데, 그것은 "올해의 초기에는 풍년이 들 것 같았으나 늦바람이 불고 늦가뭄이 드는 통에 상한 곡식들이 매우 많을 뿐 아니라 이삭은 패였으나 알이 들지 못하였습니다. 가을 서리가 당장 내리게 되었는데도 곡식이 아직 익지 않았으므로 백성들이 길가에 나와서 호소하고 있었는데 신으로서는 그 정상을 차마 눈뜨고 볼 수가 없었거니와 또 어떻게 대답해주어야 할지도 몰랐습니다"라는 기록55)에서 잘 알 수 있다. 아마도 이러한 상황은 전국적인 상황은 아니었던 것으로 여겨지며, 단지 서울 지역의 농업 생산상황만을 반영한 것으로 생각된다.

(6) 1654년의 경우

1654년은 국지적인 이상 저온 현상과 평안도를 제외한 전국적인 수재를 기록하였으며, 이후 전국적인 가뭄 현상을 보였던 해로 특징지워진다. 1654년의 기후 정황을 보면, 먼저 이상 저온 현상의 경우로는 "큰 눈(함경도 고원·강원도 강릉, 2월 15일)", "붉그스럼한 눈(흡곡, 3월 15일)", "정평과 삼수에 연일 큰 눈(함경도, 6월 25일)"이 내린 사실이 기록이 있었다. 이 중에서도 강원도 흡곡에서의 붉그스럼한 눈은 아마도 화산 폭발과 관련이 깊은 것으로 보이나56), 여기에서는 농업 생산에 직접적인 영향을 끼치는

---

55) 『같은 책』 卷11, 4年 8月 癸酉條.
56) John D Post, 『위의 책』, pp.22~23 : Post는 화산폭발의 영향으로 발생되는 여러 가지 기후적인 증상으로 색깔 있는 눈, 붉은 해, 일조량의 감소, 짙은 안개, 비릿한 냄새, 강풍 등을 들고 있었다 "The year 1816 began inauspiciously in Hungary when a devastating two-blizzard struck at the end of January. Houses virtually disappeared from view, and hundreds of thousands of cattle, sheep, and horses perished, for livestock were still pastured out-of-doors in the winter. <<The snow was not white , but brown or flesh colored>>. This statement was no doubt a reference to volcanic dust in the atmosphere…." 이 시기에 한국에 있어서도 이와 매우 유사한 증상이 나타나고 있었다. 그러나 여기에서는 기온과 강수량만을 중점적인 과제로 삼았으므로, 여기에서는 화산폭발과 관련된 기후현상에 대해서는 일단 논외로 하고 있음을 밝힌다.

기온과 강수량을 중심으로 분석을 전제하고 있으므로 더 이상의 논의는 피하고 있다.

한편 서울의 경우는 "이 더운 철(6월 26일)"이라는 기록과 "몹시 더운(6월 30일)"이라는 기록에서 알 수 있듯이 정상적인 기온 현상을 보였던 것으로 보이며, 겨울에 들어서는 "날씨가 몹시 추웠다"라는 기록과 "솜저고리를 지어 옷이 없는 호위 군사들에게(서울, 12월 14일)"라는 나누어주었다는 기록에서 약간의 저온 현상을 보였거나 적어도 정상적인 겨울 기온을 보였음을 알 수 있었다. 이러한 가운데 강원도 지역은 12월 15일에 "복숭아나무와 오얏나무에 꽃이 피였다"고 할 정도로 대단히 온화한 날씨를 보였다는 사실에 매우 특이하게 느껴진다.

한편 1654년은 "7도가 다 큰물이 났으나 평안도만은 가물었다(7월 28일)"할 정도로 전국적인 수재가 아주 특이한 형태로 발생한 해였다. 먼저 서울의 경우는 4월 7일에 봄비가 장마로 번졌다가 이후 가물었으며, 6월 1일에 다시 비가 내렸다고 기록되어 있었다. 이후 6월 25일을 경기도에서 큰물이 발생한 것을 기점으로 충청도, 서울, 강원도 등지에서 전국적인 홍수가 발생하였다. 특히 이러한 홍수 현상 가운데 서울의 경우는 그 양상이 매우 특이하였던 것으로 드러난다.

"이 날(7월 21일) 10리 바깥에만 나가도 사방에 어디로 큰비가 온 곳이 없는데 유독 성안에만 이 지경이었습니다(7월 30일)"라는 기록에서 우리는 이 기간에 서울에서 발생한 수재가 소위 말하는 "Guerrillas성 집중 호우 현상"을 겪었음을 알 수 있다.[57] 그 피해도 엄청나서 "오늘에 이르기까지 장마가 계속되면서 봄부터 가을어간에 큰물이 두 세 차례나 나는 바람에 대궐 안에서 사람이 빠져 죽(서울, 7월 30일)"었는데, "도성 안팎에서 물에 빠져죽은 사람이 수 십 명(8월 2일)"이나 될 정도로 막대한 위력을 보였던

---

57) 韓國에서는 1998년 8·9월에 智異山 등지에서 이러한 게릴라성 호우로 엄청난 인명손실을 가져온 기후적인 재난이 발생하였다.

것으로 보인다.

한편 이러한 수재 현상은 8월 4일에 함경도를 기점으로 가뭄 현상을 이후 계속해서 황해도, 충청도, 전라도에서 그러하였던 것으로 보인다. 이러한 가뭄현상은 경상도도 예외는 아니었던 것으로 보이는데, 그것은 9월 12일 경주부에서 "바닷물이 붉어지고 바닷 물고기들이 많이 죽었다"는 기록에서 분명한 적조 현상을 짐작할 수 있었기 때문이다. 이후 8월 24일에 제주도에서 "세찬 비"가 내렸고, 12월 27일 전라도의 경우는 해일의 피해를 입기도 한 것으로 나타났다. 한편 1654년의 농업 생산은 기후적인 조건으로 인한 작황 부진은 국가의 전체적인 입장에서 볼 때는 크게 두드러진 것 같지는 않아 보인다.

(7) 1655년의 경우

1655년은 대단한 이상 저온 현상이 발생한 해였다. 이 해의 저온 현상은 거의 전국적인 규모에서 발생하였으며 단기적인 양상을 띤 것으로 생각된다. 먼저 "이 모진 추위에 얼어드는 옥(서울, 1월 31일)"이라는 기록과 4월 11일에 서울에 눈이 내렸다는 기록에서 서울 지역은 이 시기에 상당한 기온 저하 현상을 보였던 것이 분명해 보인다.

이러한 비정상적인 기온 저하 현상은 4월 9일에는 강릉·양양·삼척에서 "바닷물이 3일 동안 얼어붙었다(강릉·양양·삼척, 4월 9일)"[58]고 할 정도로 대단한 기세를 떨쳤는데, 이러한 기후 현상에 대해 "3월에 눈이 내린

---

58) H. H. Lamb,『위의 책』, p.218. 램의 대기순환이론에 따르면, 소빙기에는 극지방의 기단이 온대성 고기압에 비해 우월하게 작용하였다고 한다. 이러한 상황 하에서 정상적인 난류와 한류의 흐름마저도 대기의 영향에 따라 바뀐다고 하며, 한류는 보통때 보다 훨씬 남하하는 경향을 띤다고 주장하였다. "In the sixteenth and seventeenth century cases the fish seem to have preferred the North Sea rather than the Norwegian coast(The herrings normally inhabit waters with temperatures between 3 and 13℃)."; 한반도의 동해안에는 북한한류와 동한난류가 흐른다. 아마도 17세기는 북한한류가 주도적으로 작용하였던 것으로 짐작되며, 이러한 가운데 시베리아 고기압이 아주 탁월하게 작용하여, 1655년 4월 14일에 동해안 지역이 바닷물이 얼어붙은 상황이 발생한 것이 아닌가 여겨진다.

것은 모두 나라가 망할 징조이다. 더구나 영동 지방의 바닷물이 얼어붙는 재변은 아주 괴상하다"고 당시 사람들은 당혹감을 감추지 않고 있었다.

이와 같은 극심한 이상 저온 현상은 계속 발생되어 심지어 6월 6일에는 제주도에까지 큰 눈이 내려 "나라의 말이 900여 마리나 얼어죽었"다.59) 6월 9일에는 충청도에서 서리가 내렸고, 8월 23일에는 경상도에서 눈이 내릴 정도로 맹위를 떨쳤다.

그럼에도 불구하고 이러한 기온 저온 현상은 농업 부문 전반에서 그리 생산에 심대한 타격을 입혔던 것으로 보이지는 않는다. 아마도 이것은 농업 생산에서 상당한 자극 효과는 발생시켰을 것으로 보인다.60) 그것은 냉해의 시기가 지속적으로 빈발하게 발생함에 따라 당시 사람들이 어린 묘를 보호하기 위한 조치로 견종법(畎種法) 및 이앙법(移秧法)을 더욱 개량하고 세련된 형태로 발전시켜 나갈 여지를 가질 수 있기 때문이다. 한편 이러한 냉해는 기후적으로 극심한 한발과 함께 동시에 발생하는 것이 일반적이었다. 따라서 냉해와 한발의 생산 조건에서 이 시기 사람들은 더욱 그러한 농업 개량의 필요성을 느꼈을 것으로 볼 수 있을 것 같다.

1655년에서도 농업 생산에 가장 큰 영향을 미친 것은 역시 강우량과 관련된 요소로 드러났다. 1655년은 6월 30일에 이르기까지 충청도와 서울지역에 가뭄 현상이 심각하였는데, 서울 지역은 6월 30일 이후로 어느 정도 해갈이 되었던 것으로 보인다. 간혹 지역마다 큰 물이 든 지역도 발생하였으나, 8월 14일에 서울 지역을 포함한 전국이 "한 달 동안 비가 오지 않으니 온 들판의 곡식이 그대로 타버리고 있다"고 정도로 극심한 한재의 양상을 드러

---

59) 金蓮玉, 『위의 책』, p.81. "항상 赤道暖流가 흐르는 南海岸은…난류의 혜택을 받아 가장 쾌적한 생활환경을 주고 있다."; 그럼에도 불구하고 이 시기 제주도에는 눈이 내릴 정도로 엄청난 냉해를 입었다는 사실에서, 아마도 이 즈음에는 赤道暖流가 暖流로서 제대로 기능을 발휘하지 못할 정도로 강한 移動性 高氣壓(Moving High Pattern)이 제주지역을 일시적으로 통과하였던 것이 아닌가 생각된다.
60) Emmanuel Le Roy Ladurie, 『위의 책』, p.314.; "More convincing is what might be called <the pinprick effect>."

내었다.

1655년의 농업 생산에 관해 살펴보면, "오늘의 이 참혹한 가물은 가을 절기에 접어든 뒤에 시작되었기 때문에 모든 곡식들이 타고 말라 죽어서 아예 가을걷이를 할 가망이 없다"[61]고 기록되어 있었다. "소문에 의하면 영남과 호남 지방이 이미 모내기 절기를 놓쳐버렸다고 하는데 어떻게 곡식을 심지 않고 수확할 것을 기대하겠습니까? 나라의 근본이 전적으로 영남과 호남 지방에 달려있는데 영남과 호남 지방이 농사를 망쳤으니"[62] 라는 기록에서 알 수 있듯이, '곡물 성숙기의 심각한 가뭄'과 '파종 시기 실기'로 인해 이 1655년은 상당한 수확 실패가 발생하였던 것으로 여겨진다.

(8) 1656년의 경우

1666년의 기후 정황을 보면 앞선 해들과 유사한 양상을 띠고 있는 것으로 나타났다. 국지적인 이상 저온 현상, 이른바 전반기의 극심한 가뭄(서울 지역)과 후반기의 전국적인 수재의 국면을 취하고 있었던 것으로 드러났다.

1655년의 특징적인 기상 요인은 바람이었다.[63] 2월 25일에서 11월 12일 사이에 서울, 강원도, 경상도, 의주, 영변, 전라도 우수영[64], 함경도 등지에서

---

61) 『孝宗實錄』 卷15, 6年 7月 己亥條.
62) 『위의 책』, 7月 庚子條.
63) 이 시기의 바람은 그 위력이 대단하였던 것으로 보이며, 여기에 관한 몇몇 사례를 들어보면 다음과 같다: "경상도에서 강한 바람이 불었다. 나무가 부러지고 지붕이 날아갔다. 각 포구에 있는 싸움배들이 많이 파손되고 배타는 군사들도 많이 빠져 죽었다."(『앞의 책』 卷17, 7年 7月 戊辰條)., "평안도 영변부에서…바람이 불면서…향교의 대성전이 무너지고 신주도 파괴되었다."(『앞의 책』. 8月 庚子條).
64) 『위의 책』. 8月 壬寅條; "전남우수사 이익달이 각 고을의 싸움배를 거느리고 바다로 나가 수군들을 훈련시키고 있을 때 비바람이 크게 일어나 금성, 영암, 무장, 함평, 강진, 부안, 진도 등 고을의 싸움배들이 다 표류하다가 침몰되고 수군 1,000여명이 죽었다. 진도군수 이태형도 빠져죽었다. 감사가 보고하였다." 이 날은 전남우수영의 수군 합동훈련 날이었다. 당시 수군들의 수뇌부에서 바람이나 조류에 대한 흐름을 파악하고 나갔을 것임에도 불구하고 1,000여명이나 되는 인명이 죽었다는 사실에서 우리는 이 날의 비바람이 예측불허의 돌풍형이었으며 동시에 엄청난 위력을 지닌 바람이었음을 짐작할 수 있을 것 같다.

바람 현상이 심했으며, 특히 강원도의 경우는 6월 7일, 10월 25일, 11월 12일 세 차례에 걸쳐 바람 피해를 입고 있었던 것으로 드러났다. 우박의 경우는 6월 18일과 10월 24일 사이에 도합 8차례에 걸쳐 발생하고 있었는데, 6월 2일의 강원도와 경상도 지역을 제외하고는 모두 서울 북부권에서 발생하고 있었던 것으로 나타났다.

1656년의 이상 저온 현상을 보면, 눈(전남도, 4월 24일), 큰 눈(전라도 광주, 5월 5일), 서리(금산·운봉, 6월 7일)가 발생하였던 것으로 보이며, 모두 전라도 지역에서 발생한 것이 특징적이다.65) 한편 강우량의 경우는 7월 7일에 이르기까지 서울 지역과 함경도 지역에서 가뭄 현상이 매우 극심하였던 것으로 보인다. 7월 21일 전남도 평안도의 큰 물 이후 강원도 함경도 경상도 서울에 이르기까지 전국적인 큰 물 피해가 발생하였다. 이러한 큰 물 피해 가운데서도 특히 경상도와 강원도의 경우는 각기 두 차례에 걸쳐 큰 물 피해 또는 큰 비 피해를 입었던 것으로 나타나는데, 먼저 경상도는 8월 19일과 10월 17일에, 다음으로 강원도는 7월 22일과 10월 25일에 그 피해를 입었다.

이와 같은 기후 상황 하에서 1656년의 농업 생산과 관련된 기록을 보면, 음력 4월에 "비가 조금 온 뒤로 가물이 더 심하다. 이렇게 해가 긴 철에 모든 곡식이 다 타버려 가을할 가망이 없다. 농사일을 생각하면 가슴을 에이는 듯하다"66)고 서울 지역의 가뭄을 걱정하고 있었다. 이에 대해 같은 달에 좌의정 심지원은 "오랜 가물 끝에 드디어 비가 흡족하게 왔습니다. 이젠

---

65) 金蓮玉,『위의 책』, p.81. "黃海岸에는 쿠로시오(黑潮)의 分枝인 赤道暖流가 黃海로 들어와 黃海暖流를 이룬다. 이 黃海暖流는 그 勢力이 微弱하여 黃海岸 氣候 調節에 큰 役割 못한다. 얕은 黃海의 물은 추운 겨울기간 동안 冷却되어 여름이 되어도 깊은 층에는 冷水塊로 남아 있다. 이 深層의 冷水塊가 여름철 南下하여 黃海岸 一帶의 氣候에 크게 影響을 미친다. 이로 인하여 北部 黃海岸 地方은 小雨가 되며…이러한 冷水塊로 인해 西海 島嶼地方은 비가 적으며 西南 海岸은 濃霧地域으로 되는 것이다."
66)『孝宗實錄』卷16, 7年 4月 己未條.

풍년이 갈 데 없으니 얼마나 다행한 일입니까?"[67]라고 답함으로써 전체적으로 농업 생산에는 큰 차질이 없었던 해로 매겨진다.

4. 맺음말

인류 역사상 17세기가 가장 전형적인 소빙기(little ice age)적인 기후 상태를 보였다는 사실은 이미 널리 알려져 있다. 서양과 한국에서 전개된 기존의 연구들은 이 시기에는 세계적인 자연 재해가 발생한 결과, 세계 곳곳에서 흉작이 거듭되었음을 거듭 밝힌 바 있었다. 특히 그들은 소빙기적 기후 특성으로써 불규칙성(anomalous weather patterns)과 기온 저하 현상을 지적하였지만, 실제에 있어 이와 같은 소빙기적인 기후 현상에 대해 동아시아를 포괄하는 연구 성과는 아직도 충분하지 않다.

그럼에도 불구하고 소빙기적인 현상은 한국의 경우도 예외 없이 발생하였다. 기후가 절기에 맞지 않고 기온이 저하되는 현상은 17세기 전체를 통틀어서 너무나 자주 빈발하게 발생하고 있었으며, 이미 많은 연구 성과를 통해서 그 실체가 상당부분 규명되고 있기도 하다. 그럼에도 아직도 이 시기의 기후와 농업에 대한 연구는 초보적인 단계이며, 조사 분석의 경우는 역시 여전히 미완성의 단계에 머물고 있는 실정이다. 다만 여기에서는 그러한 기존의 연구성과를 살펴본 뒤, 한국의 17세기 소빙기적인 기후 현상을 간략하게나마 개관하려고 하였다.

특히 이를 위해 필자는 앞서 분석한『병자일기(1636.12.15～1640.8.3)』와 같은 일기류나『조선왕조실록』과 같은 기록을 보다 세밀히 비교 분석하는 것이 매우 중요하다고 느끼고 있다. 이들 자료는 오래된 기후 기록으로서의 가치뿐만 아니라 연속적이면서도 비교적 치밀한 기후 기록이며, 농업과 연관되었으며 민간에 의한 왜곡 가능성이 거의 없는 기후 기록이란 점 상당

---

[67]『위의 책』. 4月 庚午條.

히 중요한 단서를 제공하고 있다.

　그러한 기후 기록의 분석을 통해, 우리가 이용하기에 따라서 우리 나라의 『조선왕조실록』의 기후 기록들에서 프랑스의 포도 수확일과 같은 정도의 신뢰성을 검증할 수 있게 될 것으로 기대된다. 더구나 이 기록들을 통하여 이 시기에 나타난 소빙기적인 기후 현상의 실체를 왜곡 없이 보다 명확히 규명할 수 있다는 점도 중요한 성과 중의 하나가 될 것이다. 나아가 그러한 기후 현상 파악은 농업 생산에 기후가 미치는 영향 정도를 비교적 명확하게 해주고 있다.

　이 연구에서 사용한 문헌 연구는 그와 같은 고기후를 측정하는 수많은 자연과학 기법과 함께 협동할 때, 보다 정확한 연구 결과를 얻을 수 있을 것이다. 그럼에도 불구하고 우리의 현실은 아직도 이에 관한 학제적 접근이 부족한 실정이다. 문헌 분석의 한계를 보완하기 위해 여기에서는 수목의 연륜연대학적인 연구(tree ring research)를 이용하였는데, 그 결과는 문헌기록과 거의 일치하는 것으로 나타나서 특히 주목되고 있다.

　17세기의 우리 나라 농업사 연구는 그러한 기후 현상에 대한 엄밀한 분석이 전제되지 않고는 그 실체를 제대로 파악할 수 없을 것이다. 이러한 점에서 17세기 기후에 대한 『조선왕조실록』 기록에 대한 기후학적 분석은 당시의 농업과 그 생산력 실태에 대해 보다 명확한 시각을 제공할 것으로 보여진다. 이를 바탕으로 할 때, 그 시대 사람들의 농업 경영을 포함한 제반의 경제 활동과 소비 생활에 대한 구체적인 분석도 비로소 가능하게 될 것으로 믿는다.

제6장 | 『산가요록』의 채소 기술과 '동절양채'

이 호 철
경북대학교 교수

1. 『산가요록』 발굴의 의의

　　15세기에 저술된 조선전기 농서들 가운데 오늘날까지 전해지는 것은 『촬요신서(撮要新書, 1415~1429)』, 『농사직설(農事直說, 1429)』, 『금양잡록(衿陽雜錄, 1492)』, 그리고 『사시찬요초(四時纂要抄, 1492)』의 네 종류가 전부였다. 그 가운데서 우리 최초의 관찬농서인 『농사직설』과 경기도 지방을 중심으로 한 강희맹의 개인적인 경험과 견문을 엮은 사찬농서 『금양잡록』은 주로 주곡을 대상으로 서술되었을 뿐, 원예농업에 대한 기술은 논외로 취급하였다. 또한 그 내용이 가장 소략하였던 과도기 농서였던 『촬요신서』에서도 꽃나무나 과일나무 심기를 논한 부분인 『화과잡록(花果雜錄)』을 제외하고 나면, 당시의 채소 농사에 대한 내용은 발견되지 않는다.

　　이처럼 당시 조선인들에게 곡식만큼 중요하였던 채소 농사의 기술은 오직 『사시찬요초』만이 월령체의 형식을 빌어 그 개략적인 내용이나마 전해주고 있을 뿐이었다.[1] 더구나 이 농서는 한동안 그 이름 때문에 중국 당(唐)대

---

1) 지금까지 우리 나라 15세기의 채소 재배 기술은 『사시찬요초』를 통하여 파악되었다. 이 책은 15세기 말 강희맹이 당말 한악의 『사시찬요』를 초록한 것으로 추정되어 왔다. 이 농서는 월령에 따라 다달이 해야 할 일을 그 때마다 기록한 것으로 한 작물을 한꺼번에 기록하는 것이 아니라 파종기, 중경제초기, 수확기 등으로

의 농서인『사시찬요(四時纂要)』2)의 초역이란 오해를 받아왔기 때문에, 오랫동안 학문적인 검토 대상에서 제외되는 불운을 겪은 바 있다. 사실 이 책은 이미 이성우가 밝힌 바처럼3)『사시찬요』와 비교해 보아도 그 내용이 아주 다르고 독자성이 뚜렷하다.

그와 같은 우여곡절 끝에 마침내 우리 학계는 우리 나라 15세기 원예농법의 진수(眞髓)를 가려내기 위해 불가피하게 이 농서에 의존할 수밖에 없는 형편에 이르렀다. 그러나 이 농서는 월령식으로 기술되어 같은 작목이 여러 곳에 나타나는 등 서술 방법이 산만하고, 그 내용도 소략하여 이것만으로는 당시 채소 농업의 많은 부분을 파악할 수 없는 형편이다. 바로 그 때문에 이 시대 원예농법 연구의 참다운 발전을 위해서는 새로운 농서의 발굴이 무엇보다 중요한 의미를 갖는다고 하겠다.

이러한 상황에서 최근에 발굴된 15세기 농서인『산가요록』4)은 잠업·임업·원예·축산, 그리고 식품까지를 포괄하는 종합 농서이자, 전순의(全循義)란 한 개인이 저술한 또 하나의 사찬농서라는 점에서 한국 농업사에 던지는 의미가 결코 작지 않다. 전순의5)는 세종 때부터 이름을 날린 어의였지만6),

---

나누어 최소한 2회 이상 다른 월령에 기록하고 있다(김영진,『조선시대 농업과학기술사』, p.207, 서울대학교출판부).

2) 중국 당대 농서인『四時撰要』는 1590년 경상좌병영에 의해 판각·간행된 바 있었는데, 바로 이 때 만들어진 조선각본이 일본에서 발견되어, 1961년에 동경 산본(山本)서점에서 영인되었다.

3) "효종 6년(1655)에 신속이 엮은『농가집성』에『사시찬요초』란 월령식 농서가 들어 있다.…중국의 당시대에 나온『사시찬요』와 비교해 보아도 내용이 아주 다르고 독자성이 뚜렷하다(이성우,「제8장 김치의 문화」,『한국식품문화사』, p.110).

4) 우리문화가꾸기회에서 2001년에 발굴한 이 책은 18㎝×26㎝ 크기의 한문 필사본으로써 앞뒤 부분이 심하게 손상된 상태이다. 이 책에는 농업 생산기술에 관한 내용 외에도 술(酒)·장(醬)·초(酢)·김치·떡·탕 등 모두 227가지 음식의 조리와 저장 방법, 7가지의 염색법 등이 기록되어 있다. 이 책의 말미에는『山家要錄』이란 책명과 함께 "全楯義撰 崔有睿抄"라는 기록이 있어, 이 책의 저자가 전순의임을 명시하고 있다.

5) 전순의는 3대를 이어 전의감 의관을 지낸 사람으로써, 1445년 왕명을 받들어 김문·신석조·김수온 등과 더불어『醫方類聚』365권의 편찬을 완성한 데 이어 1447년에는 김의손(金義孫)과 함께『鍼灸擇日編集』을 엮었으며, 저서로는『食療纂

문종의 갑작스런 죽음에 책임이 있는 사람이었다. 여하튼 『의방유취』[7]의 공동 편찬자이자 『식료찬요』[8]의 저자였다는 점으로 보아 그는 당대의 권위 있는 의사이자 농학자였다고 말할 수 있겠다. 더구나 그는 세조의 정난 때 오히려 좌익원종 공신에 봉해졌기 때문에 그가 연마한 농학 및 식품학적 지식을 후세에 온전히 전할 수 있었다.

널리 알려진 바처럼 이 시기에는 여러 종류의 중국 농서가 사용되고 있었지만, 그 가운데서 대표적인 것이 중국 원대 농서인 『농상집요(農桑輯要)』[9]

要』가 있다. 특히 『山家要錄』은 그의 일생을 추정한 여러 연구에 따라 대략 1450년경의 저술로 추정된다.

6) 전순의의 평가를 정리해 보면, 그는 세종 때 궁중에서 의학 공부를 통해 양성된 어의로서 세조 때에 이르러 명의로서 가정대부에 올랐다. 그에 대한 평가는 "세종께서 진념하시어 삼사 이외에 따로 의서 습독하는 법을 세워 방서(方書)를 읽게 하여 후하게 권장하였는데 이효신·전순의·김지 같은 무리가 조금 그 방술을 체득하였습니다(『단종실록』 권13, 단종 3년 1월 25일 신미)". "사신(史臣)이 논평하기를, '…세조조(世祖朝)의 전순의(全循義)·김상진(金尙珍)도 명의(名醫)였으나 가정 대부(嘉靖大夫)에서 마쳤는데(『성종실록』 권99, 성종 9년 12월 12일 기해)" 등의 자료에서 유추할 수 있겠다.

7) 이 책은 세종의 명에 의하여 편찬된 한방의학의 백과 사전이다. 『세종실록』에 따르면, 1442년에 세종이 "집현전 부교리 김예몽…등에게 명하여 여러 방서를 수집해서 분문류취하여 합해 한 책을 만들게 하고, 뒤에 또 집현전 직제학 김문…에게 명하여 의관 전순의·최윤·김유지 등을 모아서 편집하게 하고, 안평대군 이용… 등으로 하여금 감수(監修)하게 하여 3년을 거쳐 완성하였으니, 무릇 365권이었다(『세종실록』 권110, 세종 27년 10월 27일, 무진)".이 책의 편찬에는 중국의 한·당·송·원대의 중요한 고전 의방서 153종이 인용되었고 그 밖에 명나라 초기의 의방서들도 참고되었다. 그런 점에서 이 책은 『향약집성방』과 함께 15세기까지 중국과 우리 나라 의학의 발전을 결산한 최대의 업적이었다.

8) 『식료찬요』는 전순의가 저술한 식품서로서 1487년에 성종에게 찬진되었다. 『성종실록』에 따르면, "우찬성 손순효가 『식료찬요』를 올렸다. [의원 전순의가 편찬한 것인데, 손순효가 일찍이 경상도 감사가 되었을 때 상주에서 간행하게 한 것이다.] 전교하기를, '이 책은 보기에 편리하게 되어 있어서 내가 매우 가상하게 여긴다' 하였다"(『성종실록』 권202, 성종 18년 4월 27일 병신).

9) 『농상집요』는 원의 세조가 司農司에 명하여 1286년에 편찬한 대표적인 관찬농서이다. 이 시기는 특히 원과 남송의 대립기였다는 점에서 이 농서는 '화북을 중심으로 한 농업지도서'란 성격을 강하게 지니고 있다. 또한 『농상집요』는 1372년 경상도 합천(江陽)에서 간행되었는데, 여기에는 다른 판본에는 보이지 않는 두 종의 序文과 이 색의 後序文을 위시한 세 종류의 후서문이 실려있다는 점에서 특징적이다. 이 합천의 목판은 그 후에도 임진란 전까지 계속해서 간행을 위해 사용되

였다. 그 때문에 조선 전기에 만들어진 우리 농서들은 어느 것이든『농상집요』의 강한 영향을 받기 마련이었다. 그런 점에서『산가요록』도 예외는 아니었으며, 심지어 그 내용의 절반정도가『농상집요』의 단순한 발췌·요약(抄譯)에 불과하다는 오해(?)도 가능하다. 그러나 바로 그러한 사정은 우리 농서가 제자리를 잡아가는 과정에서 나타난 과도기적인 현상이었으며, 그 나머지 절반의 부분에서 이 농서는 한국의 독자적인 내용을 충실히 담아내고 있다.

그럼 왜 당시의 사람들은『농상집요』를 그토록 참고하고 있었을까? 이에 대해서는 이미 많은 연구와 토론이 있었다. 이에 대해 당시 조선 농업은 넓은 의미에서 중국 화북 지역과 같은 농업 지대에 놓여 있었으며, 그 때문에 조선은 당연히 그들의 선진농법을 받아들일 필요가 있었다는 것이 그간의 정설이었다. 물론 그러했겠지만, 그 밖의 또 다른 이유는 그 농서 안에는 당시 조선인들이 필요로 하던 채소 기술이 가장 잘 담겨져 있었기 때문이란 주장도 설득력을 얻고 있다.

예나 지금이나 우리 나라 사람들은 세계 어느 나라보다 채소를 가장 많이 섭취해 왔다.10) 그런데『산가요록』은 다양한 김치 무리를 비롯한 채소 가공식품들이 다수 등장시켜 채소 소비를 재촉하는 모습을 취하고 있었다. 그와 같은 수요에 부응하기 위하여, 당시 농학자들은『농상집요』의 채소 기술을 우리 현실에 맞게 수용하였을 뿐 아니라, 나아가 이를 기반으로 "동절양채(冬節養菜)"와 같은 우리 독창적인 기술도 개발하였다. 그러한 필요성 때문에 이 시기에는 채소 기술을 널리 보급하기 위한,『산가요록』이나『사시찬

---

10) 한국농촌경제연구원이 발표한『2000년도 식품수급표』(2001.12)를 보면, 한국의 1인당 연간 채소 공급량은 187.6kg으로써 이탈리아(178.9kg) 미국(134.2kg) 프랑스(125.2kg)보다 많았다. 반면 과실류 공급량은 파키스탄(37kg) 인도(43kg)에 이어 세번째로 적은 52.3kg으로 대만(142.2kg) 미국(108.6kg) 필리핀(100.6kg)에 비해 크게 떨어지고 있었다. 그러한 사실은 조선시대에서도 그대로 적용되어 당시에도 채소에 비해 과실과 육류의 소비는 낮은 편이었다고 추정된다.

요초』와 같은 원예농서의 저술이 강력히 요청되었던 것이다.

　그런 관점에서 이 장은 조선 전기의 채소 농업을 개관하면서 그를 통하여 『산가요록』의 발굴이 갖는 의의를 밝히기 위한 것이다. 나아가 여기에서는 이미 하나의 기술로서 이 농서에 독자적으로 채록된 '동절양채'의 온실 기술이 과연 당시 농학, 특히 원예농법의 수준에서 과연 가능한 것이었는지를 검토하려고 한다. 그리고 당시 새롭게 보급되고 있었던 우리 독자의 온돌(溫突)기술과 그 농업 분야의 활용은 과연 어떠하였는지에 대해서도 함께 밝혀 보고자 한다.

2. 조선 전기 농서 가운데서 『산가요록』의 위치

　이미 언급한 바처럼 조선 전기 농업에서 가장 많이 참고한 농서는 다름 아닌 『농상집요』였다. 원나라 사농사에서 편찬한 이 농서는 『제민요술』 등 중국 화북 지방의 농법을 포괄한 종합 농서였다.[11] 바로 이 농서가 중국의 강남농법을 대표하던 왕정 『농서』나 진부 『농서』 등과는 달리, 15세기 우리 농업에 널리 이용되었다는 사실은 당시 조선 농업의 성격이 큰 틀에서 중국의 화북 농업과 유사하였기 때문이었다. 그 때문에 이 시기의 경상남도 합천(姜陽)에서는 1372년에 새겨진 이 책의 목판본을 오랫동안 지속적으로 간행하고 있었던 것이다.

　뿐만 아니라, 이 시기는 『농상집요』의 주요 내용을 한국의 사정에 맞게 발췌하거나 이두로 번역하려는 노력이 계속되었던 때였다. 그렇지만 비록 이 농서의 농법이 비록 당시 조선의 농업 사정과 큰 틀에서 유사하였다고 하더라도, 이 농서의 구체적인 기술들은 여러 측면에서 조선의 농업 현실과 매우 달랐다.

　그 때문에 이 시기에는 『농상집요』의 내용을 조선 농업에 맞게 발췌하거

---

11) 김용섭, 「≪농서즙요≫의 농업기술」, 『세종학연구』 2, 1987, pp.3~4.

나 심지어 이두(吏讀)로 번역(諺飜)하려는 노력이 경주되었으며, 그 결과물로써 여러 종류의 과도기 농서들이 출현하고 있었다. 그러다가 마침내 그러한 조선정부의 노력은 『농사직설』이란 새로운 우리 농서의 편찬으로 결실되었다. 이처럼 15세기에 추진되었던 일련의 농서 편찬 사업들은 조선 전기의 현실에 맞는 농학과 농서를 지향하는 당시 조선 정부의 농정 방향과 깊은 관련 위에서 추진되고 있었다.

그렇지만 불행히도 조선 최초의 농서인 『농사직설』은 당시 농민들이 절실하게 요구하고 있었던 채소 농업에 대해서는 전혀 취급하지 못하였다. 그 때문에 이 시기의 과도기 농서들은 저마다 필요한 『농상집요』의 채소 기술을 나름대로 조금씩 발췌(抄)하고 그 내용을 수정하는 모습을 보이고 있었던 것이었다.

<표 6-1> 조선 전기 농서들의 취급 분야

분야	내용	『농상집요』(1286)	『촬요신서』(1415~1429)	『농사직설』(1429)	『금양잡록』(1492)	『산가요록』(1450, ?)	『사시찬요초』(1492)	『농서집요』(1517)
耕墾	총론	O	O	O	낙질	O	O	
播種	경종	O	O	O	낙질		O	O
栽桑	뽕나무 기르기	X	X	X		O	X	X
養蠶	양잠	O	X	X		O	O	X
瓜菜	채소	X	X	X		O	O	X
果實	과수	O	X	X		O	O	X
竹木	임업	O	X	X		O	O	X
藥草	약초	X	X	X		O	O	X
仔畜	축산	X	X	X		O	O	X

현존하는 당시 과도기 농서 중에서 관찬의 성격을 갖는 것은 『농서집요』가 대표적이었다. 1517년 중추(中秋) 후 2일(8월 17일)에 안동부사 이우가

쓴 서문이 있는 이 농서는 『농상집요』를 발췌한 뒤 다시 이를 이두로 번역한 것이었다. 그 내용도 『농상집요』에서 경지와 9곡의 재배 부분만을 발췌하여 이두로 번역하였는데, 그와 같은 구성을 『농사직설』도 역시 그대로 추종하였다.

그와 같은 『농서집요』의 사정은 조선 전기의 우리 농학 사상을 이해하는 데 매우 중요한 단서가 된다.[12] 『농서집요』을 편찬한 조선 전기의 농학자들은 중국과 조선의 '풍토부동(風土不同)'을 충분히 의식하였기 때문에, 비록 발췌는 하였지만 중국의 농법(農法)·농시(農時), 그리고 농구(農具)를 결코 그대로 옮기지는 않았다. 심지어 그들은 조선 농업에 유용한 부분만 발췌하였는데, 바로 이번에 발굴된 『산가요록』이야말로 그러한 관점에서 집필된 과도기적 사찬농서의 한 전형으로 추정된다.

조선 전기의 여러 농서들 가운데서 『산가요록』의 위치를 정리한 것이 바로 위의 <표 6-1>이다. 이를 보면, 이 농서는 비록 낙질(落帙)된 부분이 적지 않지만 그 나머지만 살펴보더라도 조선 전기의 농서 가운데서는 『농상집요』와 유사할 정도로 가장 종합적인 면모를 갖추고 있었다는 점이 특징적이었다.

다음으로 조선 전기 농서들을 분야별로 비교해 보자. 먼저 경종 부문에 대해 살펴본다면, 이 분야에는 『농서집요』, 『촬요신서』와 같은 초역한 농서도 있었지만 『농사직설』이란 탁월한 우리 농서가 이미 출현하여 매우 독보적인 모습을 보이고 있었다. 그에 비해 재상(栽桑), 양잠(養蠶), 과채(瓜菜), 죽목(竹木), 약초, 축산(仔畜) 등의 분야를 비교적 골고루 취급한 농서로는 비록 『촬요신서』가 있었지만, 그 내용은 매우 소략하였다.

바로 그러한 사정 때문에 15세기에는 우리가 필요로 하는 우리 실정에 맞는 농업 기술을 담은 새 농서가 강력히 요구되었다. 이른바 양잠, 채소,

---

12) 이호철, 「『농서집요』의 농법과 그 역사적 성격」, 『경제사학』 14, pp.1~3. 1990. 12.

임업, 약초, 축산 등의 분야 가운데서 가장 필요로 하였던 분야는 바로 과채(瓜菜)라 불렸던 '채소' 분야였다고 추정된다. 왜냐하면 그러한 문제점을 보완하기 위해 강희맹이 집필한 『사시찬요초』에서도 가장 많은 분량을 바로 '채소' 분야에 할애하고 있었던 것이다. 그러나 『사시찬요초』는 15세기말인 1492년경에야 출간될 수 있었다. 그러했으므로 15세기에는 비록 초역이지만 당시 식생활에 그토록 중요하였던 채소의 재배 기술을 다룬 농서로서는 『산가요록』만한 것이 존재하지 않았다.

한편, 『산가요록』 후반부의 '술 만들기(酒方)' 이하 부분에서는 '우리 식의 독특한 음식 만들기'가 실려있다. 바로 그 점으로 볼 때 이 책은 술 담기(酒方), 장 담기, 식초 만들기, 김치 담기, 농산물을 저장하기·말리기·염장하기, 음식 만들기(죽·떡·면), 염색하기 등의 내용이 망라되는 종합 농서적인 면모까지 보이고 있다. 그 때문에 이 필사본에 담긴 음식을 분석함으로써 이 농서의 저작연대를 추정하는 일도 어느 정도는 가능한 편이다.

무엇보다 이 농서에 실린 음식에는 고추가 전혀 사용되지 않았다는 점에서 조선 전기적 모습을 보이고 있다. 여기에서는 고추 대신 이 책의 '건천초(乾川椒)'항에서 보듯 '천초(川椒)'가 널리 사용되었다.[13] 또한 이 농서는 즙저(汁菹), 하일즙저(夏日汁菹), 과저(瓜菹), 동침(凍沈), 무염침채(無鹽沈菜) 등 우리 식의 김치를 만드는 방법을 17가지나 싣고 있다. 그러한 김치들은 그 내용에서 『사시찬요초』에 실려있는 침저(沈菹)나 침즙저(沈汁菹)와 매우 유사한 단계의 것으로 판단될 수 있겠다.

아울러 이 농서에는 '산삼병(山蔘餠)', '산삼좌반(山蔘佐飯)' 등의 항이 있어 산삼[14]을 이용한 음식들이 적지 않게 등장하였다. 그러한 표현들은

---

13) 『산가요록』, 乾川椒.
14) 인삼은 원래 심산에 자생하던 산삼으로서 이를 채굴하여 약용하여 왔으나 이 자연산 인삼은 그 수요가 증가되고 산출이 고갈됨에 따라 인공재배가 대략 16세기 이후부터 시작되었을 것으로 추정된다. 인삼재배법을 기술한 문헌으로서는 『해동역사』, 『林園十六志』, 『增補文獻備考』, 구한국 삼정국(舊韓國蔘政局)에서 조사한 『在來耕作法』 등이 있다.

16세기의 안동지방의 전통 요리법을 기록한 『수운잡방(需雲雜方)』의 표기법과 매우 유사하다. 그러한 사실은 이 농서에 출현했던 산삼이 곧 '더덕(沙蔘)'을 지칭하는 것임을 미루어 짐작하게 해준다.15) 따라서 이 농서는 '더덕'을 '산삼'이라 지칭하면서 이를 재료로 삼아 '떡'이나 '자반' 등으로 마음껏 먹을 수 있었던 시대에 저술된 것이기도 하다.

『산가요록』의 편찬 방법은 먼저 『농상집요』의 기술을 초역한 데다, '주방(酒方)' 등의 이름으로 우리 농산물의 가공법을 덧붙이는 방식이어서, 그 형식으로 볼 때 이 농서가 15세기에 매우 흔하게 사용되었던 농서 편찬 방식을 사용하였음을 부인하기 어렵다.

더구나 뒤에 덧붙인 식품 관련 내용으로 보아 이 책은 정부가 농업 발전을 위한 지침서로서 제작한 관찬농서가 아니라, 처음부터 개인이 스스로의 필요에 의해 편찬한 사찬농서였음이 분명하다. 특히 그러한 사정은 "산가(山家)"라고 붙인 이 책의 제목에서도 찾아진다.16)

결국 이와 같은 『산가요록』의 식료 부분에 대해 김영진은 "아마도 자신의 독창적인 술빚기나 조리법이기보다는 당시에 관행하던 여러 가지 식품의 조리법을 취합 정리한 것이나 아니면 어떤 문헌을 참고한 것이 아닌가 믿어진다"17)고 보았다. 그런데 이 때 지은이 전순의가 참고한 '어떤 문헌'이란

---

15) 『需雲雜方』은 탁청공 김유(1481~1552)가 지은 안동지역의 전통요리법을 기록한 책이다. 수운(需雲)의 의미는 격조를 지닌 음식문화를 뜻하며, 또한 잡방(雜方)이란 갖가지 방법을 의미하였다. 필사본으로 전해 내려왔던 이 책은 『수운잡방, 주찬』이란 이름으로 최근에 출간(윤숙경 편역, 신광출판사, 1998년 2월)되었다. 특히 이 책에서는 사삼(沙蔘, 더덕)을 모두 산삼으로 표기하여 '산삼병(山蔘餠), 산삼좌반' 등의 음식을 기록하고 있었다는 점에서 특징적이라 하겠다.
16) 한복려는 "『산가요람』이라 함은 문자 그대로 山家에서 생활하는데 필요한 여러 가지 부분을 기록한 책"이란 뜻으로 해석하였다. 여기에서 산가란 '왕후 공경들의 사치스런 집이 아니라 일반인들이 사는 평범한 서민들의 집'이란 뜻이다(한복려, "『산가요록』의 분석고찰을 통해서 본 편찬년대와 저자", 『조선초 과학영농 온실복원기념 심포지움 자료집』, 2002. 3. 30).
17) 김영진, 「3. 농서편찬에서의 활용」, 『농상집요』와 『산가요록』, 『조선초 과학영농 온실복원기념 심포지움 자료집』, 2002. 3. 30).

곧 그 스스로가 저술한 식품 서적인 『식료찬요』가 아닐까 추정된다.18)

이처럼 『산가요록』은 우선 『농상집요』를 조선의 형편에 맞도록 다양한 분야를 망라하여 발췌하고, 그 뒤에다 우리 음식 만들기를 다룬 농서였다. 이 농서는 조선 전기 농서 가운데서 종합적 성격을 띤 농서로서 그 중에서는 원예농업이 그 핵심이었던 것으로 판단된다. 더구나 이 농서는 그 후반부에다 우리 음식 만들기를 본격적으로 취급하고 있어, 이는 조선 후기에 본격적으로 나타나는 종합 농서적 성격을 보인 최초의 농서로 분석된다.

특히 이 농서의 후반부에서는 '고추가 없는 김치무리'와 '더덕(山蔘)'을 재료로 삼은 음식들이 등장하였다는 점으로 볼 때 이 농서는 적어도 조선 전기의 저술로 일단 추정할 수 있겠다.

3. 『산가요록』과 조선 전기의 채소 기술

앞서 살핀 바처럼 『산가요록』에는 경종을 뺀 나머지 농업 부문인 재상(栽桑), 양잠, 과채(瓜菜), 죽목(竹木), 약초, 축산 분야가 포함되어 있으며, 그나마 그 내용은 『농상집요』를 우리 실정에 맞춰 초역한 것이었다. 물론 『사시찬요초』의 경우도 마찬가지였지만, 그 가운데서 당시의 식생활과 가장 밀접하게 연관된 부분은 『농상집요』에서 과채라고 분류한 채소 농사였음이 분명하다.

더구나 이 책 후반부에 실린 '음식 만들기'의 내용들은 바로 그와 같은 과채류의 생산을 전제로 저술된 것이었다.19) 이른바 『산가요록』에 제시된 '과저(瓜菹)', '가자저(茄子菹)', '동침(冬沉)', '라복(蘿蔔)', '우침채(芋沉

---

18) 『식료찬요』는 비록 경상도 상주에서 간행되어 1487년에 성종에게 찬진되었지만, 이 책의 저술년대는 아마도 전순의가 왕성하게 활동을 하던 1450년대였을 것으로 추정된다. 그런 점에서 『산가요록』의 후반부의 식품부분은 이 책과 깊은 관련하에서 저술되었을 것으로 생각된다.
19) 『산가요록』, '瓜菹' '茄子菹' '冬沉' '蘿蔔' '芋沉菜' '冬瓜沉菜' '冬瓜辣菜' '生葱沉菜' '沉薑法' '沉冬瓜' '沉蒜' '沉西果' 항.

菜)', '동과침채(冬瓜沉菜)', '동과랄채(冬瓜辣菜)', '생총침채(生葱沉菜)', '침강법(沉薑法)', '침동과(沉冬瓜)', '침산(沉蒜)', '침서과(沉西果)' 등의 음식들은 무엇보다 '오이(瓜)', 가지('茄子)', '순무(蔓菁)', '무(蘿葍)', '우엉(芋)', '동아(冬瓜)', '파(葱)', '생강(薑)', '마늘(蒜)', '수박(西果)' 등의 생산이 가능하다는 것을 전제로 서술된 것이기 때문이다.

조선 전기에 있어 채소 농사의 중요성은 과연 어떠하였을까?『조선왕조실록』에서는 '산나물이나 들나물은 백성들이 많은 도움을 받는' 중요한 작물로 생각하였다.20) 특히 세종 13년(1431)의 좌사간 김중곤은 흉년을 맞아 "채소와 상수리 열매"로 연명하는 사람이 이루 다 헤아릴 수 없다21)고 말할 정도로 채소의 중요성을 강조하고 있었다. 또한 기근이 심하였던 성종 13년(1482) 4월 5일에는 경기진휼사 권감이 비가 온 뒤에 "소채(蔬菜)가 돋아나 요기(療飢)할 만"하다고 왕에게 보고할 정도로 채소로서 기근을 극복한 사례도 적지 않았다.22)

이와 같은 사정에 대해 17세기의 농서『한정록』에서는 "곡식이 여물지 않아 굶주림을 기(饑)라고 하고 채소가 여물지 않아 굶주림을 근(饉)이라 한다"라고 정리하였다. 그처럼 조선 전기 농업에서 채소가 차지하였던 의미는 이를 통해 곡식과 같이 기근을 면할 수 있을 뿐 아니라, 영양적 차원에서도 그 중요성을 제대로 인식한 데 따른 것이었다.

아울러 이 농서에서는 그토록 중요한 채소를 겨울철에도 먹을 수 있게 기르는 방법을 담고 있다는 점에서 특징적이다. 특히 '동절양채(冬節養菜)' 항은 중국 농서에서는 찾아볼 수 없는 매우 독창적인 온실기술을 담고 있는데, 이는 '고기 삶기(烹肉)과 백죽(白粥)'의 사이에 낀 작은 항목이다. 그렇지만 과연 이 내용이 15세기의 생산 기술 수준에서 과연 그 운용이 가능한 것이었을까? 그러한 의문에 답하기 위해 여기에서는 우선 15세기의 채소기

---

20)『세종실록』76, 세종 19년 1월 2일, 임진.
21)『세종실록』54, 세종 13년 10월 13일, 갑진.
22)『성종실록』140, 성종 13년 4월 5일 계묘.

술부터 살펴볼 필요가 있겠다.

3-1. 『산가요록』의 채소기술

조선 전기의 채소 기술에 관한 기록은 15세기 말의 농서인『사시찬요초』에서 산견되고 있으며, 17세기초에는『한정록(閑情錄, 1617)』과『도문대작(屠門大嚼, 1611)』[23]의 기록이 있을 뿐이다. 이와 같이 매우 소략한 기록들을 모아서『농상집요』의 그것과 함께 비교해 봄으로써 당시의 채소 기술을 개관하는 일은 이미 김영진에 의해 행해진 바 있었다.[24]

여기에서는 그와 같은 선행 연구에 뒤이어『산가요록』에 실린 채소기술을 중점 분석한 뒤, 이를 같은 시대의 농서인『사시찬요초』의 기록과 비교해 보려 한다. 주지하는 바처럼『산가요록』의 채소 기술은『농상집요』과채(瓜菜)편의 기술 내용을 조선 농업의 현실에 맞춰 발췌한 것이었다. 여기에서는 이를 재검토함으로써 조선 전기 채소 농법의 특징을 추적하려 한다.

1) 오이(瓜)는『농상집요』에서 가장 앞서 서술된 과채류였다.[25] 특히 '과채(瓜菜)'란 제목에서 그 중요성이 표현되었듯이『산가요록』에서도 역시 채소류 맨 앞에 오이 재배법이 서술되었다. 우선 오이 파종기에 대한『산가요록』의 기록은 역시 이를 논한『사시찬요초』2월 춘분의 "오이 파종은 2월 상순이 적기이며, 3월 상순은 늦고, 4월 상순이 되면 더욱 늦다"는 서술과 표현만 다를 뿐 내용은 거의 같다[26].

---

23) 『屠門大嚼』은 허균(許筠; 1569~1618)이 조선 팔도(八道)의 명물과 토산품을 품평하고 당시 식품 가운데 진기하고 특수한 풍미와 유명한 것에 대하여 자신이 견문한 것을 서술한 책이다.
24) 김영진, 『조선시대 농업과학기술사』, pp.207~216, 서울대학교출판부.
25) 『農桑輯要』 卷5, 瓜菜, 附黃瓜.
26) 『사시찬요초』에서는 "種瓜 二月上旬 三月上旬次之 四月上旬又次之(『四時撰要抄』, 二月, 春分)"라고 기록되었는데 비해, 『산가요록』에서는 "二月上旬種者爲上時 三月上旬爲中時 四月上旬爲下時 五月六月上旬可種(『산가요록』 種瓜)"라 하였다. 이러한 후자의 기록은 『農桑輯要』 瓜菜(附黃瓜)편의 기록과 동일하였다.

실제로 이는 조선 전기의 오이 파종기가 『산가요록』이 그 내용을 그대로 발췌한 『농상집요』의 그것과 같았음을 의미한다. 한편, 조선전기의 오이 파종법으로써는 구덩이를 파서 파종하는 구종법(區種法)이 일반적이었다. 이에 대한 기술은 각 농서에서 다음과 같이 기록되었다.

    A1 凡種瓜法 先以水淨淘 瓜子鹽和之 (鹽和則 不能死) 先臥鋤耬卻燥土 (不耬者 坑雖深大常雜燥土 故瓜不生) 坑大如斗 口納瓜子四枚大豆三箇於堆方 向陽中瓜生數葉掐去苗 (瓜性弱苗不能獨生故 須大豆爲之起土 瓜生不去豆則豆反扇 瓜不得滋茂…) 多鋤則饒子 不鋤則無實

                                     (『農桑輯要』瓜菜 附黃瓜)

    A2 凡種瓜法 先以水淨淘 瓜子鹽和之 不能死 先臥鋤耬却燥土 掘坑大如斗 口納瓜子四枚大豆三介於堆方 向陽中瓜生數葉掐去豆 而勿拔之 土虛燥多鋤則饒子 不鋤則無實

                                       (『山家要錄』種瓜)

    A3 以水淨淘 瓜子和鹽小許 以鉏耬却乾土 坑大如斗納瓜子四枚 種太三箇於坑方 盖瓜 子弱依大豆 爲之起土故也 生數葉後 掐去豆苗

                                     (『四時撰要抄』, 二月, 春分)

이 기록들은 모두가 오이를 파종하기 위해 먼저 오이씨를 물에 씻어낸 뒤 이를 소금과 혼합하였다는 사실을 담고 있다. 그런데, 사료 A1의 경우는 "소금과 혼합하면 죽지 않는다"라고 세주를 달았으나, 사료 A2에서는 '불능사(不能死)'란 말만을 인용하였다. 뿐만 아니라 또 사료 A3에서는 이 부분을 모두 삭제하였다.

다음으로 오이씨를 파종할 구덩이를 파는 것에 대해서는, "이를 한말들이의 넓이와 깊이로 파서 땅을 고른 후 한 구덩이에 4개의 오이씨를 파종하되 그 곁에 콩씨 3개를 심어 둔다"는 내용에서 모두 일치되었다. 사료 A1에서는 파종에 앞서 먼저 '서루(鋤耬)'로서 마른 땅을 서지(鋤地)할 것을 말하고,

"이를 사용하지 않는 자는 비록 구덩이를 크게 파더라도 흙이 메말라 오이가 자라지 않는다"고 세주를 달았다.

그렇지만, 사료 A2에서는 서루에 대한 내용은 그대로 둔 채 세주만 생략한 뒤 "굴(掘)"자를 첨가하였고, 사료 A3에서는 이 부분을 더욱 압축하였다. 주지하는 바처럼 당시 조선에서는 '누려(樓犁)'가 사용되지 않았다. 나아가 비록 봄가뭄이 있었다 해도 조선에서는 반드시 누려를 사용해야 할만큼의 급박하지 않았기 때문에, 『산가요록』의 저자는 이를 발췌하면서 세주를 생략하였다.

오이가 자라 잎이 몇 개 난 후에는 대두를 제거하였다. 이에 대해 보다 자세한 설명을 담은 사료 A1의 세주도 사료 A2에서는 생략되었지만, 사료 A3에서는 "오이 씨가 약해서 싹이 틀 때 흙을 뚫고 나오기 어렵지만 힘이 센 콩 씨는 덮어준 흙을 쉽게 뚫고 나오기 때문"이라는 설명으로 이 부분이 보강되었다.

끝으로 사료 A1에서는 "多鋤則饒子 不鋤則無實"이라하여 서지법이 강조되었는데 비해, 사료 A2에서도 역시 서지(鋤地)를 강조하면서도 "토양이 건조하면(土虛燥)"이란 단서를 달고 있었는데 이 역시 풍토의 차이 때문이라고 생각된다.

이처럼 이들 세 농서를 상세히 비교해 보면, 비록 『농상집요』의 기술이라 하여도 『산가요록』은 이를 조선의 현실에 맞추려는 고민의 모습이 찾아진다. 이와 같은 오이의 재배법은 『산가요록』과 『사시찬요초』가 거의 똑같이 채소류 중에서는 기록의 분량이 가장 많았다. 그에 덧붙여 『사시찬요초』에서는 "6월 대서에 만생종 오이(晚瓜)를 심어 겨울 갈무리에 대비" 할 것을 강조하였으며, 아울러 9월에는 '가지지나 오이지(沉汁蓲茄苽)'를 담그라고 당부하고 있었다.

결국 조선 전기의 농서에 실린 오이 재배법은 모두 『농상집요』에서 유래된 것이었지만, 이들 두 농서에는 유난히 독특한 오이 가공법을 많이 소개하였는데, 이는 당시 조선에 있어 오이가 가장 중요한 과채류였음을 의미하는 것이라 하겠다.

2) 다음으로 『산가요록』은 수박(西瓜)에 대한 내용을 실었는데, 그 파종법은 오이와 같으나 다만 '포기를 멀리 떨어지게 하라(宜差稀)'고 지시하였다.27) 이 과일은 『제민요술』에는 보이지 않지만, 여기에서는 『농상집요』의 재배법이 간단히 발췌되었다.

한편, 『사시찬요초』에는 수박 재배는 모래땅이 좋으며, 4월 입하에 구덩이를 넓고 깊게 파서 사토(沙土)와 숙분(熟糞)을 섞어 채워 넣은 뒤, 수박씨 4~5개를 파종한다고 하였다.28)

3) 동아(冬瓜. 東瓜)에 대한 기록도 『산가요록』과 『사시찬요초』 모두에서 나타나고 있다. 전자에서는 『농상집요』에 따라 음지에 2척 5촌의 구덩이를 파고 숙분(熟糞)과 흙를 서로 썩어 정월 그믐이나 2월 또는 3월에 파종한다고 하였다.29) 특히 『농상집요』를 많이 요약하여 1 그루당 5~6개의 동아만 남겼다가 서리가 내린 후에 수확한다고 하였다.

또 10월에 구종(區種)하는 것이 춘종(春種)하는 것보다 낫다고 하였는데, 이 대목은 『농상집요』에서 '구덩이 위에 눈이 쌓이고 비옥해져서 그렇게 된다'는 설명을 과감히 생략한 것이었다. 그러나 후자에서는 4월 소만에 가지 모를 심고 동아와 박의 모종을 옮겨 심는다고 간략하게 기록하였다.30)

4) 박(瓠)에 대하여 『산가요록』은 많은 지면을 할애하였다.31) 박은 먼저 가로 세로 3척의 커다란 구덩이를 파서 누에똥(蠶砂)이 없으면 쇠똥(牛糞)을 흙에 섞어 1 말(斗)을 넣고, 물을 부어 굳어지면, 박씨 10개를 넣고 앞의

---

27) 『山家要錄』 種西瓜.
28) 『四時撰要抄』, 四月, 立夏.
29) 『山家要錄』 種冬瓜.
30) 『四時撰要抄』, 四月, 小滿.
31) 『山家要錄』 種瓠.

비료를 덮었다. 『사시찬요초』에서는 4월 소만에 역시 박 모종을 옮겨 심는다고 간략히 기록하였다.32)

이처럼 구종법(區種法)으로 파종하였던 박의 재배법에 대해 『산가요록』은 모두 302자나 되는 많은 분량을 할애하였다. 아마도 이는 이 작물이 채소로서의 용도보다는 '바가지'라는 생활 도구를 생산하는 특수한 용도 때문이 아닐까 여겨진다.

5) 토란(芋)은 『산가요록』에서만 기록되었다. 토란에 대한 기록은 모두 201자나 되었는데, 심지어 길일까지 구체적으로 명기하였다. 토란의 파종도 역시 가로 세로와 깊이가 3척이 되도록 구덩이를 파서 '두기(豆箕)'33)를 그 구덩이 속에 놓고 발로 밟았는데, 습한 흙과 분(糞) 썩은 것을 1척 5촌이나 넉넉히 넣고, 구덩이 속에 있는 두기 위에도 흙을 1척 2촌이나 덮었다가 물을 주고 발로 밟아서 수분을 공급(保澤)하였다.

이어서 토란 종자 5개를 네 귀퉁이와 중앙에 놓고 밟았으며, 가물 때면 물을 주었다. 또 다른 방법은 비옥하고 온난하며 물이 가까운 곳에다가 유분(柔糞)을 혼합하여 3월에 파종하였다. 이처럼 토란은 구종법을 사용하였으며, 토란 뿌리가 깊이 파고들도록 가물 때는 물을 주었고 풀이 있으면 서지(鋤地)하였다. 그러나 『산가요록』에서 토란은 3월에 파종되었는데, 이는 비록 발췌한 모본인 『농상집요』가 2월 파종을 지시한 것과 사뭇 다른 내용이었다.

6) 아욱(葵)은 『산가요록』에만 소개된 채소였다. 왜냐하면 『사시찬요초』에서는 그 씨(葵子)에 대해서만 언급하였을 뿐 재배법은 서술하지 않았기 때문이다. 『산가요록』에서는 아욱을 파종하기에 앞서 반드시 토양을 햇볕에 쬐어 건조시켜야 하며, 또 아욱을 파종할 토지는 반드시 비옥해야 하므로 척박(壚彌善薄)한 경우에는 시비해야 한다고 하였다.

---

32) 『四時撰要抄』, 四月, 小滿.
33) 豆箕란 콩을 까부는 데 사용하는 도구인 키를 말함.

그리고 작무법(作畝法)에 대해서는 두둑에 심어(畦種) 물을 주어(水澆)야 한다고 하였다. 이처럼 아욱의 작무법에 대해서는 다음과 같이 기록되었다.

  A4 春必畦種水澆 (春多風旱 非畦不得 且畦者省地 而菜多 一畦供一口) 畦長兩步廣一步 (大則水難均又不容人是入) 深掘以熟糞對半和土 覆其上令厚一寸 鐵齒擺耬之
             (『農桑輯要』瓜菜 附黃瓜)

  A5 春必畦種水澆 春多風旱 非畦不得 ○○者省地 而菜多 畦長兩步廣一步 大則水難 自深掘以熟糞對半和土 覆其上厚一寸 鐵齒擺耬○[34]
             (『山家要錄』種瓜)

먼저 사료 A4에서는 "畦種水澆"의 필요성을 세주로서 역설하면서, 두둑을 만들어 파종하면 토지를 절약하고 채소를 많이 생산하므로 '두둑 하나에 한 사람'을 먹여 살릴 수 있다는 등식을 제시하였다. 역시 A5도 그 내용을 간략히 발췌하였다.

특히 여기에서 제시한 아욱의 두둑은 '길이 2보, 폭 1보'의 규격으로써, 땅을 깊이 파고 숙분과 흙을 썩은 것을 그 위에 1촌씩 깔고서 쇠스랑(鐵齒擺)으로 북을 돋우었다. 그러한 『산가요록』의 아욱 재배법은 작무법과 시비법 등에서 『농상집요』의 그것과 같았으며, 아울러 "호미질을 부지런히 하라(鋤不厭數)"라고 말하여 서지법까지도 그대로 인용되었음을 알 수가 있다.

7) 가지(茄)는 두 농서가 모두 언급한 채소였다. 『사시찬요초』는 '2월 춘분'조에서 '그 성질이 수분을 즐기므로 항상 습윤한 곳에 재배하는 것이 좋다'고 논하면서 "뿌리 부분에 재를 덮어주면 결실이 두 배나 많아진다. 유황 가루 한 숟가락 정도를 뿌리 부분에 뿌리고 북돋아 주면 결실이 두

---

34) ○○으로 표시된 것은 필사본이 落帙되어 글씨를 알아볼 수 없는 부분임.

배나 많다"고 서술하였다. 또한 4월 소만에서는 또 다시 '가지 모 심는 법(種 茄苗)'에 대해서 설명하였다.35)

그에 비해 『산가요록』은 『농상집요』의 기록을 더욱 초역한 92자에 불과하여 상대적으로 소략한 편이다. 이를 보면 가지가 충분히 익으면 따서 술로 씻어 가라앉은 씨만 건져 말려서 2월에 두둑을 만들어 파종(二月畦種)하였다가, 잎이 4~5개 나오면 비오는 날에 이식한다고 하였다. 10월에 파종하는 가지에 대해서는 오이의 구종법(區種瓜法)과 같이 구덩이에 눈을 받을 것을 자세히 권하였다.36)

결국 이들 두 농서는 "가지 모를 이식할 때는 물을 주거나 직사광선이 쪼이지 않도록 가려주어야 하며, 꽃이 필 때 지나치게 무성한 잎은 제거해야 한다"는 내용에서 서로 일치되었다.

8) 순무(蔓菁)에 대해서도 두 농서가 모두 기록을 남겼다. 『사시찬요초』는 2월 경칩에 "봄보리를 갈고 순무를 섞어 뿌린다" 하였고, "7월 처서에 순무를 파종하는데…일찍 심으면 뿌리가 굵고 좀 늦게 파종하면 뿌리는 가늘고 잎만 무성하게 된다"고 하였다.37)

『산가요록』의 순무에 대한 발췌문은 81자로서 매우 간략하였다. 순무는 반드시 좋은 땅(良地)에 파종할 필요는 없지만 오래 묵힌 땅이나 새로 시비했거나 울타리가 무너진 곳이 좋은 데, 그 토지를 충분히 여경한 뒤 7월초에 파종하였는데 습기가 있는 토지는 좋지 않다고 하였다.

그리고 근경(根耕)할 경우에는 대소맥을 수확한 자리에 6월에 파종할 수 있다고 하였다. 10월에 얼갈이(凍畊)를 한 경우에는 다음 해 4월에 씨를 거두는 데 그 씨로 기름을 짜서 연등을 켜면 들깨보다 매우 밝다고 하

---

35) 『四時撰要抄』, 四月, 小滿.
36) 이 부분에서는 몇자의 누락이 보이는데, 아마도 『농상집요』에서와 같이 "十月種者 如區○○法 春種不作"에서 "種瓜"라는 두 글자가 빠진 것으로 보인다(『산가요록』, 茄).
37) 『四時撰要抄』, 二月, 七月.

였다.38)

9) 무우(蘿葍)는 오랫동안 재배해 온 채소지만, 『산가요록』에서는 『농상집요』를 초(抄)하여 182자나 되는 분량을 실었다.

『사시찬요초』에서는 "소서에 비옥하고 부드러운 모래 땅에 무를 파종"한다고 하였으며, "두세 번 땅을 갈아엎고 드물게 씨를 뿌린다. 배게 파종하면 뿌리가 작다"고 기록하였다.39)

『산가요록』에서는 '찰진 모래땅(沙糯地)'이 좋으며 5월에 5~6회 여경(犁耕)한 뒤에 6월 6일에 파종하라고 하면서, 서지(鋤地) 작업에 게으르지 말 것을 강조하였다. 무우는 10월에 수확하였다. 먼저 땅을 깊이 파서 두둑을 만들어 숙치(熟治)하여 고른(杷平) 후 두둑을 길이 2척 폭 4척으로 만들고 잘게 부순 숙분(熟糞) 1섬을 두둑 안에 깔고서 흙을 덮어(覆土) 고른 뒤, 물을 뿌려 스며들게 한 뒤에 종자를 그 위에다 뿌렸다.40)

또한 무우 종류 가운데서 수라복(水蘿葍)는 정월과 2월에 파종하여 60일만에 뿌리와 잎을 다 먹을 수 있는데, 4월에도 파종할 수 있다고 하였다.

한편 『산가요록』에서는 『농상집요』와는 달리 '대라복(大蘿葍)'과 더불어, 배추(菘)의 재배법에 대해 다음과 같이 논하였다.

> A6 大蘿葍初伏種 水蘿葍末伏種 皆候霜降 或醃或藏 皆得用如要來年 出種深 窨內埋藏中 安投氣草一把 至春透芽生 取出作壟惑畦 下糞栽之 旱則澆 須令得所 夏至後收子 可爲秋種
>
> (『農桑輯要』 大蘿葍 胡蘿葍附)

> A7 大蘿葍初○○(之) (秋收)窨埋 投(其)氣草一把 至春芽生 下糞栽之 旱則澆 夏至後收子 可爲秋種 (菘蘆○種如蔓菁同 根葉竝可生食 取子者早覆之 以待

---

38) 『산가요록』, 蔓菁.
39) 『四時撰要抄』, 六月, 小暑.
40) 『산가요록』, 蘿葍.

明春生長也)

(『山家要錄』 蘿葍)

먼저 사료 A7은 『농상집요』 나복(蘿葍)조의 해당 사료 A6를 발췌한 내용이다. 이를 서로 비교해 보면 대라복(大蘿葍)은 초복에 파종하여 추수한 후 움(窖)에 묻어 두었다가 봄철에 싹이 나면 시비한 뒤 심고 가물면 물을 주어 하지 후에 그 종자를 수확하여 가을에 파종하였다.

특히 사료 A7은 A6의 내용을 비록 축약하였지만 원문에 없는 새로운 내용을 적지않게 추가하였는데, 그 대표적인 것이 바로 '배추(菘, 菘蘆)'의 재배법이었다. 배추는 그 파종법이 순무와 같았는데, 이는 뿌리와 잎을 모두 먹을 수 있으며 '씨앗을 얻으려면 일찍 갈아엎었다가 내년 봄에 생장하기를 기다린다'고 하였다. 그러한 상황은 배추가 당시 사람들에 의해 실제로 소비되고 있었기 때문이지만, 그렇다고 해서 이 기록만으로는 이 채소가 과연 18세기 이후처럼 널리 재배되었는지는 명확하게 파악하기 어렵다.[41]

10) 갓(芥子)에 대한 기록도 두 농서에 모두 나타나고 있다. 『산가요록』에서는 불과 30자에 불과한 기록만 남기고 있었다. 여기에서는 춘종(春種)이 좋다고 하였으나[42], 『사시찬요초』에서는 9월 한로에 겨자와 보리를 파종한다고 하였다.

역시 『농상집요』에는 『제민요술』을 인용하여 잎을 취하기 위한 촉개(蜀芥)와 운대(芸薹)를 7월에 '반종(半種)'한다고 하였으나, 겨자씨를 취하기 위한 개자(芥子)·촉개(蜀芥)·운대(芸薹)의 파종은 2~3월에 비가 온 후에 행한다고 하였다.[43]

11) 생강(薑)에 대한 기록은 비교적 풍부한 편이었다. 『사시찬요초』에서

---

41) 『산가요록』 蘿葍.
42) 『山家要錄』 芥子.
43) 『농상집요』 蜀芥芸薹芥子.

는 4월 입하에 "생강 재배는 흰 모래땅을 심경하여 숙치하되 자갈을 제거하고 숙분과 혼합하여 파종한다. 흙 덮기는 3촌 정도가 알맞다. 누에똥이나 숙분을 그 위에 덮고 싹이 나오는 데 따라 흙을 복돋아 준다.…9월에 생강을 수확하여 온화한 토굴 속에 저장하고, 만일 온도가 너무 내려가면 볏짚 등을 섞어 저장하되 그 위에 두텁게 짚을 덮어 얼어죽지 않게 한다"고 하였다.[44]

『산가요록』은 '생강'에 대해 길일과 그 재배법을 196자나 싣고있다. 이에 따르면, '생강은 흰모래 땅이 좋으며 흙을 분(糞)과 썩어서 여러 차례 충분히 마전(麻田)과 같이 종횡으로 7차례 여경하여 3월에 파종한다'고 하였다. 역시 그 위에 흙을 3촌 정도 덮었다.

『농상집요』의 기록은『제민요술』, 최식의『사민월령』,『사시찬요』등을 인용한 것이었지만,『산가요록』에서는 이들 농서명은 철저히 무시한 채 그 핵심만을 초하였다.[45]

12) 마늘(蒜)은『제민요술』에 이미 재배법이 기록된 오랜 채소였다.『사시찬요초』는 9월 한로에서 "마늘은 부드러운 땅에 심는 것이 좋다. 굳은 땅에 심으면 몹시 맵고 알이 잘아 일찍 추워지는 해에는 8월 그믐에 심는 것이 좋으나, 마늘 싹이 웃자라 더위를 탈 위험이 있다"면서 파종에 대해 논하였다.[46] 그리고 5월 하지에는 "마늘을 캐서 거둬들인다(採蒜早收)"고 자세히 기록하였다.

『산가요록』에서도 마늘에 대해서 모두 157자를 기록하였는데, 이는『농상집요』의 내용(蒜)을 그대로 초한 것이었다. 이에 따르면, 마늘은 9월초에 여경을 3차례 행(三徧熟耕)한 뒤 5촌마다 1주(株)를 파종하였는데, '부드러운 땅(軟地)'나 '희고 부드러운 땅(白軟地)'에 파종하면 달고 맛있고(甘美) 또 알이 굵다고 하였다.

---

44)『사시찬요초』四月 立夏.
45)『산가요록』薑.
46)『사시찬요초』九月 寒露.

또한 '검고 부드러운 땅'은 그 다음이며, '아주 야문 땅(剛强地)'은 '알이 매우 맵고 크기가 작다(辛辣而瘠小)'고 하였다.47) '끌개(勞)'를 끌고 3차례 서지(鋤地)를 행하였는데, 비록 잡초가 없더라도 서지를 멈추면 알(科)이 작아진다고 경고하였다.

13) 파(葱)에 대해『산가요록』은 파씨(葱子)를 거두어 반드시 얇게 깔아 음건(陰乾)하되 썩지 않게 해야한다고 하였다. 파종하려는 땅에는 녹두를 춘종(春種)하여 두었다가 5월에 갈아엎고 7월까지 여러 번 쟁기질을 하였다가 좁쌀 볶은 것과 고루 섞어 파종하였다.48)

파씨 파종법에 대해서『농상집요』는 '양루중구(兩耬重構)'라 하여 누려(耬犁)를 사용하였지만49), 여기에서는 우리 현실을 감안하여 그 내용을 삭제하였다. 이렇게 7월에 파종된 파밭은 다음해 4월에 호미질(鋤地)하였다.『사시찬요초』는 2월 춘분에 "파 종자를 뿌릴 때에는 좁쌀을 볶아 반반씩 고루 섞어 이랑 위에다 파종한다. 가벼운 끌개(橯)를 끌어 흙을 덮은 다음 그 위에 분회(糞灰)를 뿌린다"50)고 기록하였다.

그 밖에 5월 망종에 파씨를 수확하고, 9월 백로 때는 파김치(沉葱)를 담구었다. 세 농서에서는 파씨와 볶은 조 종자를 썪어 파종하는 것은 일치하고 있어서『농상집요』의 절대적인 영향을 짐작할 수 있다.

그런데, 파씨와 섞어 파종한 '좁쌀'에 대해『농상집요』와『산가요록』은 '곡미(穀米)' 그리고『사시찬요초』는 '속미(粟米)'라고 각각 다르게 기술하였다. 이 때 잘 섞지 않으면 씨뿌림이 고르지 않아서 배게 뿌려지기 쉽다고 하였다.

14) 염교(薤)에 대해서도『산가요록』에서는 78자를 기록하였다. 이에 따

---

47)『산가요록』蒜.
48)『산가요록』葱.
49)『농상집요』권5 葱.
50)『사시찬요초』二月 春分.

르면 염교는 '희고 부드러운 좋은 땅(白軟良地)'을 3번 뒤집어 여경(犁耕)한 뒤 2, 3월에 파종하여 8~9월에 한 포기에 7~8개의 가지를 얻을 수 있다고 하였다.51)

『농상집요』는 이에 대해 누려(耬犁)를 사용하고, 호미질을 여러 차례 할 것(鋤不厭數)52)을 요구하였으나 초역에서는 모두 빠져 있다. 『사시찬요초』의 경우도 입춘에 먹는 다섯 가지 매운 채소 가운데 염교를 포함하고 있으나, 재배법은 기술되지 않았다.53)

15) 부추(韭)는 중국에서 기원 전부터 식용하였던 채소로서 그 재배법은 6세기 전반의 농서인 『제민요술』에 그 기원을 두고 있을 정도이다.

『사시찬요초』에서는 2월 춘분에 "부추를 파종한다. 부추는 게으른 자의 채소라 하는데, 한 번 파종하면 매년 파종하지 않고도 거둘 수 있기 때문이다"라고 말하면서 계분(鷄糞)을 시비하였다.54) 특히 그 부분은 『농상집요』의 세주를 그대로 인용한 대목이었다.

한편 『산가요록』의 '구(韭)'항에서는 부추 씨를 다루는 문제는 파 재배법과 같고, 두둑 만들기와 물대기, 그리고 복토하고 시비하는 법은 모두 아욱(葵)과 같다고 하였다. 2월과 7월에 파종하는데 첫 파종한 것은 먹지 말 것이며, 이듬해에 생산된 것을 먹으라고 당부하였다. 5차례나 시비하는데 계분(鷄屎)를 시비하면 특히 좋다고 논하였는데, 바로 이 부분은 『농상집요』에는 나타나지 않는 『산가요록』만의 내용이었다.55)

16) 버섯(菌)은 『사시찬요초』에는 전혀 언급되지 않은 작목이지만, 『산가요록』에는 『농상집요』를 발췌한 재배법이 실려 있다. 버섯은 3월에 특이한

---

51) 『산가요록』 薤.
52) 『농상집요』 권5 薤.
53) 『사시찬요초』 二月 立春.
54) 『사시찬요초』 二月 春分.
55) 『산가요록』 韭.

지역에서 '난구목(爛構木)과 그 잎'에 버섯 균의 종자를 접종하고서, 뜨물 물을 뿌려(泔澆) 습하게 하면 6일이 지나 버섯이 생겨난다고 하였다.

'난구목'에 대해『농상집요』에서는 '일명저(一名楮)'라고 세주를 달았으나56),『산가요록』에서는 언급하지 않았다57).『문종실록』에서는 이에 대하여 1451년 10월 2일조에 다음과 같이 논하였다

A8 우부승지 이숭지(李崇之)에게 명하여 두 사신에게 문안(問安)하게 하니, 윤봉(尹鳳)이 말하기를, 원컨대 표고를 얻어서 황제(皇帝)에게 바치고자 합니다." 하였다. 【버섯[菌]은 나무에서 나는 것인데, 세속(世俗)에서 이를 표고(蔈古)라고 한다.】

(『문종실록』 4, 문종 원년 10월 2일, 임신)

이처럼 조선전기의 사람들은 버섯(菌)을 '표고(蔈古)'라고 인식하고 있었는데, 이는 매우 귀한 것이어서 중국사신이 이를 얻어 중국 황제에게 바치려 하였던 것이었다.

17) 한편, 군달(莙薘)은 국거리 나물로 사용되는 '근대(Beta vulgaris var. cicla L)'를 의미하였다. 이 채소 역시 두둑을 만들어 파종하는데 그 파종법은 무와 같이 2월에 파종한다고 하였다. 이 역시『사시찬요초』에서는 언급되지 않았으나,『산가요록』에서는『농상집요』의 소략한 내용58)을 더욱 짧게 압축하여 모두 42자로 언급하였다.

근대의 작휴 및 파종법은 무우와 같았는데, 2월에 파종하고 4월에 이식하여 채소밭이 메말라도 먹을 수 있다고 하였다. 종자를 받으려는 사람은 겨울철에는 따뜻한 곳(暖處)에 수장하여 두었다가 이듬해 봄에 이식하면 종자를 받을 수 있다고 하였다.59) 이처럼 근대는 널리 재배되지는 않았지만 조금은

---

56)『농상집요』 권5, 菌子.
57)『산가요록』 菌.
58)『농상집요』 권5, 莙薘.
59)『산가요록』 莙薘.

재배되던 작물로 보여진다.

18) 상추(萵苣)는 『사시찬요초』에는 6월 대서에 "상추를 파종한다. 줄기가 흰 것이 붉은 것보다 좋다"고 매우 소략하게 논하였다. 그에 비해 『산가요록』은 66자나 기록하였다. 여기에서는 두둑을 만들고 파종하는 방법은 무와 같다고 말하면서, 다만 상추씨를 미리 물에 담가 하루동안 습지에 두어야 싹이 난다고 하였다.

『농상집요』에서는 '1~2월 파종'한다고 서술하였는데 비해60), 여기서는 그 파종일을 생략한 채 그냥 상식(常食)할 수 있다고만 기술하여 어느 때나 파종할 수 있음을 보여주었다.61)

19) 미나리(芹)는 2월 춘분에 항상 물이 충분하도록 해주고 이 달에 시비하라고 『사시찬요초』에 기록되었다. 또한 『산가요록』에서는 뿌리를 거두어 두둑에 파종(畦種)하였는데, 항상 물이 충분하게 해야 할 것이며, 뜨물(泔水)이나 소금물(鹹水)을 주면 죽으므로 피할 것을 당부하였다. 그 성질이 번성하고 무성하여 야생의 것보다 좋다고 하였으며, 흰미나리(白芹)는 시비하면 더욱 좋다고 하였다.

3-2. 15세기의 원예기술

이와 같이 『산가요록』에는 위의 <표 6-2>와 같이 그 항의 제목이 기록된 모두 19종류의 채소와 무우(蘿蔔)항에 따로 기록된 '배추(菘, 菘蘆)'를 포함하여 모두 20가지의 채소 재배법이 구체적으로 실려있다. 이는 아마도 『농상집요』에 실린 총 26가지의 채소 종류 가운데서 당시 조선 전기 농업에 실존하였던 것만 선택하여 초한 것으로 추정된다. 왜냐하면 이 책에는 호유(胡荽), 시금치(菠薐), 비름(人莧), 난향(蘭香), 여뀌(荏蓼) 등의 채소들은

---

60) 『농상집요』 권5, 萵苣.
61) 『산가요록』 萵苣.

<표 6-2> 『산가요록』과 『사시찬요초』의 원예기술

작목별	『산가요록』						『사시찬요초』					
	①파종기	②파종법	③비료	④서지	⑤가공	⑥길일	①파종기	②파종법	③시비	④서지	⑤가공	⑥길일
오이 (種瓜)	2월상순, 3월상순, 4월상순	구종과법		○	장과법	○	2월상순, 3월상순, 4월상순	구종법	재		○동장, ○沈汁 (9월한로)	○
수박 (西瓜)	오이와 같음					○	4월입하	구종	사토, 숙분			
동아 (冬瓜)	정월그믐 2월, 3월	구종법	숙분			○			4월소만에 이식			
박 (瓠)		굴지작항	잠시, 우분, 분			○			4월소만에 이식			
토란 (芋)	3월		토분, 유분	○		○						
아욱 (葵)	5월초	규종	분, 숙분 (철치파)	○								
가지 (茄)	2월, 10월	규종			○		2월춘분		4월소만에 이식	재, 유황	○沈汁 (9월한로)	
순무 (蔓菁)	7월초		신분						5월 하지에 씨수확			
무 (蘿葍)	6월6일		숙분, 분	○	×		6월소서에 파종		분, 회, 구비	○김매기		
겨자 (芥子)	춘종						9월한로에 파종					
생강 (薑)	3월		분, 잠시			○	4월입하		숙분, 잠시		○저장	○
마늘 (蒜)	9월초	농저				○	9월한로에 파종	5월하지에 수확				
파 (蔥)	7월	녹두엄살		○		○	2월춘분	망종에 파씨수확	분회		○沈蔥	○
염교 (薤)	2월, 3월		분									
부추 (韭)	2월, 7월	파와 같음 (규종)	분, 계분				2월춘분		계분			
버섯 (菌)	3월	규종										
상치 (萵苣)	2월	무와 같음 (규종)			○엄채		6월대서에 파종					
근달 (莙薘)	2월종지, 4월이식				○							
미나리 (芹)							2월춘분	7월처서에 채취	분			

전혀 인용되지 않았기 때문이다.

　그러나 『산가요록』에 실린 채소 가운데서 '수박, 토란, 버섯, 군달' 등은 『사시찬요초』에는 전혀 언급되지 않았는데, 그것으로 보아 이것들은 당시 농업에서 그다지 중요한 존재가 아니었을 것으로 추정된다. 그리고, 배추는 비록 『산가요록』에 조금 언급되었지만, 그나마 무우(蘿蔔)항의 끝 부분에 그 재배법이 빈약하게 실려있어서 이 역시 조선 전기에는 널리 재배되지 않은 것으로 추정된다.

　그에 비해 『사시찬요초』에서는 소개되었지만, 『산가요록』에는 전혀 실리지 않은 과채류로는 참외(甘瓜)가 대표적이다. 결국 '호유(胡荽), 시금치(波薐), 비름(人莧), 난향(蘭香), 여뀌(荏蓼)' 등을 포함하여, '수박·토란·버섯·군달·배추·참외' 등도 15세기의 조선 사회에서는 그리 널리 재배되지는 않았다고 추정할 수 있겠다.

　한편, <표 6-2>에 분석된 『산가요록』의 채소 기술은 비록 『농상집요』를 발췌한 것이지만, ① 당시 조선의 현실에 맞지 않는 '서루(鋤耬)·누려(耬犁)'와 같은 농구의 사용은 생략하였으며, ② 토란 등의 파종에서는 『농상집요』와는 달리 그 농시(農時)를 우리 현실에 맞도록 고쳤다. 또한 ③ 시비에 대해 『산가요록』은 부추에다 계분을 시비하게 하는 등 여러 측면에서 독창적인 모습을 보였으며, 서지법은 대체로 『농상집요』의 기록을 대체로 추종하였다. 그리고 이 농서에서는 ④ 『농상집요』와 『사시찬요초』에는 비록 언급되지 않은 채소였지만, 오늘날 한국인들이 가장 많이 식용하는 배추의 재배법에 대해 최초로 언급하였다.

　이와 같이 이 농서는 비록 『농상집요』를 발췌한 것이긴 하더라도, 적지 않은 부분에서 당시 조선의 실정에 맞게 내용을 고친 부분도 적지 않았다. 더구나 그 채소 기술은 『사시찬요초』의 그것과 대체로 유사하여, 이 농서가 15세기에 저술된 것이란 심증을 굳혀주고 있다. 나아가 종래 『사시찬요초』의 소략한 기록만으로는 그 재배법을 파악하기 어렵던 미나리, 아욱, 염교,

박, 겨자 등에 관한 재배기술들은 이 책에는 보다 자세하게 실려 있다. 그 때문에 『산가요록』은 15세기의 채소 농업을 이해하는 데 많은 도움을 주고 있다고 말할 수 있겠다.

이 밖에도 『산가요록』에는 위에서 풀이한 채소 작물 이외에도 지초(芝草), 쪽(藍), 치자(梔子), 지황, 국(菊) 등 약초에 대한 재배법이 소개되었으며, 아울러 배, 능금(林檎), 밤(栗), 대추, 복숭아, 앵도, 포도, 오얏(李), 매화와 살구(梅杏), 석류, 모과(木瓜), 은행, 귤(橙橘) 등의 과수에 대한 재배법도 실려 있다. 결국 이와 같은 약초와 과수의 재배법은 강희안의 『양화소록』과 일치되는 부분이 적지 않아서,62) 이러한 작목들이 15세기에 재배되고 있었다고 파악할 수 있는 중요한 단서가 되고 있다.

특히 능금의 경우를 살펴보면, 조선 전기 농서 가운데서는 『산가요록』만이 유일하게 그 재배법을 기록하고 있었다. 뿐만 아니라, 여기에서는 『농상집요』의 "내·능금(奈·林檎)"이란 조항을 우리 현실에 맞게 "능금(林檎)" 항으로 고쳐서 그 재배법만을 소개하였던 것이다. 이는 당시의 능금 재배가 중국과 달리 '내(멋, 奈)'보다 '능금(林檎)' 중심으로 전개되었음을 의미하는 것이어서, 특기해야 할 부분이라 하겠다.63)

이와 같은 15세기의 채소기술은 『산가요록』과 『사시찬요초』의 기술을 17세기의 농서 『한정록』, 그리고 18세기의 『산림경제』와 비교할 때 제대로 된 모습을 파악할 수 있을 것이다. 더구나 이미 채소 분야에서는 명산지가 존재하였음이 허균의 『도문대작』에서 밝혀졌었는데, 이는 곧 조선 전기 채소 농업의 발전상을 보여주는 좋은 증거라고 하겠다.

---

62) 『양화소록』에서 언급된 내용이 이 책과 일치되는 부분은 국화, 매화, 석류, 치자, 귤나무 등이 있다.
63) 이호철, 「조선후기 능금생산의 발전」, 『경제사학』 24, 1998.

4. 조선 전기의 온돌과 농업기술

4-1. 온돌 보급과 시비법의 발달

조선 전기의 농업에서 온돌의 재(灰)는 얼마나 널리 시비되고 있었을까? 바로 그러한 사실 확인이야말로 15세기 당시의 온돌 보급 수준을 검증하는 또 하나의 중요한 잣대가 될 터이다. 그에 따라 여기에서는 조선 전기 농서에서 사용된 재(灰)의 정체와 성격에 대해 자세히 규명하고자 한다.

먼저, 15세기의 경상도 농법을 수록한『농사직설』의 만도근경(晚稻根耕) 조에서는 숙분과 더불어 요회가 분종(糞種)에 사용되었다. 또한『사시찬요초』나『산가요록』등에서도 재(灰)가 원예농업에 시비되었다. 또한『농사직설』'종도(種稻)'에서는 당시 가장 중요한 비료 중의 하나였던 요회를 만드는 법을 설명하고 있다.[64] 이에 따르면, 요회는 외양간밖에 조그만 웅덩이(池)를 만들어 오줌(尿)을 모아둔 뒤 곡식의 부산물인 짚(穀秸), 껍질 및 쭉정이(糠粃) 등을 태워서 만든 재를 웅덩이(池)에 넣고 고루 저어서 혼합하여 만들었음이 분명하다.

그러나 여기에서 사용된 곡식의 부산물은 항상 부족한 상태에 있었으며, 그럴 경우『농사직설』에는 우마분(牛馬糞)을 태운 재(灰)를 사용하였다. 이른바 같은 농서의 '종교맥(種蕎麥)'에서는 먼저 우마분(牛馬糞)을 태워서 회로 만든 뒤 외양간 오줌에 반나절 담근 끈적끈적한 메밀종자에 재를 점착시키는 지종법(漬種法)을 제시하였는데[65], 이 경우의 재는 우마의 똥(糞)을 태운 것이었다.

결국 이 재들이 모두 어디에서 조달된 것일까? ① 곡식의 부산물인 짚(穀

---

64)『농사직설』種稻 作尿灰法.
65)『농사직설』種蕎麥.

桔), 껍질 및 쭉정이(糠粃) 등을 태워서 만든 재, 그리고 ② 우마의 똥(糞)을 태운 재 등은 과연 온돌에서 만들어진 것일까? 그런데 미야지마(宮嶋博史)66)는 『농사직설』 등에서 사용된 재를, ③ 겨울 온돌 난방에서 대량으로 배출된 초목의 재라고 장담한 바 있지만, 실제로 이는 사실과 다르다. 『농사직설』의 설명대로라면 이 재는 초목보다는 곡식의 부산물(짚, 껍질, 쭉정이)이나 우마분을 태워서 만든 것이었고, 당시 농업의 사정으로는 항상 부족하였다.

그러나, 『농사직설』이 씌여지던 15세기 초 경상도에도 이제 하나 둘씩 위로부터 온돌이 보급되기 시작하였다. 1399년에는 경북 선산의 월파정(月波亭), 1490년에는 고령의 객관 등에 온돌이 설치되었다. 또한 성현(1439~1504)은 그의 『용재총화』에서 영남의 사찰에 '온방난돌(溫房煖突)'이 만들어졌음을 밝히었다. 그러한 사실은 당시로서는 특기할 만한 일이었다.

이로 미뤄 볼 때 아직 경상도에서는 온돌은 보편적이 아니었다. 만약 온돌이 널리 보급되었다면 땔감으로 초목이나 말린 우마분67)을 사용하였을 것이기 때문에 그 재들이 비료로 사용되었을 것이다. 그러나 곡식 부산물과 우마분이 상대적으로 풍부하였던 『농사직설』의 대농법과는 달리, 당시 경기도 과천지역 소농민 경영의 농법을 논한 다음 『금양잡록』에서는 100농가가 사는 마을에서 농사일을 담당할 수 있는 소는 겨우 몇 마리에 불과하다고 말하였다. 그러므로 당시 소농민 경영의 경우에는 곡식 부산물은커녕 우마분조차도 부족하였을 것이므로 재(灰)의 시비는 거의 불가능하였다. 실제로 『금양잡록』에서는 시비 기록조차 발견되지 않는데, 이는 15세기말 경기도 농가에는 아직 온돌이 보급되지 않았기 때문일 것이다.

그와 같은 『농사직설』의 사정은 부엌(竈)의 재를 모아서 비를 맞지 않는 곳에 모아둘 것을 권하였던 『농가월령』의 경우와 비교할 때, 그 차이가 두드

---

66) 宮嶋博史, 「朝鮮農業史에 있어서의 15世紀」, 『朝鮮史叢』3, 1980
67) 『星湖僿說』에서는 말린 우마분을 '馬通'이라 하여, 17세기에는 온돌의 연료로 이를 사용하였다고 하였다(『星湖僿說』).

러진다. 17세기 초에 저술된 이 농서에서는 시비원 확보를 위해 아침 저녁으로 불을 지피기 전에 반드시 재를 모으고 있었다. 부지런히 재를 모으지 않으면 안될 정도로 시비원이 항상 부족하였는데, 아마도 온돌로 인하여 이곳의 부엌(竈)에서는 상당량의 재를 생산하고 있었기 때문일 것이다.

이처럼 17세기에 이르러 온돌은 삼남 지방에 본격적으로 보급되고 있었다. 그런 점에서 조선 전기는 온돌 전파에 관한 한 과도기였던 셈이었다. 이제 온돌은 우리의 생활 양식 속에 깊이 뿌리내리게 되었다.[68]

4-2. 온돌의 활용과 농업 발전

앞서 살핀 바처럼 15세기에서 17세기에 이르는 오랜 기간 동안 온돌은 이제 우리의 생활 양식, 특히 농업과 밀접한 관계를 갖고 발전하였다. 특히 온돌의 보급으로 취사에다 난방 기능까지 담당하게 된 부엌에서 나온 그 엄청난 양의 재를 시비원으로써 농업에 제공하였다. 이제 농업은 그러한 새로운 비료들, 이른바 초회(草灰)·요회(尿灰)·분회(糞灰)·소우마분회(燒牛馬糞灰) 등을 중심으로 토지 생산력을 새롭게 키워갈 수 있었다.

그러나 온돌은 그 외에도 농업에 다양한 쓰임새를 보였다. 특히 시설 농업에의 이용이 그 대표적인 사례라고 하겠다. 이미 15세기에 온돌이 시설 농업, 그 중에서도 원예농업에 사용되었던 사례는 다음의 사료가 대표적이었다. 이를 보면, 이 시대에 있어 온돌을 이용한 시설 농업의 주도자는 농민이 기보다는 관청이었다고 생각된다.

---

[68] 조선후기의 시비법에서 온돌의 재는 가장 중요한 위치를 차지하였다. 『천일록』은 농가총람에서 "농가의 속담으로 타인에게 밥 한 그릇은 주더라도 재 한 그릇은 주지말라"고 할 정도로 온돌의 회는 시비에 더욱 적극적으로 사용되었던 것임을 보여준다. 나아가 그는 생토(生土)를 아궁이(竈)에 넣어 재(灰)와 같이 시비원으로 사용하여 2배의 소출을 늘리고 있었다고 소개할 정도였다. 이처럼 18세기 이후에 이르면 상류층뿐만 아니라 소농민에게까지도 온돌 보급은 일반화되었다. 따라서 그것을 통한 대량의 회생산은 곧바로 시비원으로 활용되어 급속한 토지 생산력의 향상에 크게 기여하였던 것이었다.

A12 판중추원사 이순몽(李順蒙)이 상언(上言)하기를………강화(江華) 인민의 말을 듣사온 즉, 당초 귤나무(橘木)를 옮겨 심은 것은 본시 잘 살 수 있는 것인지의 여부를 시험하려는 것이었다는데, 수령이 가을에는 집을 짓고 담을 쌓고 온돌을 만들어서 보호하고, 봄이 되면 도로 이를 파괴하여 그 폐해가 한이 없으며, 그 귤나무의 길이가 거의 10척이나 되기 때문에 집을 짓는 데 쓰는 긴 나무도 준비하기 어려워서 사람들이 몹시 곤란을 겪는다 하옵니다.

(『세종실록』 권8, 세종 20년 5월 27일 경술)

A13 호조에서 아뢰기를…양잠(養蠶)이 비록 중하기는 하나, 백성의 폐해도 많습니다. 태인 도회(泰仁都會)의 폐해로써 말하면, 거기에 소용되는 솥(鼎釜)·자리(薦席)·편모(編茅)·점박·질그릇단지(陶盆)·유기(柳器)·목반(木盤) 등의 물건은 연한을 정하여 거두어서 쓰고, 미두(米豆)·탄시(炭柴)·지지(紙地)·등유(燈油) 등의 물건은 해마다 거두어서 쓰므로 모두 백성의 힘에서 나오는데, 거두어 모을 때에 해당 관리가 이로 인하여 간사한 짓을 하니, 그 폐단의 첫째입니다. 누에가 나오면 추위를 싫어하기 때문에 1백 50간(間)의 잠실(蠶室)을 모두 온돌로 만들어서, 날마다 소용되는 땔나무(燒木)와 불피우는 숯(熾炭)의 수량이 매우 많이 드니, 그 폐단의 둘째입니다.

(『성종실록』 권52, 성종 6년 2월 24일 계묘)

먼저 사료 A4는 1438년경에 귤나무를 강화도에 옮겨 심고 잘 살 수 있는지의 여부를 시험하기 위해, 매 가을마다 집을 짓고 보온을 위해 온돌을 만들었음을 보여준다. 귤나무 높이가 10척이나 되었다는 표현만으로 짐작해보다면 이 시대 감귤 온실의 규모도 대략 짐작이 된다. 더구나 귤나무가 햇볕을 받고 최소한의 탄소 동화 작용을 할 수 있도록 유지(油紙)를 이용한 채광법이 사용되었을 것 같지만 기록되지는 않았다.

다음 사료 A5는 1475년에 양잠을 위해 태인도회(泰仁都會)에 온돌을 설치하였다는 사실을 보여주고 있다. 무려 150칸(間)의 잠실(蠶室)을 모두 온돌로 만들 정도였다면, 그 잠실의 규모는 엄청난 것이었다. 그리고 양잠을 위해 사용되었다는 솥(鼎釜)·자리(薦席)·땔감(炭柴)·종이(紙地)·등유(燈油) 등은 다음에서 살필 '동절양채(冬節養菜)'농법에서 그대로 사용될 수 있는 도구였다고 생각된다. 또 구들을 놓기 전에는 잠실을 모두 짚으로 덮어서 해마다 수리하였기 때문에, 그것보다 구들을 놓아서 기르는 것이 백성의 폐해가 적다고 하였다.

그 밖에도 온돌은 당시 농산물 등을 건조하는 수단으로 널리 사용되었다. 이 경우 온돌은 구들장에 화기를 도입시켜 데워진 돌이 방출하는, 이른바 전도에 의한 난방과 복사난방·대류난방의 원리를 이용하였다. 이후『농가집성(1655)』에 합본된『구황촬요(1554)』[69]는 구황식품으로 콩껍질(太殼)을 온돌에 말려서 가루로 만드는 방법[70]을 제시하였는데, 이 경우 온돌은 농산물을 건조하는 방법으로 사용되었다. 사실『산가요록』에서는 다음과 같이 온돌을 이용하여 김치류를 숙성시키거나 소채나 과일을 건조·보관하는 사례가 적지 않았다.

  A14 封口置溫房待熟 嘗味可食   (『산가요록』, 冬沉)
  A15 置溫突厚裏 待熟用之   (『산가요록』, 土邑沉菜)
  A16 拂去生氣 溫突上陰乾 臟不霾處 冬月用之 (『산가요록』, 臟蔬)
  A17 槽內盛谷皮埋之 置溫突 經冬未不變 (『산가요록』, 臟梨)

먼저 사료 A6는 김치 무리의 일종인 동침(冬沉)을 담은 독의 입구를 봉하여 온방(溫房)에 숙성(待熟)시키는 사례이며, 아울러 사료 A7는 시골(土邑)식 침채(沉菜)를 담아 속성(待熟)시키는 용도로 온돌(溫突)을 이용하였다.

---

69)『구황촬요(救荒撮要)』는 흉년에 대처하는 방법을 적은 목판본 1권 1책으로써, 1554년 승지 이택의 건의에 따라 왕명으로 편찬하였다. 세종의『구황벽곡방(救荒穀方)』에서 요긴한 것을 가려뽑아 한글로 번역하여 원문과 함께 실었다.
70) 이 온돌에 말린 콩깍지(太殼)는 가루로 만들어 물 속에 2~3차례 담가 독성을 뺀 다음 국을 끓여 먹었다고 한다.

역시 사료 A8에서는 채소를 음건하기 위해 온돌을 사용하였고, 아울러 사료 A9에서는 배(梨)를 저장하기 위해 온돌을 이용하였다.

이와 같은 온돌의 새로운 활용법, 이른바 시설 농업과 식품 가공에의 응용은 모두 세종 연간에 국가나 지방관아가 온돌 기술을 농업에 시험적으로 응용한 결과였다고 추정된다. 결국 이러한 온돌의 새로운 활용법이 당시 원예농업 기술과 결합한 것이 바로 우리의 '동절양채'의 기술이며, 바로 이것이 『산가요록』에 채록된 것이 아닐까 추정된다.

5. '동절양채' 농법의 존재 형태

앞서 언급한 것처럼 『산가요록』의 찬자 전순의는 『의방유취』와 『식료찬요』를 저술한 당대의 권위 있는 어의이자 농학자로서 그의 농학을 후세에 전할 수 있었다. 『산가요록』에 새로이 담겨진 농학 지식이란 무엇일까? 그것은 아마도 『농상집요』 체계로 이뤄진 중국의 채소기술을 조선의 현실에 맞게 수용한 위에다, 당시 새롭게 보급되고 있었던 온돌 기술을 결합하는 조선 특유의 농학의 개발이었을 것으로 보여진다.

여기에다 지은이 전순의는 현실적으로 우리 음식에 관한 지식을 풍부하게 추가하였다. 그런 점에서 『산가요록』의 농법은 『식료찬요(食療纂要)』로 집약되는 그의 식의적인 면모를 충실히 반영한 것으로 추정된다.

5-1. '동절양채' 농법의 기술 체계

세종·세조년간의 어의 전순의가 지은 『산가요록』의 '동절양채(冬節養菜)'라는 항에 실린 조선시대 온실의 구조는 과연 어떠했을까? 『산가요록』에 압축적으로 풀이한 당시의 온실 사정을 자세히 소개해보면 다음과 같다.

A18 집을 짓되 크고 작기는 임의대로 할 것이며, 삼면은 막고(蔽) 종이를 발라 기름칠을 한다(塗紙油之). 남쪽 면은 살창(箭窓)을 달아 역시 종이를 발라 기름칠을 한다. 구들(突)을 놓되 연기가 나지 않게 잘 처리하고, 그 구들 위에 한자 반 높이의 흙을 쌓고 봄채소(春菜)를 모두 심어 가꿀 수 있도록 한다. 건조한 저녁에는 바람 기운이 들어오지 않게 하며, 날씨가 매우 추울 때면 반드시 날개(飛介)를 두텁게 창에 덮어주고(掩窓), 날씨가 풀리면 즉시 철거한다. 날마다 물을 뿌려주어 방안에 항상 이슬이 맺혀 온화한 기운이 항상 감돌게 해야, 윤기(潤氣)가 나서 흙이 희게 마르지 않는다. 또 굴뚝을 밖으로 내고 솥을 벽안에 걸어서, 건조한 저녁에는 불을 때서 솥의 수증기가 방안을 훈훈하게 해야 한다.

(『산가요록』, 冬節養採)

위의 사료 A18를 자세히 살펴보면, 이는 조선 전기에 활발한 발달상을 보여온 채소(春採) 재배법과 온돌 기술이 하나로 만나서, 하나의 독특한 '동절양채'란 새로운 농법을 창조한 것임을 우선적으로 파악할 수 있다. 사료 A12에 제시된 온실을 보더라도 물론 이 기술이 단지 전순의 혼자만의 구상은 결코 아닐 것이다.

첫째, 이러한 조선 전기 온실 기술의 핵심은 온돌을 이용한 '지중가온(地中加溫)'과 수증기를 이용한 '공중가온(空中加溫)'이란 이중의 가온법을 채택하였다는 점에 있었다. 둘째, 이와 더불어 살창(箭窓)에다 한지를 바른 뒤 기름을 칠해 햇볕과 습기가 투과할 수 있는 투명한 창을 만들었다는 점도 매우 중요하다. 셋째, 온실 관리도 그 못지 않게 철저하여, 혹한시에는 날개를 창에 덮었을 뿐 아니라 매일 실내에 물을 뿌려주어 온화한 기운이 항상 감돌게 하였던 것이었다.

더구나 이러한 우리의 독특한 온실은 1619년에 독일의 하이델베르크에서 난로를 이용해 만든 단순 난방 온실보다 약 170년, 그리고 1691년에 영국 J. Enelyn이 처음 개발한 온풍 난방 방식의 온실보다는 약 241년이나 앞선

것이라고 추정되고 있다.71)

그럼 과연 이 기술이 15세기에 실제로 사용되었을까? 이에 대한 사실 여부를 밝히는 중요한 단서는 매우 날씨가 추울 때는 "유지(油紙)로 만든 살창을 날개(飛介)로 두텁게 엄창(掩窓)하라"는 지시에서 얻어진다. 여기에 등장하는 날개(飛介)라는 농구는『농사직설』비곡종(備穀種)편에서 "우리 말로 날개(苫薦鄕名飛介)"라고 설명되었던 조선전기의 저장구였다. 이 농서에서 '날개(苫)'는 눈녹은 물(雪汁)을 항아리(瓷)와 목조(槽) 등에 받아 저장할 때 이를 두텁게 덥는(厚盖) 도구로 사용되었는데, 이는 곧 이엉과 같이 짚을 엮어서 추운 겨울날에는 유지로 만든 창을 덮어 보온하는 이른바 '엄창(掩窓)'의 도구였던 것이다. 이 날개는 이후 다른 조선 전기 농서에서는 전혀 발견되지 않는다. 따라서 바로 이 농구가 살창을 덮는데 사용되었다면, 이 '동절양채' 기술이『농사직설』과 같은 시기에 실제로 사용된 것이었음을 추정할 수 있는 중요한 단서가 된다.

그 밖에도 벽으로 막은(蔽) 삼면과 남쪽 면에 "종이를 발라 기름칠을 한다(塗紙油之)"는 구절도 주목되는 내용이다. 사실 그러한 방법은 불과 몇십년 전 비닐이 도입되기 전까지만 해도 우리 농촌에서 널리 사용되었다. 한편, 1515년(正德 乙亥)에 일본 사신을 접대하기 위해 경상도 밀양(密川)에 갔던 김안로(1481~1537)는 그곳 온돌방에 유지(油紙) 장판이 깔려있었다는 기록(『龍泉談寂記』)을 남긴 바 있다. 고위관료였던 김안로조차 이 유지 장판이 유리처럼 미끄럽다(且窄堗油踐滑如琉璃)며 신기롭게 표현한 것으로 보더라도, 아직 유지의 사용은 보편적이지 않았다. 그렇지만, 바로 그 원리가 바로 여기에서는 겨울철 채소 재배를 위해 반투명창으로서의 역할을 담당하였다. 결국 이와 같은 유지 기술이 온돌 보급과 깊은 관련이 있었지만, 아직 이는 민간에는 널리 보급되지 않은 특수한 것이었다고 생각된다.

---

71) 김용원,「복원된 조선초기 과학영농 온실의 실증적 고찰」,『조선초 과학영농 온실복원기념 학술심포지움 논문집』, 한국농업사학회, 2002. 3. 30.

그렇다면 이 동절양채법으로 생산된 채소의 향유자는 누구였을까? 그러한 추정이 가능한 것은 바로 사료 A12의 경우처럼 강화도에다 높이가 10척이 넘는 온실을 지어 귤나무를 재배하려는 구상도 원래 민간에서는 나올 수 있는 것이 아니기 때문이다. 또한 겨울철에 온실을 지어 채소를 공급하려는 구상도 따지고 보면, 왕실의 수용에 대응한다는 의미를 갖기는 마찬가지일 것이다. 더구나 '동절양채'를 위해 당시 중앙관료였던 김안로조차 놀랍게 여기는 유지까지 사용하였다는 사실도 그러한 의문을 더욱 증폭시키는 대목이다.

그밖에 조선국가가 양잠을 위해 온돌을 설치한 것에서도 그런 단서를 찾을 수 있겠다. 특히 사료 A13에서 국가는 양잠을 위해 온돌을 만들고 이를 위해 솥(鼎釜)·자리(薦席)·탄시(炭柴)·지지(紙地)·등유(燈油) 등을 동원하였는데, 그것들이 바로 당시 '동절양채'에 꼭 필요한 물건이었다. 결국 당시 이와 같은 도구와 장비를 동원할 수 있었던 것은 바로 국가와 관청뿐이었을 것이다.

그렇다면 이 시기의 온실은 과연 어느 관청에 의해 건립·관리되었을까? 조선 초기 채소 공급의 임무를 담당하였던 침장고(沈藏庫)는 1417년에 일단 혁파되었다가 1425년에 다시 복구되었다. 그러다가 1465년에 세조로부터 '채소가 극히 거칠고 나쁘다'고 추국(推鞫)을 받은[72] 그 이듬해인 1466년에 침장고는 사포서(司圃署)로 개명되었다. 그로부터 유추해보면 15세기의 온실기술은 '침장고'나 '사포서'에 의해 주로 관리되었음이 분명하다.

끝으로 동절양채법으로 실제 재배되었던 봄채소(春採)는 과연 어떤 것이었을까? 아마도 춘채 가운데서도 '열매를 먹는 과채류'보다는 '잎을 먹는 엽채류'가 우선적으로 재배되었을 것으로 생각된다. 그에 따라『산가요록』의 채소 중에서는 상치(2월 파종)·염교(2~3월 파종)·아욱(5월초 파종)이, 그리고『사시찬요초』에서는 파(2월 춘분 파종)·부추(2월 춘분 파종)·

---

[72]『세조실록』36, 세조 11년 5월 10일, 병진.

미나리(2월 춘분 파종) 등을 거론할 수 있겠다. 그 밖에 순무와 무가 사용될 수 있었으며, 그리고 오이 등도 모종을 길러 미리 결실을 앞당길 수 있지 않았을까 추정된다.

5-2. 『산가요록』 이후의 동절양채법

앞서 살편 바처럼 『산가요록』 채소기술의 독창성은 우리 고유의 온돌 기술을 발전적으로 응용한 '동절양채' 항에서 크게 두드러졌다. 더구나, 『산가요록』의 농법은 아직 보급이 보편적이지 않았던 온돌 기술이 도처에 나타날 뿐 아니라, 당시 농자재로서는 결코 평범하지 않았던 유지(油紙)와 솥(鼎釜)까지 동원되어 겨울철 채소 재배에 투입되었다는 데서 특징적이었다.

그러한 사정은 바로 이 기술이 결코 상업적이거나 민간에서 쉽게 추구할 수 있는 평범한 것이 결코 아니었음을 의미한다. 그럼 조선시대에 실제로 시행하였던 겨울철 채소 재배 기술은 과연 어떠하였을까? 여기에서는 이에 대해 조선 전기와 조선 후기로 나누어 살펴보고자 한다.

1) 조선전기 『산가요록』 이외의 동절양채법

『산가요록』 외에도 조선전기의 동절양채법의 존재형태를 파악할 수 있는 사료도 없지 않다. 이를 통해 우리는 조선 전기에도 온실 기술이 실제하였으며, 또 이를 이용하여 겨울철 채소 생산이 이뤄졌음을 알 수가 있다.

> A19 收藏法 凡造土宇 擇向陽高燥處 築之 向南作一窓 令不狹隘 以便出納 以通地氣 收藏亦勿太早 須經霜二三次 收入乃佳 天氣溫和時 莫令閉窓 若遇極寒 用苫厚盖 勿致凍傷 立春後 常不開閉 過寒食出
>
> (『養花小錄』, 收藏法)

> A20 장원서·사포서 등으로 하여금 겨울에도 흙집(土宇)을 쌓고 채소를 기르게 하다. 전교하기를, "승검초(辛甘菜) 따위 여러 가지 채소를 장원서(掌苑署)·사포서(司圃署)로 하여금 흙집을 쌓고 겨울내 기르게

하라" 하였다.

(『연산군일기』 58, 연산군 11년 7월 20일, 계묘)

먼저 위의 사료 A19는 강희안(姜希顏, 1417~64)이 그의 『양화소록(養花小錄)』73)에서 화훼의 수장법(收藏法)을 논한 항목이다. 그는 여기에서 온실(土宇)은 햇볕이 잘 드는 높고 건조한 곳(向陽高燥處)을 가려서 지었는데, 남쪽으로 만들되 좁지 않게 한다고 하였다.

또한 날씨가 온화할 때는 창을 닫지 말고 혹심한 추위가 올 때는 '苫(점)'으로 두텁게 덮어 동상(凍傷)에 대비할 것을 지시하였다(用苫厚盖). 특히 여기에 제시된 '점'은 『농사직설』에서 우리 말(鄕名)로 날개(飛介)라고 지칭된 농구임이 분명하며, 이는 곧 『산가요록』의 기록을 사료로서 뒷받침하고 있다. 강희안의 생몰연대로 보아 이 책은 『산가요록』과 거의 같은 시기에 저술되었음이 분명하다.

한편 사료 A20은 1505년(연산군 11년) 7월 20일에 왕이 흙으로 온실을 지어 겨울철에 채소를 기르도록 지시한 기록이다. 이를 보면 왕은 '사포서'와 '장원서(掌苑署)'에게 온실을 만들도록 지시하였음을 알 수가 있다.

이들 두 사료는 그렇게 만든 온실을 '토우(土宇)'라고 표현하였는데, 이는 아마 온실의 3면을 흙집으로 만들었기 때문일 것이다. 아울러 여기에는 비록 '유지'를 사용하였다는 표현은 나타나지 않지만, 결코 작지 않게(令不狹嗌) 창을 내고 추운 날에는 '날개'로 덮었다는 점에서 사료 A18의 매우 흡사하다고 말할 수 있겠다. 이를 보면 세종 연간에 처음 출현한 온실이 이 때까지 유지되었음을 알 수가 있다. 한편, 『연산군일기』를 번역한 사람들은 여기에서 실린 '신감채(辛甘菜)'를 '시금치(菠薐)'로 오역하였지만, 사실 신감채는 '승검초'를 지칭하는 용어로 보인다.74)

---

73) 『養花小錄』은 조선전기의 문신 仁齋 姜希顏이 지은 화훼서적을 말한다.
74) 『국역조선왕조실록』은 '신감채(辛甘菜)'를 '시금치'로 번역하였다. 『농상집요』에 실린 시금치의 한자명은 파룽(菠薐)으로서, 이 용어는 조선전기 우리 농서나 다른 자료

그처럼 여러 채소를 겨울 내 기른 흙집(土宇)이야말로 곧 현대적 의미의 온실이라고 말할 수 있겠다. 장원서는 왕실의 원유(苑柳)와 화과(花果)에 관한 일을 관장하기 위해 1466년에 상림원(上林園)을 개명한 관청이었다.75) 당시에는 여기에서도 겨울철에 채소를 온실로 재배되었음을 알 수가 있지만, 나머지 대부분의 채소는 사포서에서 생산되었다고 생각된다.

2) 조선 후기 식품서의 동절양채법

『산가요록』의 그것과 유사한 겨울철의 채소 재배법은 그 후대의 여러 식품서에서도 발견된다. 이를 분석해 보면, 그 기술은 모두 두 측면으로 분류될 수 있다. 특히, 그 하나는 따뜻한 철에 생산한 채소를 저장하는 방법이었고, 나머지 하나는 움을 이용하거나 퇴비나 더운 물 또는 불을 피워 가온하는 독특한 방법이었다. 다음의 자료들이 바로 그 대표적인 사례들이다.

A10 비시 나물 쓰는 법; 마굿간 앞에 움을 묻고 거름과 흙을 깔고 승검초·산갓·파·마늘을 심고, 그 움 위에 거름을 덮어두면, 그 움이 더워서 그 나물이 좋거든 겨울에 쓰면 좋으니라. 외 가지도 그리하면 올 여나니라.
(안동 장씨, 『음식 디미방』)

A11 ○무우와 순무; 무와 순무는 서리 뒤 크고 좋은 것을 칼로 꼬리를 베되 반치만 남기고 움(芽) 나는 머리를 인두로 지져 묻으면 봄이 되어도 움이 안 나며 속이 햇것 같다.
○외와 가지; 외와 가지는 잿물 밭인 마른 재에 두면 갓 딴 듯하고 火爐灰도 쓴다. 가지를 뜨물에 담그면 빛이 변치 않고 맛이 좋다.
○배추(뿌리); 배추뿌리를 서리 내린 뒤 움에 넣고 마른 말똥을 싸 두면

에 나타나지 않는다. 만약 '신감채(辛甘菜)'란 말이 시금치의 성질을 따서 우리 나라에서 만든 조어라고 하더라도, 이는 '맵고(辛)'·'단(甘)' 맛을 함께 가진 채소가 아니어서 적절치 않다. 그 때문에 이 대목은 '당귀의 어린 잎'을 지칭하는 '승검초'를 겨울철에 재배하였다는 내용으로 해석하여야 정확할 것이다.
75) 『세조실록』 38, 세조 12년 1월 15일, 무오.

잎이나 극히 연하고 줄기에 실이 없다.
(빙허각이씨, 『규합총서』, 「나무새 갊아 두는 법〔諸採收藏法〕」)

A12 ○木頭菜(두릅); 시월에 두릅가지를 석자쯤씩 베어 큰 분에 흙을 담고 나무로 흙을 질러 구멍을 내고 벤 가지를 심거나 더운 방에 두고 따뜻한 물을 주면 여전히 순이 나와 나물하면 산뜻하고 새롭다.
○승검초(當歸); 승검초 뿌리를 움에 넣고 더운 물을 주고, 추운 날은 곁에 불을 피우면 순이 쉬 난다.
○양제자(소루쟁이); 구·시월 사이에 뿌리를 많이 캐어 빽빽이 틈 없이 움 속에 심고 흙을 덮어 움문을 흙으로 막았다가 정월에 열면 은(銀)같은 줄기가 움에 가득할 것이다.
(빙허각이씨, 『규합총서』, 「나무새 갊아 두는 법〔諸採收藏法〕」)

먼저 사료 A10는 17세기 후반에 안동 장씨가 쓴 『음식디미방』의 내용이다. 이 필사본은 안동 장씨의 말년에 쓰여진 것으로 추정되므로, 농법은 그의 생몰년(1598~1680)을 고려할 때 대략 1670년에서 1680년 동안 경상도 영양지방의 사정을 담고 있을 것으로 추정된다. 여기에서 '비시(非時)나물'이란 곧 '제철이 아닌 나물', 이른바 '겨울철의 나물'을 의미한다. 이에 따르면 마굿간 앞에 움을 파서 거름과 흙을 깔고, 또 그 위에 거름을 덮어두면 그 움이 더워져서 나물을 생산할 수 있다는 것이다. 이와 같은 방법으로 재배할 수 있는 작물은 "승검초(辛甘草, 當歸)·산갓(芥子)·파(葱)·마늘(蒜)" 등이었다. 그밖에도, 오이(외)와 가지도 이 움에서 재배하면 일찍 수확을 거둘 수 있다고 하였다.

다음의 사료 A11는 빙허각 이씨가 그의 『규합총서(1809)』에서 「나무새 갊아 두는 법」라는 이름으로 겨울철에 쓸 채소 저장법을 기록한 것이다. 여기에서 '무'와 '순무'는 크고 좋은 것을 골라 꼬리를 베고 싹이 나는 머리를 인두로 지져 묻으며, '오이'와 '가지'는 마른 재나 뜨물에 담구어 보관하였다. 그리고 배추는 뿌리를 움에 넣고 마른 말똥을 싸 두는 방법을 사용할 것을 권하였다.

 그에 비해 역시 같은 책에 실린 사료 A12는 두릅·승검초·소루쟁이(羊蹄子) 등의 채소들을 더운 방·움 등에 넣고 재배하는 방법을 소개하고 있다. 두릅은 10월에 가지를 석자쯤씩 베어 큰 화분에 심어 더운 방에 두고 따뜻한 물을 주면, 햇순이 나온다고 하였다. 그러나 승검초나 양제자는 뿌리를 캐어 움에다 넣고 재배하였는데, 따뜻한 물을 주고 추운 날에는 곁에다 불까지 피웠다. 특히 후자의 경우는 9~10월에 움 속에 심었다가 정월에 이를 꺼내어 소비하였다고 한다.

 이상에서 볼 때 사료 A10에 등장한 '비시 나물' 가운데서 승검초를 제외한 나머지의 것들은 모두가 이미 『산가요록』에서 그 재배법이 소개되었던 채소들이었다. 그에 비해 19세기의 자료인 A12의 두릅·승검초·소루쟁이(羊蹄子) 등은 『산가요록』에는 소개되지 않았다. 그러나 여기에서는 온돌이나 유지를 이용하여 온실을 만들기보다는 움을 파서 이용되었으며, 아울러 가온의 방법도 퇴비가 부숙하는 과정의 발열을 이용하는 초보적인 것이었다. 그에 비해 채소 저장법을 논한 사료 A11의 경우보다 사료 A12에서는 채소 뿌리를 움에다 묻고 따뜻한 물에다 곁불까지 피우는 보다 적극적인 방법이 동원되었다. 그러나 이 방법으로 재배할 수 있는 채소는 '두릅·승검초·소루쟁이' 등의 특수한 채소들 뿐이었다.

 그런 점에서 이와 같은 조선 후기 식품서의 겨울철 채소 재배법들은 아직 『산가요록』의 '동절양채'항의 기술을 능가하지 못하였다. 아마도 그것은 채소 재배법의 낙후성 문제보다는 『산가요록』의 경우와는 달리 그러한 값비싼 시설 원예법이 17세기 향촌지역 양반가의 채소 경영에 제대로 도입되기 어려웠기 때문이었을 것이다. 그런 점에서 『산가요록』의 동절양채법은 비용과 대중적인 수요는 전혀 고려하지 않은 채, 생산·공급에만 관심을 보였던 15세기 시험 농학의 성과였을 것으로 추정된다.

6. 맺음말

15세기에 만들어진 우리 농서들은 대체로 채소를 중심으로 한 원예농업에 대한 기술은 매우 소략하였다. 단지 『사시찬요초』에만 원예에 관한 내용을 전해지고 있지만 그나마 충분하지 못하였다. 이러한 상황에서 발굴된 15세기 중반의 농서 『산가요록』은 잠업·임업·원예·식품까지를 포괄한 또 하나의 사찬농서였다. 이 농서는 비록 그 절반의 분량을 『농상집요』 발췌에 소요하였지만, 그 나머지 절반 부분에서는 우리 독자적인 농법을 충실히 담고 있었다. 더구나 이 농서는 당시 우리가 필요로 하던 원예기술을 초록하고 이를 우리 음식에 응용하였으며, 나아가 '동절양채' 항과 같은 우리 독창적인 기술을 개발하였다.

『산가요록』은 드물게도 조선 전기의 농서 가운데서 『농상집요』와 유사할 정도로 재상, 양잠, 과채, 죽목, 약초, 축산 등의 분야를 망라한 비교적 종합적인 면모를 갖추고 있었다. 여기에다 우리 식의 술 담기, 장 담기, 식초 만들기, 음식 만들기, 염색하기 등의 방법들이 첨가되었다. 그러한 사정은 이 농서가 조선 전기에 편찬된 사찬농서임을 증명해주는 것이다. 아울러 여기에 '고추' 이전의 향신료였던 보다 '천초(川椒)'가 사용되었다는 점 등도 그러한 사정을 반영해 준다.

『산가요록』은 경종을 뺀 나머지 농업 부문인 재상, 양잠, 과채, 죽목, 약초, 축산 분야를 포괄하였는데, 그 중 여기에 기록된 18종의 채소들은 『농상집요』에 실린 것 가운데서 우리 농업에 필요한 것만 가려 뽑은 것이었다. 그러나 이 책의 원예기술은 대체로 『사시찬요초』의 그것과 유사하였지만, 우리는 여기에서 미나리, 아욱, 염교, 박, 겨자(갓) 등에 관한 기록을 자세히 파악할 수 있겠다.

한편, 우리의 독특한 난방법이었던 온돌은 『산가요록』이 저술되던 15세기초는 관청이 앞장서서 질병 치료의 목적으로 보급되고 있었다. 아직 서울에서조차 이는 보편적이지 않았다. 그러한 조선 전기 온돌의 보급 사정은 시비법을 통해 파악할 수 있는데,『농사직설』에서 사용된 재는 곡식의 부산물이나 우마분을 태워서 만든 재였을 뿐 아니라 그나마 항상 부족하였다. 더구나『금양잡록』에서는 시비 기록조차 발견되지 않았다. 그러한 사정은 당시 우리 농가에서는 아직 온돌이 보급되지 않았음을 의미한다.

그러나 15세기에는 온돌이 여러 가지로 용도로 사용되고 있었다. 이는 먼저 시설 농업에 사용되었는데, 그 사례가 강화도의 겨울철 감귤 재배와 양잠을 위하여 설치되었다. 아울러 온돌은 음식물 등을 건조하거나 숙성시키는 수단으로도 널리 이용되었다. 그러한 내용들은 모두 당시 국가나 관아가 온돌 기술을 농업에 위로부터 시험적으로 응용한 결과였을 것으로 추정된다.

이와 같은 온돌의 새로운 활용법은 원예기술과 결합하여 독특한 '동절양채'법으로 발전하였으며, 이것이 곧『산가요록』에 채록되었을 것으로 추정된다. 바로 여기에는『농사직설』에서 '날개(飛介)'라고 밝힌 우리 농구가 등장하는데, 그로 보아 이 기술은 당시에 실제로 사용되었던 것으로 추정된다. 여기에서 반투명창의 역할을 담당하였던 유지는 아직 보편적으로 사용되던 것이 아니었다.

이렇게 등장한 조선 전기 온실 기술의 핵심은 온돌을 이용한 '지중가온(地中加溫)'과 수증기를 이용한 '공중가온(空中加溫)'이란 이중의 가온법을 채택하였으며, 유지를 이용하여 햇볕이 투과할 수 있는 투명한 창을 만들었다는 점에서 독창적이었다. 같은 시대에 저술된『양화소록』과『연산군일기』에서도 '동절양채'를 위해 토우(土宇)라 칭한 온실이 발견되고 있어서 이 기록의 신빙성을 더욱 뒷받침하고 있다.

따라서 15세기 '동절양채'의 향유자는 바로 왕실이 있다고 말할 수 있겠다. 물론 후대에도 그와 유사한 겨울철의 채소 재배법이 여러 식품서에 채록되었지만, 이들은 하나같이 『산가요록』의 '동절양채'의 기술을 능가하지 못하였다. 그런 점에서 『산가요록』의 원예기술은 비용과 대중적인 수요는 전혀 고려하지 않은 채, 생산에만 관심을 보였던 15세기 시험 농학의 성과였을 것이다.

이상과 같이 『산가요록』은 『농상집요』를 통해 받아들였던 중국의 앞선 채소 기술을 우리 현실에 맞게 응용하였을 뿐 아니라, 나아가 이를 '동절양채'항과 같은 독창적인 우리 기술로 승화시켰다. 그런 점에서 『산가요록』은 농산물 가공법을 덧붙인 최초의 종합 농서였으며, 아직도 보급이 진행중인 온돌 기술을 시설농업과 식품 가공에 과감히 응용하였던 농서였다. 그리고 여기에다 값비싼 유지와 시설을 설치하였다는 점 등에서 당대의 시험적인 농학의 일단을 수록한 농서였다고 평할 수 있겠다.

결국 『산가요록』의 '동절양채' 기술은 당시 새롭게 도입한 채소 기술과 보급 중이던 우리 고유의 온돌 기술을 시설원예의 기법으로 결합한 것이었다. 그리하여 15세기 조선은 1619년에 독일 하이델베르크에서 등장하였다는 세계 최초의 온실보다 무려 170년이나 앞서 겨울철에 채소를 생산할 수 있었던 것이다.

제7장 | 복원된 조선초기 온실의 실증적 고찰

김용원
계명문화대학 교수

1. 머리말

　사단법인 우리문화가꾸기회가 발굴·소장한 농서이자, 조선초 세종·세조 년간의 어의(御醫) 전순의가 1450년경에 편찬한 것으로 보이는『산가요록(山家要錄)』이 처음 공개되었다. 이 책에 수록된 내용은 고려 말에 우리 나라 합천(陜川)에서 간행되었던 중국 원대 농서『농상집요(農桑輯要)』의 일부와 200여 가지의 우리 나라 음식 조리법이 함께 기록되어 있다. 그 중 '동절양채(冬節養菜)'편은 겨울철에 신선 채소를 재배하는 방법으로써, 난방시설을 갖춘 과학적 온실을 짓고 재배 관리하는 요령에 대해 자세하게 소개하고 있다.

　이러한 15세기의 온실이 과연 세계 최초의 난방형 온실 시설이었다는 사실을 증명하기 위해서는 우리문화가꾸기회가 새롭게 복원한 온실 안에서 그 시대의 기록에 나오는 배추, 무, 상추, 시금치, 근대, 달래, 미나리 등을 파종하여, 실제로 여기에서 채소 재배가 가능한지를 확인하는 작업이 무엇보다 필요하다. 왜냐하면 만약 이러한 사실이 실제로 입증된다면, 그것은 금속활자·훈민정음·거북선 등과 함께 세계에 자랑할 만한 우리 민족의 지혜가 농업 분야에서도 실제로 존재하고 있었음을 증명할 수 있는 좋은 근거가 될 수 있기 때문이다.

바야흐로 오늘날 우리 농업은 세계화 시대를 맞아, 반만년 동안 민족의 근간을 이룬 쌀 중심의 농업에서 좀더 부가가치가 높은 농업으로 탈바꿈하지 않으면 안될 역사적 전환기에 처해져 있다. 이러한 시대적 요구에 부응하여 우리는 지난 500여 년 전부터 세계 최초의 난방 온실이 존재하고 있었음을 전 세계에 현양(顯揚)해야 하며, 안으로는 새로운 농업으로의 발전을 추구해 나가는 직접적인 계기를 마련해야만 할 것이다.

<사진 7-1> 복원된 과학영농의 온실 전경

그에 따라 이 연구는 우리 조상들이 남겨 놓은 훌륭한 농업의 역사를 바탕으로, 보다 창의적이며 미래지향적인 농업으로 거듭날 수 있는 지혜와 용기를 후손들에게 물려주기 위한 것이다. 아울러 필자는 여기에서 세계 난방형 온실의 역사를 살펴보고, 복원된 온실의 특성을 구명하기 위하여 재배 기간 동안의 시간대별 온도 및 습도의 변화와 생육 상태 등 함께 조사한

결과를 자세하게 보고하고자 한다.

2. 난방 온실의 역사와 우리 나라 온실

지금까지의 연구에서는 세계에서 가장 초보적인 온실이 만들어진 것이 AD 290년경의 로마 사람들이 알렉산드리아(Alexandria)지방에서 도입된 장미를 추운 겨울철에 꽃피우기 위한 것이었다고 말하여 왔다. 당시에는 투명한 운모와 활석을 이용하여 창문을 만들고 가열할 수 있는 온실이 만들어졌던 것으로 알려져 있다.

또한 8세기경에는 오이의 조숙 재배가 이루어졌는데, 이는 당나라 현종 연간(712~756)에 화실(火室)에서 재배된 것이었다고 전해지고 있다. 그 후 르네상스 시대에 이르러 식물 재배를 위한 온실이 만들어지게 되었는데, 특히 17세기 초인 1619년 독일의 하이델베르크에서는 온실 안에 난로를 설치한 극히 초보적인 난방 온실이 만들어졌었다. 그후 영국에서 green house라는 낱말을 처음으로 만든 사람으로 추정되는 J. Enelyn이 1691년 온실 외벽에 설치한 스토브의 연관 표면을 스쳐 더워진 공기를 실내로 유입시켜 난방하는 온풍 난방법을 처음 개발하였다.

18세기 초에도 가열 방식의 난방형 온실이 만들어졌는데, 이 때에는 뜨겁게 달구어진 석탄을 쌓아두는 방식이 사용되었다. 온수를 이용한 가열 방식은 1778년 프랑스에서 처음으로 고안되었으나 이용되지 않다가 19세기 초의 폴란드에서 처음으로 사용되기에 이르렀다.

그에 비해 우리 나라 조선 초기인 1450년경에 개발된 온실은 이들보다 연대나 과학적인 측면에서 월등히 앞선 기술이었다. 황토 흙벽과 온돌을 이용한 단열 지중 난방 및 실내 온습도를 조절하고 창호지에 유지를 바른 자연 채광 및 보온, 통풍을 좋게할 수 있는 종합 과학적 온실이었음을 알 수가 있다. 외국과 우리 나라의 온실 난방 유형별 연대 차이를 비교해 보면,

온실에 난로를 설치하여 실내를 난방하는 독일식의 방식보다 우리 나라의 경우는 무려 170여년이나 앞선 기술이며, 영국에서 처음 사용하였던 실내 공기를 가온하는 방식의 난방에 비해서도 우리 나라의 온실은 241년이나 앞선 기술로 추정되기 때문이다.

그후 1920년경의 대전지역에서는 창호지를 이용하여 만든 유지창(油紙窓)을 조립한 페이퍼하우스(Paper house)에서 오이와 가지 등을 불시에 재배하였고, 1930년대의 전북 이리지역에는 유리 온실을 처음으로 지어 딸기의 반촉성 재배에 이용하였다고 전해진다.

그러다가 우리 나라에서 플라스틱 필름이 시설의 피복재료로 이용되기 시작한 것은 1951년경이었다. 특히 이 시기의 김해지역에서는 100평 규모의 염화비닐 하우스를 처음으로 지어 이를 통한 채소 재배를 시작하였다고 알려져 있다. 1954년부터는 폴리에틸렌 필름이 국내에서도 생산이 시작되었는데, 이후 대형 하우스의 설치면적이 빠른 속도로 증가됨으로써 오늘날과 같은 상황에 이르렀다.

3. 복원된 15세기 온실의 실증재배

3-1. 재료 및 방법

필자는 우리 조상들이 이루어낸 세계 최초의 난방형 온실이 복원되어 있는 경기도 남양주시 조안면 삼봉리 100번지 서울종합촬영소 내의 온실에서 2002년 3월 3일부터 3월 23일까지 20일간 채소를 직접 재배하는 과정의 온도 및 습도를 조사하였다.

조사시간은 06시, 13시, 18시, 22시로서, 1일 4회에 걸친 조사가 진행되었다. 조사 방법은 <표 7-1>에서 보는 바와 같이 온실 내의 4개 배드별로 구분하였고, ①번에서 ④번까지는 뿌리 생장이 왕성한 표토 15cm 깊이의 지중 온도를 조사하였으며, 실내 온도는 ⑤번 동쪽벽과 ⑥번 서쪽벽으로 배드 표면에서 1.5m 높이의 온도 및 습도를 시간대별로 조사하였다. ⑦번은 대조구로서 온실 밖의 온도와 습도를 같은 시간대에 조사한 수치를 온실내의 온도와 비교 검토하였다.

재배할 채소의 종류 선택은 채소의 도입 시기를 고려하여 <표 7-2>에서 보는 바와 같이, 조선시대 이전 도입된 채소인 무, 상추, 배추, 달래, 시금치, 근대를 중심으로 2002년 3월 3일에 파종하였다. 종자는 시중에서 판매되고 있는 '홍농종묘'의 종자를 사용하였다.

종자의 발아는 자엽이 전개된 상태를 기준으로 조사하였고 생육의 정도는 발아에서부터 4일 간격으로 4회에 걸쳐 평균 초장을 조사하였다.

<표 7-1> 온실의 배드와 온도 및 습도 조사 위치

			남			
	A3ab			4Ea 시금치	4Eb 근대	4Ea 시금치
동 ⑦	B	③ 3b		F	④	4F시금치
	⑤ 1cb 상추	1ca 열무		G	⑥	서
	① D			2ha 미나리	②	
	솥		입구		솥	
			북			

<사진 7-2> 온실 내에서 발아된 무우와 상추

<표 7-2> 우리 나라 채소의 도입시기와 원산지

원산지 시대	한국	중국 열대아시아 중앙아시아 시베리아	유럽 지중해연안 아프리카 서부아시아	아메리카
상고시대	쑥, 달래	마늘(산마늘)	—	—
삼국 및 통일신라		박, 마, 가지, 오이, 참외, 상추	—	—
고려시대	미나리 도라지	생강, 파, 동아, 배 추, 죽순, 토란, 부 추, 아욱	순무, 무, 시금치, 수박	—
조선시대	머위	김치오이, 연근	쑥갓, 양배추, 케일, 순무, 샐러리, 우엉, 시금치, 근대, 양파	고추, 호박, 감자, 토마토, 옥수수, 고구마, 강낭콩
20세기 전	—	구약	멜론, 딸기, 당근, 아스파라 거스, 비트, 녹색꽃양배추, 배추, 방울다다기, 꽃양배추	딸기, 밤호박
20세기 후	—	—	파슬리, 머스크멜론	페포호박

<자료> : 이우승, 『한국의 채소』, 8쪽, 경북대출판부, 1994.

3-2. 실증재배의 결과

1) 온실 부위별 온도의 일변화(日變化)

온실 부위별 온도의 일변화를 06시, 13시, 18시, 22시의 4회에 걸쳐 20일간의 온도를 조사한 결과는 <그림 7-1>에서 보는 바와 같다.

온실의 지중 온도는 배드의 위치에 따라 큰 차이를 보였으며 불을 땐 아랫목의 ①, ②번과 윗목에 해당하는 ③, ④번은 같은 온도의 일변화를 나타냈다. 특히, 아랫목은 윗목에 비해 전체적으로 10℃이상 높은 온도를 유지하는 것으로 나타났다. 실내의 온도 동쪽벽 ⑤번이 서쪽벽 ⑥번보다 약간 높은 경향이 있으며 전체적으로는 06시에 가장 낮은 반면, 한낮인 12시에 가장 높았고 일몰 이후부터 점차 낮아지는 경향이 있었다.

특히 대조구인 ⑦번 외부 온도와 온실 지중 온도와는 25℃이상의 큰 차이를 보였으며, 실내 온도 ⑤번과 ⑥번도 온실 밖의 ⑦번에 비해 더 높게 나타난 것은 유지창의 보온과 채광의 효과로 보여지며 전반적으로 7~10℃의 차이를 보였다.

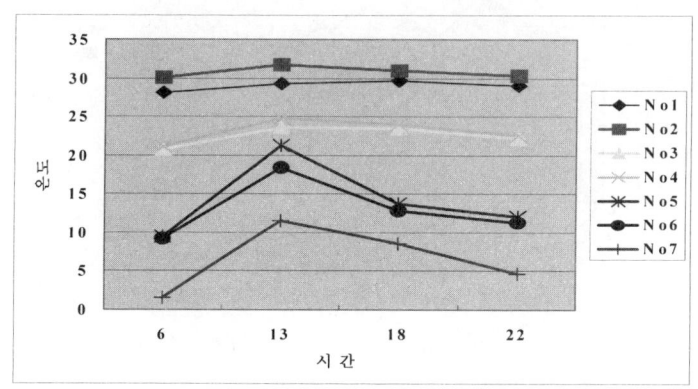

<그림 7-1> 온실 부위별 온도의 일변화(日變化)

2) 온실 부위별 시간대의 온도 변화

온실 내 부위별 시간대의 온도 변화 과정을 조사한 결과는 <그림 7-2>에서 보는 바와 같이 전체적으로 13시에 가장 높았고, 06시에 가장 낮은 것으로 나타났다. 시간대별 온도의 편차는 구들 위의 배드 ①~④번까지는 큰 차이가 없으나 실내 온도인 ⑤, ⑥번과 온실 밖의 ⑦번에서는 13시에 큰 차이를 보였다. 이는 자연 채광에 의한 기온 상승의 영향을 받은 것으로 추정된다.

참고로 20일간의 온실 부위별 최고·최저 온도의 변화를 조사한 결과는 <그림 7-3>에서 보는 바와 같다. 구들 위의 배드 ①, ②, ③, ④번은 1.4~3.6℃의 기온 차이를 보인 반면 실내의 ⑤번과 ⑥번은 9.2~11.8℃의 일기온차(日氣溫差)가 있었고, 온실 밖의 일기온차도 10℃로 편차가 큰 것으로 조사되었다.

이러한 결과는 구들 난방의 지중 온도 지속력이 매우 높음을 알 수 있다.

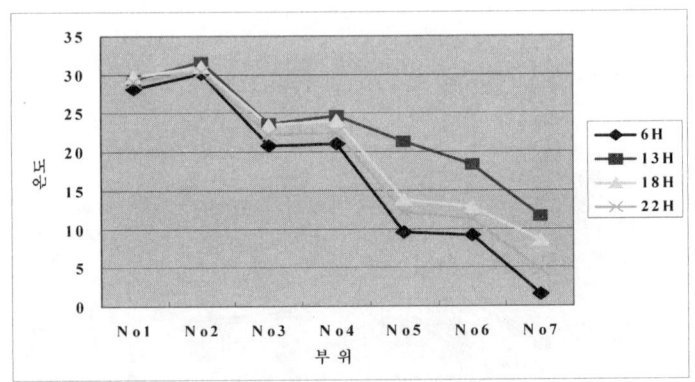

<그림 7-3> 온실부위별 최고·최저온도의 변화

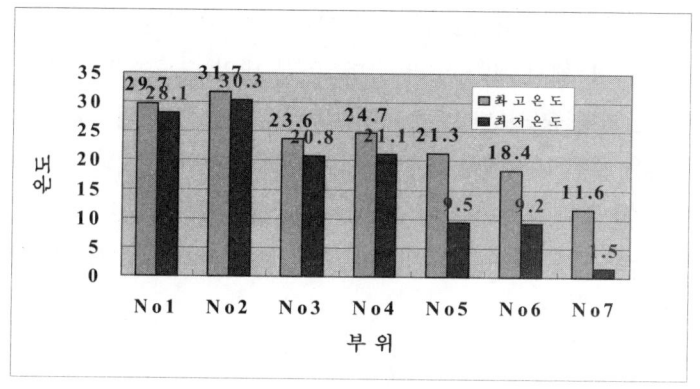

<사진 7-3> 복원온실의 내부

3) 온실내의 위치와 시간대별 습도의 일변화

온실내 습도의 일변화(日變化)를 알아보기 위하여 시간대별로 조사한 결과는 <그림 7-4>에서 보는 바와 같다. 온실 내의 습도는 18시에서 06시 사이에 온실 밖의 습도보다 높게 나타났고, 13시에는 40퍼센트로 같게 나타났다. 이것은 오전 10시에서 오후 3시까지 환기를 위해 유지창의 일부를 개폐하였기 때문으로 생각된다. 유지창을 덮은 상태에서는 실내의 습도가 높게 나타났는데 이는 솥에서 끓인 수증기를 온실 내에 유입시켰던 결과로 보여진다.

<그림 7-4> 온실 부위와 시간대별 습도의 일변화

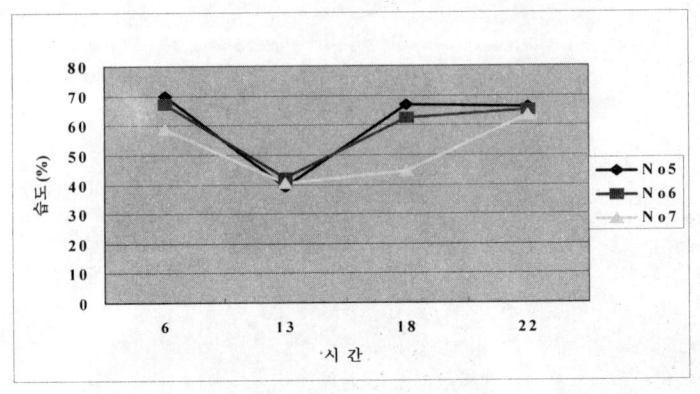

4) 시간대별 온실 부위의 습도 변화

채소 재배 20일간의 시간대별 온실 위치의 습도를 조사한 결과는 <그림 7-5>에서 보는 바와 같다. 특히 야간 시간대인 06시와 22시에 온실내 5번과 6번의 습도는 온실 밖의 7번의 습도보다 높게 나타났다. 이는 야간에 가마솥 수증기를 온실 내에 유입시켰기 때문에 실내 습도가 높아진 것으로 보인다.

<그림 7-5> 시간대별 온실부위의 습도변화

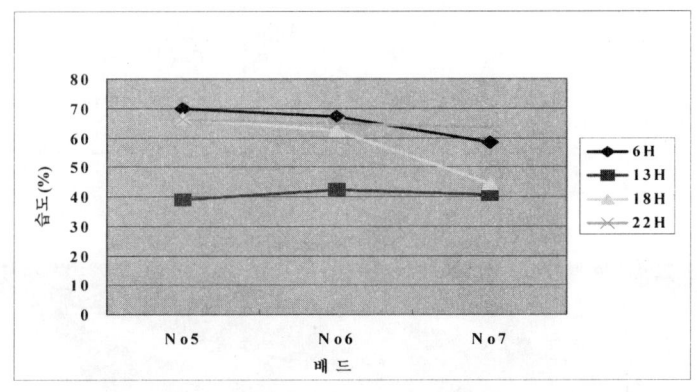

5) 재배 채소의 종류별 생육 상태

복원된 온실 내에서 6종의 채소를 3월 3일 파종한 후 발아 및 초장의 생육 상태를 4일 간격으로 조사한 결과는 <표 7-3>에서 보는 바와 같다.

발아가 가장 빠른 채소는 무와 상추였고, 그 다음은 배추, 시금치, 근대, 달래의 순이었다. 재배 대상의 채소는 그 대부분이 저온을 좋아하는 종류이었지만 그 중에서도 무와 달래는 생육의 속도가 매우 빨랐고, 그 다음은 상추, 배추, 시금치, 근대의 순으로 나타났다.

<표 7-3> 재배채소의 종류별 생육상태

종 류	파종위치	파종일	발아일	초장			
				3/10일	3/14일	3/18	3/22일
무	1Ca	3/3	3/6	5cm	8cm	12cm	15cm
상 추	1Cb	3/3	3/6	1.5cm	3cm	4cm	12cm
배 추	3Aa	3/3	3/7	(3/11) 3.5cm	(3/15) 5.5cm	(3/19) 7cm	(3/23) 8cm
달 래	3Ab	3/3	3/10	4cm	8cm	14cm	22cm
시금치	4Ea	3/3	3/9	(3/13) 4cm	(3/17) 6cm	(3/21) 8cm	(3/23) 10cm
근 대	4Eb	3/3	3/9	(3/13) 2.5cm	(3/17) 4cm	(3/21) 5cm	(3/23) 7cm

<사진 7-3> 온실내에서 개화된 철쭉꽃

4. 맺음말

이 글은 조선 초기인 1450년경에 편찬된 농서 『산가요록』의 '동절양채 (冬節養菜)'편의 기록을 근거로 복원된 온실의 사실성을 입증하기 위한 것이다. 그리하여 필자는 복원된 온실에 파종된 채소들의 재배 기간 중의 기온과 습도, 생육 상태 등을 과학적으로 조사하였고, 그와 함께 다른 나라 난방 온실의 발달사도 자세히 고찰해 보았다.

우리 나라에서 채소가 재배된 역사는 고대에서부터 전해져온 쑥, 달래, 산마늘 등이 재배되었던 것으로 추정된다. 뒤이은 삼국시대에서 고려시대 사이에는 이미 <표 2>에서 밝힌 것처럼 중국을 비롯한 중앙아시아, 시베리아, 유럽 등지에서 도입된 많은 채소들이 이 땅에서 재배되어 온 것으로 알려져 있다.

한편, 기존의 난방 온실의 변천사를 살펴보면 1619년에 독일의 하이델베르크에서 난로를 이용한 단순 난방 온실이 만들어졌으며, 그 후 1691년의 영국에서 온실 내의 공기를 덥히는 방식이 개발된 것이 곧 과학적 난방 온실의 시초라고 알려져 왔다. 그러한 서양의 난방 온실의 발달사와 비교해 본다면, 1450년경에 우리 조상들이 이루어낸 세계 최초의 난방 온실은 독일보다 170년, 영국보다 241년이나 앞선 것으로서, 시대를 뛰어 넘어 보다 더 종합 과학적인 온실을 창안하여 겨울철 채소를 재배하였던 것으로 확인된다.

이 연구에서는 복원된 온실 내의 온도 변화 과정을 알아보기 위하여 부위별 온도의 일변화(<그림 7-1>)와 조사 시간대별 온도의 변화(<그림 7-2>), 그리고 재배 기간 중의 일최고·최저기온 차이(<그림 7-3>)를 조사해 보았다. 그 결과 구들 위 배드의 지중 온도는 20℃이상 지속적 보온 효과가 있음을 알 수 있고, 실내의 온도도 10℃이상을 유지한 것으로 나타났다.

특히, 온실 밖의 온도보다 온실 내 지중 온도의 편차는 주간에 비해 야간에 25℃이상의 보온 효과가 있음을 알 수 있다. 최고·최저 일기온 차에 있어서도 구들 위의 배드에서는 1.4~3.6℃로 외기 온도의 10℃편차보다 훨씬 적은 것으로 나타났다.

또한 온실 내부 습도의 일변화(<그림 7-4>)와 시간대별 온실의 습도 변화(<그림 7-5>)를 보면, 주간에는 모두가 습도가 낮았고 야간 18시부터 다음날 06시까지는 온실 내부가 온실 밖의 습도보다 높은 것으로 나타났다. 이와 같이 우수한 결과가 나타난데에는 우리 나라 조선초기 온실에서는 난방을 위하여 솥의 수증기를 유입시켰고, 지중(地中)의 증발 수증기와 병행하여 실내 습도를 지속적으로 유지 증가시켰기 때문으로 사료된다.

이와 같이 복원된 15세기 온실에서 실증 재배한 채소류의 생육 상태는 <표 7-3>에서 보는 바와 같이 파종 후 3일에서 8일 사이에 발아되었다. 특히 이 실험에서 발아 및 생육이 빠른 채소는 무와 달래, 상추, 배추였고 그 다음은 시금치, 근대의 순으로 나타났다.

이상의 실험 결과를 종합적으로 고찰해 보면, 우리 조상이 개발한 난방형 온실의 특징은 대략 다음과 같이 요약할 수 있을 것이다.

① 지중 난방을 위하여 구들(溫突)이라는 특수한 기법이 도입되었다는 점, ② 황토 흙벽을 통하여 단열과 보온의 효과를 극대화시켰으며, ③ 한지에 기름을 발라서 채광을 통해 실내 온도를 높이고 보습통풍의 장점을 살렸다는 점, 그리고 ④ 가마솥에 가열된 수증기를 실내에 넣어 온도와 습도를 동시에 높여주는 복합적인 난방이 도입되었다는 점이 그것이다.

이처럼 복원된 15세기 온실에서 행해진 과학적인 실험을 바탕으로, 우리는 『산가요록』에 실린 '동절양채(冬節養菜)' 기술이 지상과 지하의 이중적 난방 효과를 종합하여 만든, 세계 최초의 과학적인 난방 온실임을 증명할 수 있다.

제8장 | 조선전기 농경기술의 전개

이 호 철
경북대학교 교수

1. 머리말

최근 동아시아 농업은 유래 없는 위기 상황에 직면해 있다. 널리 알려진 바처럼, 그러한 농업위기는 '우루과이 라운드'라는 국제협상의 타결에서 비롯되었다. 이제야 말로 WTO 가입 이후 10년 동안의 농업을 차분히 되돌아보면서, 동아시아 농업의 그 끈질긴 역사를 세계사적인 시각에서 차분히 점검할 때이다. 개방화의 물결 속에서 이제 전통적인 농업역할론과 농업기능론은 퇴색된 지 오래이다. 급격하게 밀어닥친 농업개방의 파도 속에서 동아시아 농업의 전통까지 점차 빛을 잃고 있기 때문이다.

과연 그 동안 우루과이 라운드 협상이 내건 '동등경기조건의 원칙(the doctrine of a level-playing-field)'은 자유롭고 공정하였을까? 그리고 경제적 비교우위라는 잣대 하나만으로 농업가치를 폄하하는 WTO의 행위는 정당할까? 그러나 2004년을 향한 뉴라운드(DDA) 협상은 지역성과 다양성, 그리고 전통문화 등의 질적 가치보다는 오로지 무역수지라는 양적 수치만으로 농업을 평가하고 있을 뿐이다.[1]

---

1) Hochol Lee, *The Significance of Korean Agriculture, Its Value and Prospective*,

이러한 농업위기 속에서 복합영농이란 동아시아 전통은 포기되고, 단작화와 전업화가 빚은 지력 쇠퇴와 제초제·살충제 남용으로 지금 우리의 건강이 위협받고 있다. 더구나 곧이어 닥칠 석유자원의 고갈 때문이라도 값싼 석유에 기초한 대규모 기계화와 화학농법의 한계는 너무도 자명하다. 더구나 선진국 곡물메이저들의 손아귀에서 요리되고 있는 식량문제의 실상을 보더라도 생태계와 국민건강을 지킬 새로운 농업의 건설은 아무리 서둘러도 늦지 않다.

자연 생태계를 보존하여 인간회복을 도모하려는 이 새로운 생명농업의 발전방향은 결코 외부에서 도입할 것이 아니라, 동아시아 농업의 전통을 회복하는 데서 찾아질 수 있다. 여기에서는 세계농업 속에 위치한 한국 전통농업의 특성을 밝혀보려고 한다. 그런데 한국농업의 본질을 가장 잘 보여주는 15세기의 농업이야말로 가장 과학적인 분석이 가능한 한국 최초의 완성된 농업이다. 그런 점에서 이 시대의 농업만이 우리 농업의 전통을 유추하는 밑그림이 되기에 충분하다. 그 때문에 이 글은 15세기의 농업을 통해 우리 농업의 전통을 내면에서부터 찾아가는 작업의 일환이라 하겠다.

그럼, 조선전기 농업의 가장 중요한 특징은 무엇인가? 그리고, 당시의 농업생산력의 성격은 과연 어떠하였는가가 바로 이 글에서 밝히려는 문제의식이다. 그러므로 오래전부터 필자는 급속히 변화하고 있었던 조선전기 농업의 실상을 『조선왕조실록(朝鮮王朝實錄)』과 『세종실록지리지(世宗實錄地理志)』, 그리고 여러 농서들을 통하여 농업생산력이란 관점에서 포착하였다.2) 여기에서는 우선 토지와 인구의 성격을 분석함으로써 조선전기 농업 생산력의 기본성격을 규명한 뒤, 이를 한국농업의 전체 역사 속에 그 위치를 재정립해 보려는 것이다. 그러나 이러한

Gyeongbuk World Agri-culture Forum 2002. 2002. 10. 18.
2) 이호철, 『조선전기농업경제사』, 한길사, 1987.

새로운 방법론과 접근법을 통하여, 비로소 우리는 이 시대 농업의 실체와 양상을 보다 과학적으로 객관화할 수 있을 것이다.

그와 더불어 여기에서는 조선전기 농업생산력이 과연 어떻게 변화하고 있었는지 규명하려고 한다. 이를 위해 이 장에서는 조선전기의 농업을 『농사직설(農事直說)』(15세기)과 『농서집요(農書輯要)』(16세기초), 그리고 『농가월령(農家月令)』(16세기말)의 단계로 나누어, 그 발전의 모습을 각각 여러 측면에서 분석하였다. 그에 따라 농학의 발달과 그에 따른 수전농법과 한전농법을 포함하는 농업생산 기술의 변화, 그리고 시비법과 농구의 발달의 분석이 이 글의 중핵이다.

2. 조선전기의 농업환경과 그 성격

2-1. 조선전기의 농업환경

조선전기 농업을 이해하기 위해 우리는 무엇보다 그 시대의 농업이 처해져 있었던 상황을 정확하게 파악할 필요가 있다. 이를 위해 여기에서는 조선전기의 자연환경(기후와 풍토)과 노동력(인구), 노동수단과 노동대상으로 나뉘진 생산수단, 그리고 이들의 결합형태를 보여주는 노동기술과 재배기술로 구성된 이 시대의 농업생산력 수준을 있는 그대로 살펴보고자 한다. 이러한 검토 없이 근대 농업에서 얻은 선입견을 그대로 가진 채 곧바로 이 시대의 농업문제에 뛰어든다는 것은 무모한 일이기 때문이다.

(1) 조선전기의 자연환경

먼저 조선전기의 여러 자연현상 중에서 농업에 가장 큰 영향을 미치는 것이 바로 기후였음이 분명하다. 그러나 오늘날의 기상학 연구 수준으로는 당시의 기후가 오늘날의 그것과 어떻게 달랐었는지를 완벽하게 밝혀내기는 어렵다. 단지 당시의 기후가 오늘날의 그것과 유사하다고 가정할 때 우리는 건조지수를 통해본 한국의 기후가 중국과 일본의 중간자적 성격을 가졌었다고 일단 파악할 수 있겠다.

따라서 우리는 당시의 기후가 중국과 맞먹는 봄 가뭄(春旱)과 일본을 능가하는 여름 장마(夏雨), 그리고 작물의 월동이 곤란할만큼 추운 겨울을 가졌다고 추정할 수 있겠다. 뿐만 아니라 중국의 '황토'와 다른 토양조건, 그리고 평야보다는 산이 월등하게 많아서 대부분의 농사작업이 계곡간에 위치한 경사지에서 전개되었으리란 조건도 중요할 것이다.

그에 따라 15세기의 농업은 이러한 특유의 자연조건을 극복하기 위해 치열한 노력을 경주하고 있었으며, 그러한 사정은 이 시대 농업의 기본적인 성격 형성에 커다란 영향을 미쳤다고 생각된다.

(2) 조선전기의 노동력

조선전기의 농민들의 계급구성이 어떻게 구성되었는지를 파악하기 전에 우리는 먼저 이 시대의 인구수에 대한 이해가 전제되어야 할 것이다. 최근의 권태환 등의 연구는 조선초기의 인구를 약 400~500만명 정도로 추정하였다.3) 그에 비해 필자 등은 1392년의 인구가 대략 750만명이었는데, 이 인구가 1592년경에는 1,012만명으로 증가하였고 그 인구성장율은 약 0.15~0.20퍼센트였다고 추정하였다.4)

비교적 정확한 추정이 가능한 조선말기의 인구수(1910년; 약 1,750명)와 비교할 때, 조선전기의 인구는 약 그 절반정도의 수준에 머물고 있었다. 이처럼 조선전기는 조선후기에 비해 낮은 인구밀도를 가졌다. 더구나 조선

---

3) 권태환·신용하,「조선왕조시대 인구추정에 관한 일시론」,『동아문화』14, 1977, pp.1~4
4) Lee Hochol, 'Rice Culture and Demographic Development in Korea', pp.55~77, *Economic and Demographic Development in Rice Producing Soceties - Some Aspects of East Asian Economic History, 1500-1900,* (Hayami & Tsubouchi ed.).

전기의 인구밀도도 심대한 지역격차를 보였는데, 특히 하삼도의 그것은 타 지역에 비해 비교적 높은 밀도를 보였다.

한편 조선전기 인구의 계급구성에 대해 살펴보자. 먼저 조선전기 인구 중에서 농민은 전체인구의 적어도 85퍼센트 이상을 차지하였을 것이다. 더구나 조선전기 호(戶)의 성격은 통계적으로 대략 3 자연호(自然戶)가 한 법제호(法制戶)를 이루는 편호(編戶)였으며, 당시 호구통계에서 나타난 구(口)도 남정(男丁)을 의미하였을 것으로 보인다.

또한 현존하는 호적 중에서 가장 조선전기에 근접한 1690년경의 대구부(大邱府) 호적(戶籍)을 살펴보면, 이 시기 이 지역의 계급구성은 양반호, 평민호, 노비호가 각 각 9.2퍼센트, 53.7퍼센트, 37.1퍼센트였다. '양반호의 증가' '노비호의 감소'라는 변화과정을 감안할 때 조선전기의 인구는 이 숫치보다 더욱 적은 양반호, 더욱 많은 노비호로 구성되었다고 추정할 수 있다. 그러므로 조선전기에는 노비가 전체인구의 적어도 40~50퍼센트를 차지하였다고 생각되며, 그러한 사정은 조선전기 농업노동의 상당부분이 노비에 의해 이뤄졌음을 의미한다.

최근 들어 '조선전기 노비의 존재형태'에 대한 실증적인 연구들이 조금씩 진행되었다. 여기에서 우리는 분재기를 중심으로 한 조선전기 고문서에 대한 분석결과에 주목하고자 한다. 필자가 검토해본 자료에 관한 한 조선전기의 노비들은 솔거노비(率居奴婢)가 외거노비(外居奴婢)보다 더욱 많은 비중을 차지하였다. 또한 이들 솔거노비들은 비록 주가(主家)의 강한 경제적 신분적 압박을 받고 있었지만, 지금까지의 통설이 이해하는 것처럼 그 모두가 '가내사환노비(家內使喚奴婢)'적 존재로 구성되지 않았다.

오히려 조선전기의 솔거노비들은 독자적인 자기 경영을 가지면서 주가에 신역(身役)으로서의 부역노동을 주로 제공하였다. 한편 주가에게 그들의 잉여생산물을 신공(身貢)으로 제공하였던 외거노비들 중에서도 노비전호, 노비자작농, 노비지주 등의 유형이 존재하였다.

이상으로 보아 조선전기의 인구는 대략 700～1,000만명에 달하였는데, 이들은 농업생산과 조세 부역을 이유로 편호의 형태로 묶여져 있었음이 분명하다. 특히 조선전기에는 노비의 비중이 비교적 컷는데 그 주류는 자기의 경영을 가진 채 주가에 부역노동을 제공하였던 솔하노비(率下奴婢)였고, 외거노비로서 타인의 토지를 소작하였던 노비전호(奴婢佃戶)가 그 다음의 위치를 차지하였던 것이다.

(3) 조선전기의 노동수단

다음으로 역축, 농구, 토지개량 설비 등을 하나 하나 검토해봄으로서 이 시대 노동수단의 역사적 성격을 살펴보자. 조선전기의 주요한 역축은 바로 '소'였다. 조선전기 재지사족층의 농장경영에 사용된 대농법을 주로 기술하였던『농사직설』에서는 반드시 '두마리의 소'가 한 셋트로서 농작업에 풍부하게 동원되고 있었다.

그에 비해 당시 경기도 지역 빈농층의 농법을 기술한『금양잡록(衿陽雜錄)』에서는 "100가(家)가 사는 마을에 농사일을 맡을 수 있는 소가 겨우 몇 마리뿐"이라고 기술하였다. 이러한 사실은 조선전기 농업이 '소'를 풍부히 구사하는 노동생산성 중심의 대농법과 그렇지 못한 열악한 소농법으로 구성되었음을 의미한다.

그러한 이중구조는 농구분석에서도 더욱 분명히 드러나고 있다. 결론적으로 말해 조선전기의 농구체계는 "다양한 우경구(牛耕具)와 수경구(手耕具)가 각각 분화 발달하고 있었다는 점"에서 그 특징을 명백하게 드러내 보였다. 이른바 선진기술로 편집된『농사직설』에서는 '보(有鐴反轉犁)' '발외(作條犁)' 등의 다양한 종류의 경려(耕犁)와 축력농구가 등장하였는데 비해, 소빈농층의 경기작업에서는 '따보' '삷' 'ᄀ래' 등의 수경구가 널리 사용되었던 것이다.

이른바『농사직설(農事直說)』의 농법은 이미『제민요술(齊民要術)』에서 확립된 '경(耕)―파(把)―노(撈)'의 축력 일관작업의 단계를 넘어 다양한 독창적인 농구들을 개발하였다. 이처럼, 이 시대의 농구는 풍부한 축력과 대농구를 두루 갖춘 양반사대부층의 노동생산성 위주의 대경영과 '호미' '쇼시랑' 등의 빈약한 인력농구만을 가졌던 소빈농들의 소경영으로 구성되어 있었던 것이다.

한편 조선전기의 대표적인 토지개량 설비로서 당시의 수리사업과 수리시설을 살펴보자. 벼농사의 비중이 적었던 조선전기에서도 가뭄 기록은 115년간(1392~1506년)에 13년을 제외한 매 102년동안 발견될 정도로 가뭄이 잦았다. 이를 극복하기 위해 국가는 그 행정력으로 제언(堤堰)의 신축 및 보수사업을 추진하였고, 신흥사대부는 천방(川防)을 건설하였다. 국가적 힘으로 수축한 제언의 경우와는 달리, 비교적 소규모의 관계시설이었던 천방은 주로 중소지주 계급에 의해 추진되었다.

이와 같이 국가에 의해 그 축조가 추진된 조선전기의 수리사정을 살펴보면, 1523년경의 하삼도에는 모두 약 2,200개의 제언이 실제로 존재하였다. 특히 조선전기에 있어 가장 선진 농업지역이었던 경상도의 제언(堤堰) 관개(灌漑)는 결수(結數)로만 살펴볼 때 최대로 잡아도 전체 수전의 19.6퍼센트를 관개하였을 뿐이었다. 이는 결국 이 시대의 수리를 통한 토지개량은 벼농사 비중이 매우 낮았음에도 불구하고 극히 취약하였음을 의미한다.

(4) 조선전기의 노동대상

이 시대의 노동대상이었던 경지와 품종 및 비료 등의 성격에 대해 살펴보자. 무엇보다 우리는 조선전기의 문헌에 실린 전결(田結)수는 조선후기의 그것과 맞먹는 넓은 면적이었다. 특히 15세기초의 전결 수는 이미 152~171만결에 달하였는데, 이는 최소한 434만 ha 내외의 면적으로 평가된다. 이는 조선후기의 정부가 파악한 최대의 전결수인 1719년의 149만결(약 433만 ha)과 유사한 면적이었다.[5]

다음으로 조선전기의 토지이용방법에 대해 살펴보자. 이 시대의 토지는 휴한전(休閑田)과 상경전(常耕田)으로 나눠지고 있었고, 또한 상경전은 '1년 1작'과 '2년 3작'으로 나누어졌다. 그러나 특수한 지역을 제외하고는 대체로 '1년 1작'을 근간으로 하는 토지이용방식이 일반적이었다. 이처럼 조선시대에는 전기간을 통해 외형적인 토지면적에는 커다란 변동이 나타나지 않았다. 그렇지만, 이 시대에는 갓 개간된 토지의 숙전화(熟田化)와 작부체계 고도화 과정이 한창 진행되고 있었다.

한편 15세기 전반의 경우 결수로 파악할 때 수전(水田)은 전체의 약 27.9퍼센트에 달하였다. 그러나 이를 면적으로 환산할 때 수전은 약 19퍼센트에 불과한 낮은 비중을 차지하였다. 이는 이 시대 수전농업의 좁은 범위를 그대로 보여주는 것이라 하겠다. 한편, 조선전기에는 하삼도(下三道)[6]의 경우도 한전비율이 50퍼센트를 넘는 군현이 지배적이었다. 이처럼 이 시대의 농업은 한전을 중심으로 전개되었으며, 각 군현 농지의 비옥도에 대한 기록에서 척박한 열등지가 가장 많았을 정도로 그 농법이 조방적이었다.

다음으로 조선전기에 주로 재배된 작물과 그 품종 구성에 대해 검토해보자. 조선전기에는 가장 널리 재배되었던 작물은 기장(黍; 286군현), 콩(大豆; 282군현), 벼(稻; 278군현)였으며, 그 다음으로는 맥(麥)류, 피(稷), 마(麻) 등의 순이었다. 그러나 이러한 조선전기의 작물들은 지역별로 매우 다양하게 분포되었는데, 이는 곧 작물에 따른 지역성을 보여주는 것으로 해석된다.

한편 이들 작물들은 무엇보다 다양한 품종분화를 보여주었다. 먼저 가장 다양한 분화를 보였던 벼는 『금양잡록(衿陽雜錄)』에 모두 27가지의 품종명이 실렸으며, 그 다음으로는 조(粟; 15품종), 대두(大豆; 8품종), 소두(小豆; 7품종) 등의 순이었다. 이처럼 다양한 밭작물들을 앞세운 한전농업이야말로

---

5) 이호철, 「조선전기의 농가와 농업경영―새로운 논쟁사적인 접근을 중심으로」, pp.1~34, (『한국의 사회와 문화』 제18집, 『농촌사회의 전통과 구조변동』, 한국정신문화연구원, 1991).
6) 하삼도란 경상도, 전라도, 충청도를 총칭하는 조선전기의 용어임.

조선전기에 있어 가장 중심이 되는 농업이었다. 그렇지만, '벼'는 한 작물로서는 3번째로 널리 재배된 작물로서 가장 다양한 품종의 분화를 보였다.

끝으로, 조선전기의 비료에 대해 검토해 보자. 조선전기 시비법에 대한 연구는 시비시기 및 시비방법, 그리고 비료군 등에 대한 분석으로 나누어진다. 이 시기에는 대부분의 비료가 "파종시"에 시비되었다. 이는 곧 부족한 비료를 최대한 활용하기 위해, 종자에 시비하는 분종법(糞種法)이 널리 행해진 때문이었다.

이 시대의 비료로는 '객토(客土), 녹비(綠肥), 초목비(草木肥)' 등과 같이 가공을 하지 않은 자연 그대로의 비료와 '초회(草灰)', '분(糞)', '요회(尿灰)'처럼 일차적이나마 가공을 행한 비료가 있었다. 그렇지만, 아직도 이 시대에는 '분회(糞灰)'나 '구비(廐肥)'의 생산과 이용은 많지 않았다. 그러했으므로 비옥한 우등지에는 시비를 하지않고 오직 척박한 토지에만 시비하는 것이 일반적이었다.

결국 전체 농지를 시비하는 분전(糞田)보다는 부족한 비료사정 때문에 분종(糞種)에만 그치는 시비법이 널리 성행하였던 것이다. 이러한 조선전기의 시비법은 우등지를 더욱 집약적으로 경작하는 집약농법과는 달리, 경작의 외연적 한계를 넓히는 조방적인 성격을 여실히 보여주는 것이었다.

2-2. 조선전기 농업생산력의 위치

그와 같은 15세기의 농업생산력은 어떠한 상태에 놓여 있었을까? 무엇보다 우리는 당시 농업을 둘러싼 여러 환경들, 특히 자연조건과 농업노동력, 그리고 농업생산을 위한 여러 노동수단과 노동대상의 변화를 추적함으로써 당시 농업생산력의 실체를 추적할 수 있다. 우리는 조선전기 농업을 구성하는 여러 요인들의 다양한 결합형태를 규명함으로써 그 시대의 농업생산력의 수준과 위치를 보다 객관적으로 검증해볼 수 있다.

이를 위해서는 무엇보다 먼저 우리는 그 당시의 '토지와 인구'의 관계를

<표 8-1> 조선시대의 토지와 인구

년 도	토지결수 (千結)	추정면적(1) (千町步)	추정인구(2) (千名)	(2)/(1)
1550	1,516 (100.0)	4,337 (100.0)	9,503(100.0)	2.19(100.0)
1650	1,378 (90.9)	3,783 (87.2)	9,020(94.9)	2.38(108.7)
1725	1,320 (87.1)	3,712 (85.6)	12,130(127.6)	3.27(149.3)
1775	1,445 (95.3)	4,259 (98.2)	14,093(148.3)	3.31(151.1)
1825	1,445 (96.0)	4,148 (96.6)	15,277(160.8)	3.68(168.0)
1875	1,487 (98.1)	4,325 (99.7)	15,884(167.1)	3.67(167.6)

주 : 1. ( )는 1550년을 100으로 하여 만든 지수임.

검토해야만 한다. 특히 조선시대 전반에 걸쳐 토지와 인구가 과연 어떠한 상호관계를 가지면서 전개되었는지를 해명하는 일이야말로 이 시기 농업생산력이 처한 위치를 밝히는데 가장 중요한 의미를 가지고 있기 때문이다.

조선시대의 토지와 인구를 추계한 <표 8-1>을 보면, 이 시기는 토지면적에는 큰 변화가 없었지만 인구는 68퍼센트나 크게 증가하였다. 인구 1인당의 식량소비 수준이 동일하였다고 가정할 때, 이러한 인구증가는 곧바로 단위면적당 농업생산력의 증가를 의미한다. 이는 조선전기 농업의 역사적 성격을 분명히 보여주는 것이라 하겠다. 이처럼 이 시대의 농업은 일차적으로 '넓은 토지를 비교적 적은 인구가 경작하였던' 노동생산성 중심의 조방적 성격을 가지고 있었다. 그에 비해 조선시대 농업의 발전방향은 곧 토지생산성 중심의 농업으로 가는 '집약화의 길'이었다. 물론 그러한 발전방향은 지역에 따라 다양하게 전개되었지만, 그 기본적인 성격은 조선후기로 갈수록 더욱 분명하게 나타나고 있었다.

이제 그러한 관점에 서서 조선전기 농업생산력의 성격을 규명해보자. 기존 통념과는 달리 조선전기의 농업은 넓은 토지 위에 부족한 노동력이 결합한 이른바 노동절약적 토지집약적 성격의 것이었으며, 그러한 조건은 축력을 풍부히 구사하는 노동생산력 중심의 대경영에 유리한 것이었다.

특히 조선전기의 벼농사는 전체농업의 20퍼센트 내외에 머물렀을 뿐 아니라, 대체로 수리불안정한 열등지에 늦벼(晚稻)를 수전 직파법(水田直播法)으로 재배하는 것이 일반적이었다. 밭농사도 휴한법이 잔존한 가운데 '1년 1작'식으로 경작되었다.

또한, 밭의 파종법도 마전(摩田) 작업이 불충분한 위에서 노동능률이 높다는 점 때문에 조파(條播)법을 널리 활용하고 있었다. 심지어 호미(鋤)까지도 노동생산성을 높이기 위해 긴 자루의 것이 일반적이었고, 제초 회수도 많지 않았다. 시비법의 경우도 집약화를 추구하기 위한 것이었다기보다, 넓은 농지를 경작하기 위해 경작의 외연적 한계를 넓히기 위한 수단으로 사용되었다. 더구나 조선전기 농구들 중에서 가장 널리 사용된 쟁기는 바로 파종구 작성을 위해 볏(鐴) 없이 얕게 가는 쟁기였으며, 쟁기질 횟수에 있어서도 조방적인 모습이 두드러졌다.

이러한 사실은 아무런 과학적 근거 없이, 15세기의 농업을 '집약적'이라 단정해온 기존의 학설과는 기본적으로 달랐다. 그 때문에 새로운 연구들은 이 시대가 풍부한 축력을 기반으로 한 노동생산성 중심의 대농법이 널리 사용되던 단계였음을 보여주고 있다. 이는 이 시대 농업이 노동생산성에 기초한 농업에서 토지생산성에 기초한 농업으로의 전환이란 조선시대 농업발전의 출발선에 놓여있음을 웅변해주는 것이다.

그러므로, 조선전기의 농업은 농장(農莊)으로 대표되는 대경영이 그 생산력에 있어 절대적 우위를 점할 수밖에 없었다. 그렇지만, 당시에는 열악한 조건에 처해져있었던 소농민경영이 다수 존재하였었다. 그러나 '과중한 국역(國役) 부담과 조세수탈', '토지소유에 있어서의 격심한 불균등' 속에서 소농민경영의 전락이 심화되고, 그 가운데서 점차 새로운 생산관계인 '지주소작제'가 싹트기 시작하였던 것이다.[7]

---

7) 이호철, 『농업경제사연구』, 증보개정판, 경북대출판부, 1989.

3. 조선전기 농업생산력의 발달

3-1. 조선전기 농서의 편찬과 그 보급

조선왕조는 농업생산력을 증진시키기 위해 무엇보다 지방관(勸農官)과 농업경영자들에 대해 농업기술 교육의 필요성을 인식하였다. 15세기에 있어 이 작업은 특히 농서의 편집 및 보급이란 형식으로 나타났다. 이 시대 봉건정부가 취한 정책은 대략 다음의 두 가지로 나누어진다. 그 하나는 중국 농서를 수집하고 보급하여 중국의 선진 농법을 우리 것으로 흡수하는 정책이었고, 다른 하나는 당시 우리 나라의 선진지역 관행기술을 채록하여 농서로 편찬하여 보급하는 정책이었다. 조선초기에는 주로 전자가 중심이었지만, 『농사직설』의 편찬(1429)과 더불어 점차 우리 실정에 맞는 우리 농서를 보급하는 것으로 방향이 전환되었다. 그렇지만 이런 두 방향은 조선전기에 있어 늘 함께 추진되고 있었던 것이었다.

중국의 선진농법을 흡수하기 위하여 중국 농서를 민간에 널리 보급시키려는 노력은 이미 고려시대부터 있어왔다. 신흥사족층(新興士族層)에 의해 14세기부터 전개되기 시작한 이러한 노력은 특히 1349년에 이암(李嵒, 1297~1364)이 연경에서 구입한 『농상집요(農桑輯要)』를 지협주사(知夾州事) 강기(姜耆)가 합천에서 간행한데서 비롯되었다. 이 조선판 『농상집요』는 조선전기 전반에 걸쳐 가장 대표적인 농서로 널리 참고되었는데, 그 다음의 중국농서로는 『사시찬요(四時撰要)』가 널리 참고되었다.

또한 1415년에는 『농상집요』의 양잠 부분을 한상덕(韓尙德)이 이두로 번역한 『양잠경험촬요(養蠶經驗撮要)』가 간행되었는데, 그러나 이는 『농상집요』 양잠편의 일부를 번역한 것이었다. 역시 태종 때에는 『농서(農書)』란 이름으로 『농상집요』를 이두로도 초역(抄譯)하였다. 당시 중국농서를 통해 주로 참고한 기술은 추경(秋耕), 조종(早種), 진맥(陳麥), 교맥경(蕎麥耕), 구황대책(蟲蝗對策), 양잠방(養蠶方), 가축사양(家畜養飼) 등이었다. 봉건정부는 이를 표준으로 권농을 독려하고 농사를 지도하였는데, 이는 모두가 중국 화북지방의 한전농법이었다. 더구나 그 수전농법도 직파법이 중심이었기 때문에 직파법으로 영위되던 당시 우리의 수전농법과 기본적으로 그 궤를 같이하였다.

그렇지만 조선시대의 농업기술의 보급은 결코 중국농서에만 의존할 수 없었다. 이미 조선전기의 농업에서는 중국과는 달리 상경농법(常耕農法)의 확립이란 새로운 변화가 나타나고 있었기 때문이다. 그러한 사정은 그러한 변화에 알맞은 새로운 기술보급을 그 어느 때보다 강력히 요청하였으며, 그에 따라 새 농서가 반드시 필요하다는 요구가 도처에서 제기되었다. 더구나 이 시기는 우리 농법과 우리 기후 및 토양조건에 대한 인식이 깊어짐에 따라, 이제 중국농서는 점차 그 이용빈도가 줄어들었다. 아직도 『농상집요』만은 널리 참고되고 있었지만 전국 각처에서 우리 농업에 알맞은 새로운 농서가 그 어느 때보다 활발하게 요구되고 있었던 것이다.

그러한 현실적인 요구는 곧바로 국가에 의해 받아들여져서, 1429년에는 마침내 한국 최초의 관찬농서 『농사직설』가 편찬되었다. 이 새 농서는 먼저 우리 풍토에서 이미 실험이 끝난 선진지역 노농(老農)들의 관행농법을 수집·편찬하였는데, 정부는 이 농서를 농업 후진지역으로 보급시키려 하였다. 이처럼 조선정부는 농학자 정초(鄭招) 등으로 하여금 하삼도 선진지역의 관행농법을 수집하여 새 농서로 편찬한 뒤, 이를 함길도 평안도 등의 한전농업 지대에 이를 확산시켰다.

선진농법을 수집·보급하는 작업은 주로 경상도를 중심으로 한 하삼도(下三道) 지방의 행정관료들이 담당하였다. 그러나 당시 이곳의 의 가장 선진적인 농업경영 형태는 바로 양반사대부층의 농장경영이었다. 따라서 『농사직설』은 그러한 하삼도지방의 선진농법과 관행기술을 중심으로 하고 중국농서의 체제를 참고하여 편찬된 새로운 농서였다.

그러나 『농사직설』은 주로 주곡(主穀)만을 중점적으로 서술하여 채소·과수·특작 또는 식품에 관한 내용을 전혀 포함시키지 못한 한계를 지니고 있었다. 그러한 관찬농서의 한계 때문에, 아직도 『농상집요』의 채소편을 초역하여 당시 조선인들이 필요로 하던 채소기술을 수용하려는 노력이 마침내 전순의(全循義)에 의해 새로운 사찬농서 『산가요록(山家要錄)』의 저술로 나타났다. 더구나 『산가요록』은 다양한 김치 무리를 비롯한 채소 가공식품들을 다수 등장시켰을 뿐 아니라, 나아가 이를 기반으로 "동절양채(冬節養菜)"와 같은 우리 독창적인 지중가온 방식의 시설원예(온실) 기술도 개발하였다.

또한 농학자 강희맹(姜希孟)은 당시 경기도 금양현(衿陽縣)에서 실제 행해진 관행농법을 기반으로 『금양잡록(衿陽雜錄, 1492)』을 저술하였다. 아울러 그는 농민들의 농사작업을 월별로 서술하였을 뿐 아니라, 다양한 원예작물들의 재배법을 함께 다룬 『사시찬요초(四時纂要抄)』도 편찬하였다. 이처럼 『금양잡록』의 관행농법들은 이 시대의 소농민경영을 이해하는 데 무엇보다 소중한 자료이며, 또 『사시찬요초』도 원예농서로서 널리 이용되었던 독창적인 월령체의 농서였다. 그러한 중요성 때문에 1581년에 봉건정부는 『금양잡록』과 『사시찬요소』를 『농사직설』과 합본하여 간행하였다.

한편 16세기에는 중앙정부의 농서편찬 사업 외에도 각 지역의 지방관들에 의한 농서간행 사업도 활발하였다. 그 대표적인 사례로서 경상도 관찰사였던 김안국(金安國)은 농서와 잠서(蠶書)를 언해하여 간행하였으며, 이에 자극을 받아 안동부사 이우(李偶)는 『농서집요(農書輯要)』란 새 농서를 1517년에 간행하였다.[8] 이 농서의 서문을 보면, 당시 안동지방에서는 『농서(農書)』·『영남농서(嶺南農書)』·『농서집요』 등의 농서가 농정에 참조되고 있었음을 알 수가 있다.

---

8) 이호철, 「『農書輯要』의 농법과 그 역사적 성격」, 『경제사학』 제14집, 1990.12, pp.1-20,

나아가『농사직설』을 보완하기 위한 증보작업도 지방관들에 의해 추진되었는데, 그 대표적인 사례가 16세기의 창평현(昌平縣)과 용주현(龍洲縣)에서 각각『농사직설』의 증보판을 판각한 일이다. 이러한 새로운 판본에서는 종래에는 없었던 목면(木棉)의 경종법을 증보하였던 것이다.

한편, 고상안(高尙顔, 1553∼1623)이 1619년에 저술한『농가월령(農家月令)』도 당시 농업사정을 보여주는 대표적인 저술로 손꼽히고 있다. 풍기군수(豊基郡守)를 역임한 그의 농서는 16세기말의 경상도 상주·문경지역의 농업사정을 대표하는 것으로 판단된다.9)

그 밖에도 조선전기에는 1399년에 엮어진 우마의서(牛馬醫書)인『신편집성마의방(新編集成馬醫方)』, 15세기초에 박흥생(朴興生)이 편찬한 사찬농서『촬요신서(撮要新書)』, 그리고 15세기 중엽에 강희안(姜希顔)이 저술한 화훼(花卉)서『양화소록(養花小錄)』등이 저술되었다.

이처럼 조선전기의 농학은 중국농서의 도입에서 출발하여 이를 번역하여 보급하는 과정을 거쳐, 마침내 우리 농서의 편찬과 간행으로 발전하였다. 특히 우리 농학 발달의 핵이라 할 수 있는 조선전기 농서의 편찬은 '관찬'과 '사찬'이란 두 보완적인 방식을 통하여 전개되었는데, 이러한 과정은 16세기 들어 더욱 확산되었다. 결국 이와 같은 농학의 발달은 이 시대 농업발전에 커다란 영향을 주었다.

3-2. 조선전기의 농업생산기술

먼저 조선전기의 농업생산기술은 크게 나누어 수전농법과 한전농법으로 나누어진다. 특히 조선전기 농업생산력의 발달상은 이들 두 농법에서 모두 나타나고 있을 뿐만 아니라, 특히 그러한 발전은 시비법에서 두드러진다. 특히 이러한 변화상은『농사직설』과『금양잡록』을 중심으로 한 15세기적인 농법이 과연 어떻게『농서집요』로 나타나는 16세기 전반의 농법, 그리고

---

9) 閔成基,「『농가월령』과 16세기의 농법」,『釜大史學』6, 1982.

『농가월령』에 나타난 16세기말 및 17세기초의 농법으로 발전하였는지를 비교 검토함으로서 밝혀낼 수 있다.

(1) 수전농법의 발달

조선전기의 벼농사에서는 우리의 독특한 기술인 수전 직파 연작법(水田直播連作法)이 15세기 농서인『농사직설』로 정착되었다. 이 중 가장 특징적인 기술은 이른바 '초목무밀처(草木茂密處)'와 '저택윤습황지(沮澤潤濕荒地)' 등의 황무지를 수전으로 개간하고 숙전화(熟田化)하는 기술이었다.

이 시대에는 저습지(低濕地)를 수전으로 개간하는 작업이 널리 진행되었는데, 그 결과 수전면적이 크게 확산되었다. 그리하여 갓개간되어 척박한 열등지에 만도(晩稻)가 연작되었을 뿐 아니라, 날씨가 가물어 수경법(水耕法)으로 직파(直播)가 불가능할 때는 한전농법을 응용한 건경법(乾耕法)으로 벼를 재배하였다. 물론 조도(早稻)의 수경법이 극히 일부의 우등한 수리안전답을 중심으로 가장 높은 생산력을 자랑하였지만, 그 비중은 그리 크지 않았기 때문이다.

같은 시대의 농서인『금양잡록』에 의하면 이미 15세기에는 25종의 수도 품종과 3종의 한도(旱稻) 품종이 분화되어 있었다. 특히 만도의 종류로 무려 17품종이 존재하였다는 사실은 신개간지를 중심으로 만도를 직파하는 방식의 벼농사가 지배적이었다는 사실을 증명하는 것이라 하겠다. 이처럼『농사직설』에서 드러나고 있는 조선전기의 벼농사 기술은 '수전의 새로운 개간과 개간된 수전의 숙전화'라는 이 시대 농업 발전상의 연장선상에서 이해되어야 한다. 그리하여 윤목(輪木) 등의 농구들이 동원되어 생산의 외연적 확대에만 주목하는 시비법과 긴밀하게 결합함으로서 이 시대 벼농사의 진면목을 여실히 드러내고 있었던 것이다.

한편『농사직설』의 이앙법(移秧法)은 중간 정도의 수전을 택하여 그중 10분의 1을 못자리로 하여 싹틔운 볍씨를 산파(散播)하였다가 모가 약 9cm

정도 자라면 이식하였다. 모내기 때는 한 포기에 4~5묘를 심었는데, 묘근(苗根)이 활착될 때까지 관수(灌水)를 얕게 하였다. 그러나 이 시기의 이앙법은 수리 및 생산의 기술체계에서 여전히 미완성이었다.

그 때문에 이앙법은 경상·강원의 두 도에서만 한계적으로 행해질 수밖에 없었으며, 그마저 노동력이 부족한 대농층의 제초문제 해결책이었거나 특수한 토양에서만 어쩔 수 없이 행해진 것에 불과하였다. 더구나 정부는 이앙기에 가뭄이 발생되면 농사를 모두 망친다는 이유로 이를 법으로 금지하고 있었으므로, 아직 이앙법은 한계적으로만 존재할 수밖에 없었다.

그에 비해『농서집요(農書輯要, 1517년)』에 실린 16세기 전반의 수전농법은 이미『농상집요(農桑輯要)』의 기술수준을 크게 앞섰을 뿐 아니라, 이미 세역(歲易)농법을 극복하고 있었다고 평가된다. 그러나 이 농서에서는 새로운 한국 특유의 기술인 회환농법(回換農法)이 처음으로 등장한다.

이처럼 당시의 벼농사는 부족한 수원을 최대한 활용하기 위하여 수전과 한전을 서로 교대하는 특유의 회한농법이 이뤄지는 윤답(輪畓)지대와 수도(水稻)만을 매년 경작하는 산곡(山谷)의 상경(常耕)지대로 나누어져 전개되었던 것이다.

윤답지대에서는 매년 밭작물(田穀)과 수도(水稻)가 교대로 경작되었고, 가물어서 직파가 불가능할 때는 건경(乾耕)이 행하여졌다. 한편 산곡(山谷)이어서 수전이 크게 부족하였던 상경지대에서는 이앙법이 채택되고 있었다. 이처럼 이앙법은 골짜기란 지형조건 때문에 수전이 부족할 수밖에 없는 상황을 최대한 활용하기 위해, 그곳에서 흘러나오는 관개수를 이용하여 전개되었다.

이처럼 16세기의 이앙법은 역시 제초문제 때문에 요구되었다는 점에서, 토지생산성을 높이기 위한 18세기의 그것과는 결정적으로 달랐다. 그렇지만 16세기의 이앙법은 확실히 15세기의 수준을 넘는 기술진전을 보였다. 이른바 양묘처(養苗處)와 본답(本畓)이 확실하게 구분되었을 뿐만 아니라,

독특한 우리 농구들을 사용하였기 때문이다. 그러나 아직도 부족한 수원(水源)때문에 회환농법과 건경법이 불가피했으며, 그나마 이앙법은 산곡지대에서조차 '잡초무성(雜草茂盛)'이라는 상황에 대비하기 위한 것이었다.

끝으로 『농가월령(農家月令, 1619)』에 실린 16세기말의 벼농사 기술에 대해서 살펴보자. 이 농서에서는 직파법과 이앙법을 막론하고 벼의 파종은 조도(早稻)·차조도(次早稻)·만도(晚稻)로 세분하였다. 특히 여기에서는 건파법의 발달상이 두드러져서 파종·복토(覆土)한 후에 복종구(覆種具)의 일종인 '시선(柴扇)'을 끌어 진압(鎭壓)하였는데, 이는 『농사직설』의 '족종(足種)'법보다 훨씬 발달한 형태였다. 또한 여기에서는 '밀달조(密達租)'라는 건경(乾耕)에 알맞은 새로운 벼품종까지 소개하고 있다.

그와 함께 주목되는 것은 이미 마른 못자리를 만드는 기술인 '건앙법(乾秧法)'이 권장되고 있었다. 그러한 사실은 16세기말에서 17세기초에 이르면 직파법에서 이앙법으로의 전환이 보다 더 진전되었음을 보여주는 중요한 증거이다. 하지만, 여기에서조차 이앙법은 제초 회수를 4회에서 2회로 절약할 수 있다는 장점을 가진 것으로만 평가되었다.

이처럼 15세기에 일단 완성된 『농사직설』의 조방적인 수전농법은 16세기 전·후반으로 전개되면서 점차 발전하였다. 이른바 갓개간된 넓고 척박한 수전을 대상으로 만도(晚稻)를 직파하고, 가물어서 그것이 불가능할 때에는 건경(乾耕)을 행하던 15세기 벼농사법은 이제 16세기 전반에 이르러 부족한 수원을 최대한 활용하기 위해 밭작물과 수도를 매년 교대로 경작하는 회환농법을 출현시켰다. 특히 가뭄에도 벼를 재배할 수 있는 독특한 농법인 건경법도 더욱 발전하여, 16세기 후반에는 건파(乾播)된 도종(稻種)을 신속히 진압하기 위한 새로운 농구들(토막번지, 사립번지)을 출현시키고 있었다.

한편 법으로도 금지되고 기술적으로도 미비하였던 15세기의 이앙법은 16세기초에는 산곡지대를 중심으로 보다 발전하였으며, 16세기 후반에는 마른 못자리 기술(건앙법)을 새로이 낳을 정도로 더욱 발전하였다. 그렇지만 아직도 조선전기의 이앙법은 제초노동의 절약에만 주목함으로서 단지 노동생산성만을 높이기 위한 기술이란 한계를 드러내 보였다. 그렇지만 이러한 수전농법의 다양하고도 지속적인 발달은 이 시대 농업생산성 발전에 있어 중요한 일환이었음은 부인할 수 없다.

(2) 한전농법의 발달

조선전기 한전농업의 규명은 15세기 농서에 실린 당시 한전농법의 실태 파악을 통해서 얻어질 수 있다. 먼저 조선전기의 한전(旱田)은 '1년 1작'식이 행해진 보통의 한전과 '1년 2작'식이 행해진 근경(根耕)전, 그리고 휴한(休閑)전의 세 종류로 구성되었다.

또한 작물별로 보면 삼(麻)은 휴한을 거친 최우등지, 밭벼(旱稻)는 경사지, 기장(黍)과 조(粟)는 우등지, 청량(青粱)은 휴한지, 피(稷)는 하습지, 콩(大豆)·팥(小豆)과 보리(大麥)·밀(小麥)은 '1년 1작'전과 '1년 2작'전에 파종되었다. 그렇지만 이 시대의 한전은 오래 묵힌 휴한전에서 '1년 2작'식의 작부체계가 행해진 우등한 한전에 이르기까지 그 종류가 극히 다양하였지만, 그 지배적인 부분은 '1년 1작'식의 작부체계를 가진 중등전이었다. 이 시대에서는 각 작물의 성질을 파악하여 적재적소의 한전에다 배치하는 농법이 구사되었다.

이미 『농사직설』의 단계에서는 근경(根耕)이란 '1년 2작'식 윤작체계가 행해지고 있었으며, 또한 일부 빈농층의 경우에는 작물이 자라고 있는 도중에 같은 한전의 무간(畝間)에 다른 작물을 재배하는 간종법(間種法)도 전개되고 있었다. 이처럼 조선전기의 한전 작부체계는 '1년 1작'·'1년 2작'·휴한의 세 종류로 구성되었으며 그 지배적인 형태는 '1년 1작'식이었던 것으로 보인다. 따라서 이 시대에는 근경법과 간종법이 결합된 '2년 3작'식의 윤작체계들은 아직 우등지에서만 행해지는 예외적인 존재였던 것이다.

또한『금양잡록』에는 모두 56품종의 한전작물(旱田作物)을 상세하게 소개하고 있는데, 이를 분석해 보면 품종수의 분화가 기장(黍)과 조(粟), 콩(大豆), 팥(小豆), 피(稷), 밀(小麥)의 순으로 이뤄졌음을 알 수가 있다. 맥류가 가장 적은 품종분화를 보이고 있는 반면에 두류 또는 고전작물(高田作物)들이 가장 풍부한 품종분화를 나타내는 것으로 보아, 15세기에는 고전작물들이 높은 비중을 가지고 재배되었음을 알 수가 있다. 이 품종들은 까락(芒)의 모양, 이삭 필 때와 익었을 때의 껍질(甲)·열매(實)·눈(眼)·줄기의 색(色) 등의 여러 각도에서 세밀하게 분류되고 있었다. 이처럼 이미 이 시대에는 다양한 한전작물이 토착화되어 널리 재배되고 있었음을 알 수 있다.

 한편『농사직설』을 통하여 살펴볼 수 있는 15세기 한전작물의 파종법은 족종법(足種法)·조파법(條播法)·살파법(撒播法)의 세 형태가 있었지만, 당시에 가장 널리 사용된 파종법은 바로 조파법이었다. 이는 곧『농사직설』에 실려 있는 조선전기의 농업기술 수준이 수도작과 일부의 족종(足種)된 작물을 제외한 나머지 상당수의 작물들에 있어 노동생산성에 기초한 조방적인 것이었음을 의미한다. 그러한 성격은 녹비(綠肥)로 파종된 녹두·참깨·팥의 파종에서도 나타났다. 또한 조선전기의 조파법은 화전법(火田法)과도 연결되는 매우 조방적인 성격이 나타나고 있었다. 결국 15세기의 한전농법은 '1년 1작'을 중심으로 한 중등전을 중심으로, 중국 화북농업의 견종법(畎種法)과 연결되는 노동절약적인 조파법을 중심으로 이루어지고 있었던 것이다.

 그러한 15세기 한전농법은 16세기 전반의『농서집요(1517)』단계에서도 그대로 견지되었다.『농서집요』에서는 중국농서인『농상집요』와 달리 콩과 팥이 연작식 윤작체계에 깊이 개입되어 있지는 않았다. 이른바 콩·팥의 경우 조종(早種)은 '1년 1작'식으로 춘종(春種)되었고, 만종(晚種)만이 '1년 2작'식의 작부체계에 맞물려 있었기 때문이다. 그러나『농서집요』에서는 삼(麻)에 대해서 매년 회환(回換)할 것을 강조하고 있는데, 이는『농상집요』

나『농사직설』의 경우보다 매우 발전적이었다.

이처럼『농서집요』의 파종법은『농상집요』나 15세기 농서인『농사직설』과도 다른 독자성을 보여주었다. 뿐만 아니라 이 단계에서는 모든 작물의 파종이 여경(犂耕)과 직접적인 관계를 가지고 있었으며, 파종구(播種構) 작성이라는 단순작업보다는 반경(反耕)이라는 전면반전경(全面反轉耕)도 널리 행해지고 있었다. 이는 작조려(作條犂)에 의한 파종구 작성만으로 그친『농사직설』의 조파법(條播法)을 크게 능가하는 새로운 기술발전으로 보여진다.

16세기 전반의 경우 '1년 2작'식 작부체계에 가장 깊게 편입된 작물은 바로 콩과 팥이었지만, 이는 전년도의 곡근전(穀根田)에 춘종되거나 오뉴월에 보리와 밀을 수확한 바로 그 양맥근전(兩麥根田)에 만종되고 있었다. 이러한 사실은 16세기 전반에는 '1년 1작'식 작부체계와 '양맥(兩麥)-콩·팥'이라는 '1년 2작'식 작부체계가 병존하였으며, 그 가운데서 후자의 경우가 가장 발전적이었다.

그렇지만 다른 방식의 고도화된 작부체계는 발견되지 않았으므로, 아직 이 시대에는 '작부체계 고도화'가 그리 보편화되지 않았던 것으로 보인다. 따라서 아직도 16세기 전반의 우리 농업은 최소한 '1년 1작'식의 작부체계가 보편화되고 있었다. 특히『농사직설』에서조차 '전다적세역(田多的歲易)'이란 말로 휴한을 권하였던 삼밭에까지 매년 회환하는 회환농법을 권하였기 때문이다. 이처럼『농서집요』의 단계에서는 이미 휴한법을 거의 극복하고 있었음을 의미한다.

그에 비해 17세기초의 농서인『농가월령』에 실린 16세기말의 한전농법의 사정은 크게 변하였다.『농가월령』에서는 추맥(秋麥)의 파종은 모두 근경법이나 간종법과 관련되어 있었는데, 이는 맥근전(麥根田)에 추맥을 연작하는『농사직설』과『농서집요』의 '1년 1작'식 농법이 이미 사라졌기 때문이었다. 그러한 사실은 맥작(麥作)이 반드시 다른 작물의 윤작에 동원되는 형태의 '1년 2작' 또는 '2년 3작'식의 작부체계가 발전하였음을 의미한다. 또한『농가월령』에서는 기장·콩·조·메밀을 재배한 밭(黍豆粟木麥根田)에다 화경(火耕)을 한 뒤 추맥(秋麥)을 재배하는 15세기의 조방적인 농법에서 완전히 땅을 여경(犁耕)한 뒤 파종하는 보다 나은 방법으로 발전하였음도 눈에 띈다. 뿐만 아니라 이 단계에서는 추맥(秋麥)이 실패했을 때 보리를 얼려서(얼보리, 凍麥)를 파종하는 춘화처리법이 세계 최초로 개발되었다.10)

또한 조나 콩의 경우 파종 및 작무법(作畝法)에서부터 새로운 기술변화가 나타났다.『농사직설』에서는 밭에다 두둑(畝)를 만들어 그 두둑(畝上)에 이들 작물을 파종하고 있었지만, 그와는 달리『농가월령』은 숙치(熟治)한 후 고랑을 내고 거기에 보리·조·콩·들깨·참깨 등을 파종하였기 때문이다. 또한 맥전(麥田)에 콩과 조를 간종하는 '골고리'란 간종법(間種法)도 널리 행해졌다. 특히 이 '골고리' 농법은 그 작무법(作畝法)에서부터 기술혁신을 실현하였다. 이들은 '반경한전 작소골항(反耕旱田 作小骨巷)'이라 하여 한전을 반경(全面耕)으로 갈아엎은 뒤 작은 고랑(小骨巷)을 만들었다.

그런데 이 작은 고랑은 한번 기경(起耕)하여 만든 15세기적인 파종구인 견(畎)이 아니라, 한전을 전면경(全面耕)한 뒤 숙치(熟治)하고 그 위에다 천경(淺耕)하여 만든 작은 파종구였다. 그런 점으로 보아 이미 16세기말이 되면 작무(作畝)·정지법(整地法)에서 새로운 기술혁신이 나타났었음을 알

---

10) 가을보리(秋麥)를 봄에 파종하면 출수(出穗)가 늦거나 전혀 출수가 되지 않는다. 러시아의 리센코(Lysenko, Trofim Denisovich, 1898~1976)는 그 원인이 파종 후의 온도 조건이 너무 높기 때문이므로, 종자를 미리 일정기간 저온에 두었다가 뿌리면 춘파 품종과 똑같이 순조롭게 출수한다는 사실을 1929년에 세계 최초로 확인하였다. 이처럼 추파 품종의 종자를 봄에 뿌릴 수 있도록 처리하는 방법을 춘화처리(春化處理, vernalization)라고 하며, 일반적으로 이런 현상을 춘화현상이라고 한다. 그런데 바로 이 기술이 1619년에 저술된 고안상의『농가월령』에 실려있음은 놀라운 일이라 하겠다. 이처럼 조선시대의 우리 농법은 현대 농학보다 무려 290년 앞서 추맥을 봄에 심을 수 있도록 춘화처리법(春化處理法)을 실시하였던 것이다.

수가 있다.

이처럼 조선전기에 있어 한전농법은 '1년 1작'식 작부체계가 확립된 15세기에서부터 끊임없이 발전하여 16세기말에 이르면 근경과 간종이 일반화되는 단계로까지 발전하였다. 특히 그러한 발전은 반경(反耕)이란 전면반전경(全面反轉耕)의 보편화에 따른 숙치·작무법의 혁신과 점차 집약적인 시비법의 개선에 크게 의존하였다. 『농가월령』의 농법은 그러한 발전의 산물이었으며, 결국 그 흐름이 조선후기 농법으로 이어지고 있었다.

3-3. 시비과 농구의 발달

1) 조선전기의 시비법

조선전기 농업기술의 발전은 기본적으로 앞서 고찰한 농법발달 뿐만 아니라 시비법의 발달을 통해서도 이루어졌다. 이를 밝히기 위해서는 무엇보다 15세기 비료의 존재형태와 그 시비법을 개관할 필요가 있다.

15세기 우리 농서들을 통해 밝혀진 당시의 비료는 크게 세 유형으로 나누어진다. 제1유형의 비료는 객토(客土), 녹비(綠肥), 초목비(草木肥) 등의 가공과정을 전혀 거치지 않은 것이었으며, 제2유형의 것은 초회분(草灰糞)·요회(尿灰)·버드나무 가지(細柳枝)로 만든 초보적인 외양간거름(廐肥) 등의 가공된 비료였다. 또한 제3유형은 종자(種子), 누에똥(蠶矢) 등의 좁은 범위에서만 사용된 특수한 비료들이었다. 이리하여 전체적으로 보아 전혀 가공하지 않은 비료들과 약간의 1차 가공을 가한 비료들이 농업생산에 사용되었다. 그러나 시비량의 절대적인 부족으로 당시의 토지 비옥도는 전반적으로 척박하였기 때문에 이러한 초보적인 비료들은 생산에 별다른 영향력을 미치지 못하였다.

그러한 사실은 15세기의 시비법에도 영향을 주었다. 수전농업에서는 객토(客土)와 초목비(草木肥)를 중심으로 시비하였다. 특히 수전의 시비는 저습한 토양에 부숙(腐熟)되지 않은 비료를 넣고 쟁기질하여 골고루 시비하였으며, 아울러 부숙도 촉진하였다.

한편 한전의 시비법은 초경(初耕) 전후의 시비법과 파종시와 파종후의 시비법으로 나누어졌다. 먼저, 가장 많은 시비가 행해진 분종(糞種)법의 경우는 주로 열등지를 중심으로 행하여졌다. 그러나 최우등지였던 삼밭(麻田)에서는 파종전후에 우마분(牛馬糞)을 농지 전체에 시비하였는데, 이러한 분전법(糞田法)은 『농가월령(農家月令)』의 단계에서 더욱 보편화되었다.

결국 15세기에는 비옥한 우등지에는 거의 시비를 행하지 않은 채 척박한 땅에만 여러 종류의 비료를 한계적으로 시비하였다. 그 때문에 '전체 농지를 시비하는 분전(糞田)법'보다는 부족한 비료사정 때문에 '종자에 대해서만 시비하는 분종법(糞種法)'이 널리 행해졌다. 그러므로 아직 당시의 시비법은 경작의 외연적 한계를 넓히는 조방적인 성격을 그대로 나타내고 있었던 것이다.

그러한 조방적인 시비법은 16세기 전반에 이르러 약간의 변화를 보였다. 특히 『농서집요』 '경지(耕地)'편에서는 분전법에 대해 상세히 논하였다. 여기에서는 『농상집요』가 『제민요술』 말미의 '잡설(雜說)'을 인용한 대목을 이두(吏讀)로 번역하면서, 이제 보다 본격적으로 구비(廐肥)를 전지에다 시비하는 획기적인 내용을 소개하였기 때문이다.

『농서집요』 이두문에서는 추수 · 타작 후에 남은 부산물(副產物)과 춘하절(春夏節)에 예취(刈取)하여 쌓아둔 산야잡초(山野雜草)를 매일 우마구(牛馬廐)에 3촌(寸)씩 깔아둔다고 하였다. 이후 매일 아침에 이를 우마분(牛馬糞)과 함께 꺼내 적재한 뒤, 겨울에 이 구비를 척박한 농지(田地)에 시비하였는데, 이 시비법을 '분수저법(糞收貯法)'이라 지칭하였다. 이는 곧 버드나무 가지를 베어 외양간에 깔아 두었다 시비하는 15세기의 구비법을 더욱 발전시킨 형태로 보인다.

그렇지만, '반경(反耕)으로 초비(草肥) · 입분(入糞) 시비'를 행한 대소맥의 경우와 달리, '수도(水稻)에 불을 질러 기경(起耕)'하거나 '교맥(蕎麥)의 잡초를 반경(反耕)하는 시비', 참깨(胡麻)의 분종법 등에서는 조방적인 시비법이 사용되었다. 이는 아직도 아무리 중요한 주곡작물이라해도 척박한 땅에만 분종하였고, '화분(火糞)'·'반경(反耕)' 등을 통한 잡초의 비료화가 시비법의 기본을 이루었음을 의미한다.

한편 16세기말의 농법을 보여주는『농가월령』에서는 무엇보다 그러한 시비법의 한계가 극복되었다. 이 시대에서는 이미 한전농법에서의 근경(根耕)과 간종(間種)이 일반화되어 있었으므로, 토양의 비옥도를 유지하기 위한 시비법이 요구되었다. 그러한 시대적 요구는 바로 '맥전(麥田)에 대한 분회(糞灰) 및 구비 시비'와 '녹두의 엄경(掩耕)', 그리고 '춘모(春牟) 종자를 위한 설즙 지종법(雪汁漬種法)' 등으로 나타났다. 그러한 16세기말의 시비법은 15세기의 그것을 개량하고 더욱 발전시킨 것이었다. 특히 한전비료의 주종을 이루는 '분회(糞灰)'의 재료는 초목회(草木灰)였는데,『농가월령』에서는 이를 모으기 위해 아침 저녁으로 아궁이재(竈下灰)를 모으는 법에 대하여 설명하였다.

뿐만 아니라『농가월령』에서는 지력유지를 위해 기장과 조(黍粟)를 재배한 한전을 이듬해에는 녹두·동배(童排)·소두전(小豆田)으로 교대할 것을 권유할 정도로 작부체계의 합리성을 추구하였다. 한편 수도작에 주로 사용된 비료로서는 '조도 앙기(早稻秧基)의 비료', '조도·차도(次稻)·만도를 수경한 수전의 기비(基肥)', '모내기를 한 본답의 추비(追肥)' 등에 대해서 설명하였다. 조도의 못자리 비료로서는 구비(廐肥)를 가장 중시하였는데 비해, 나머지 수전(水田)에서는 초목비(草木肥)가 주로 사용되었다. 이와 같이 16세기 말의 수전 시비법은 비료의 원재료가 풍부해졌을 뿐 아니라, 이를 인분뇨(人糞尿)·구뇨(廐尿) 등과 혼합하여 추비로 제조한 광의(廣義)의 구비가 사용되었다는 점에서 그 발전상을 엿볼 수 있다.

특히『농가월령』의 '잡령(雜令)'에서는 측간(厠間) 구조 개량을 통한 인분뇨 수집법에 대해 서술하였다. 이와 같은 조선전기 시비법의 발달 과정은 전반적으로 보아 구비의 발달과정으로 집약된다. 뿐 아니라, 벼농사의 경우는 이앙법의 확산에 따른 조도(早稻)의 앙기(秧基)를 위한 새로운 비료개발이 지속되어갔음을 보여준다. 결국 이러한 시비법 발전이야말로 바로 조선전기 농업발전의 중요한 밑받침이 되었던 것이었다.

2) 노동수단의 발달

조선전기 농업생산을 둘러싼 노동수단(勞動手段)으로서는 역축(役畜), 농구(農具) 등이 있었다. 먼저, 조선전기의 가장 주요한 역축은 바로 '소'였는데, 15세기의 우리 농서인 『농사직설』은 반드시 '두 마리의 소'를 한 셋트(set)로서 작업에 동원할 정도로 풍부한 축력을 전제로 저술되었다. 그렇지만 같은 시대의 경기도 소빈농층(小貧農層)의 농법을 기술한 『금양잡록』에서는 "100가(家)가 사는 마을에 농사일을 맡을 수 있는 소가 겨우 몇 마리뿐"이어서, 사람이 소 대신 쟁기를 끌 수밖에 없다고 서술하였다. 이와 같은 역축 소유의 불균등은 당시에 있어 보편적인 현상이었을 것이다.

그런데, 16세기 전반의 농서인 『농서집요』의 농법도 역시 풍부한 축력을 전제로 한 것이었다. 역시, 16세기말의 사정을 보여주는 『농가월령』의 경우도 소의 보유는 농업을 위해서는 사활적(死活的)인 존재로 인식되었다. 그 대표적인 예로 『농가월령』의 '잡령(雜令)'에서는 "농사는 전적으로 소를 키우는데 달려 있으므로, 겨울철에 미리 잘 키우고 보호하여야 한다"고 거듭 강조하고 있었다. 이처럼 역축의 사육과 그에 의존하는 생산력 발달은 축력 이용과 구비(廐肥) 제조라는 두 측면에서 이 시대 농업의 중요한 요인으로 작용하였다.

이미 『농사직설』에 '경지(耕地)'편이 따로 독립되어 있었던 것에서 알 수 있듯이, 이 시대의 농업에서 경기(耕起)는 필수적이었다. 이른바 '소에 의한 쟁기질을 전제로 한 농법'에서 가장 일반적인 경법은 바로 '초경(初耕)

―재경(再耕)' 작업이었는데, 특히 벼와 중요한 아홉 가지 한전작물들이 이 방식으로 재배되었다. 그러나 초경만 행한 작물이나 쟁기질을 전혀 행하지 않은 사례도 많았으므로 아직은 조방적인 경법이 일반적이었다. 그렇지만 '족종법(足種法)'으로 파종한 주곡작물들만은 예외적이라 할 정도로 집약적인 쟁기질을 행하였다.

15세기에 가장 널리 사용된 쟁기는 파종구 작성에 쓰인 볏(鐴)이 없는 작조려(作條犂) '발외(把犂)'였으며, 또한 작무(作畝)용 쟁기인 '긱'도 존재하였다. 그리고 마전(麻田)의 '종삼횡삼(縱三橫三)경' 등에 사용된 '보'라는 이름의 유벽반전려(有鐴反轉犂)도 등장하였는데, 특히 이 '보' 쟁기는 쟁기날이 좁았고 두 마리 소에 의해 견인되었다.

이와 같은 15세기의 농구체계는 다양한 우경구(牛耕具)와 수경구(手耕具)로 분화 발달되었다. 그리하여 다양한 대규모의 축력농구가 발달하였음에도 불구하고 소빈농층들은 '짜보' '삷' 'ᄀ래' 등의 빈약한 수경구만으로 농사를 지었다. 이러한 사정은 15세기에는 쟁기 및 농구의 분화·발달이 아직도 불충분하였을 뿐 아니라 여전히 조방적이었음을 보여주는 것이라 하겠다.

16세기 전반의 농서인 『농서집요』에서도 '경지(耕地)'편이 따로 마련되었는데 여기에서는 이를 "짜긔경ᄒ기"라 풀이하였다. 한결같은 축력 일관작업을 강조한 중국농서들에 비하여, 『농서집요』의 농법은 먼저 쟁기질한 다음 우리 고유의 농구인 밀개(推介) 쇠스랑(鐵齒擺) 등으로 숙치(熟治)·마전(摩田)작업을 행하였다.

그리하여 이 단계에서는 이미 대소맥의 여경(犂耕)이 『농상집요』의 수준을 넘고 있었다. 16세기 전반에 있어 가장 치밀한 경법을 행한 것은 마전(麻田)이었는데, 여기에는 가로로 세번, 세로로 네번 전면경하여 모두 일곱차례의 전면반전경(全面反轉耕)이 행하여졌다. 특히 이러한 마전의 경법은 반경(反耕)이라 기록되었는데, 그러한 표현은 대소맥·교맥 등 여기저기에서 나타나고 있어 16세기에는 15세기보다 더욱 많은 전면경이 이뤄졌음을 보여주고 있다.

그 밖에도 『농서집요』는 15세기의 그것과 같은 쟁기(犁)·쇠스랑(手秋郞)·밀개(推介)·작도(斫刀)·써레(所訖羅)·호미(鋤) 등을 사용하였다. 이처럼 『농서집요』는 역축을 기본동력으로 하는 농구체계를 갖추고, 독특한 고유의 농구들을 적지 않게 사용하였다. 특히 반경(反耕)이란 이름의 전면반전경이 보다 널리 행해졌다는 사실은 여경법의 발달을 확인해 주는 좋은 증거이다. 아직 16세기 전반기에는 노동수단이 노동생산성에만 의존하는 조방적 성격에서 크게 벗어나지 못하였으나, 마전(麻田)의 새로운 경법은 보다 높은 수준의 집약적인 여경법의 출현을 예고하는 것이었다.

끝으로, 16세기말의 농구에 대해 『농가월령』을 중심으로 살펴보자. 먼저 『농가월령』은 '정월절 입춘(正月節立春)'조에 '비농기(備農器)'라 하여 중려(中犁)·소려(小犁)·여구(犁口)·경철(景鐵)·병대삽(幷大揷)·호치파(虎齒把)·과미(果米)·서홀라(鋤訖羅)·번지판(飜地板) 등의 기본농구를 준비하라고 서술하고 있다. 그밖에도 서(鋤)·시선(柴扇)·작(斫)·타도편(打稻便)·비개(飛盖) 등의 농구가 존재하였는데, 이는 15세기의 그것보다 더욱 분화·발전된 형태임이 분명하다.

이들 중 중려는 기경용(起耕用) 쟁기이고 소려는 천경용(淺耕用) 쟁기였는데, 그 밖에 아마도 개간용(開墾用)의 대형 쟁기가 있었으리라 추정된다. 여구는 '보습'이고 경철은 '볏(鐴)'을 의미하였다. 병대삽은 '쌍가래'를 의미하며, 호치파는 '소시랑'이고, 과미는 '괭이', 서홀라는 '써레', 번지판은 '번지에 부착하는 널판'이며, 시선은 '시선번지'였다. 이외에도 호미(鋤), 작도(斫刀), 도리깨(打稻便), 날개(飛盖) 등의 다양한 농구들이 사용되었다. 특히 다양한 쟁기류와 그 부품들, 쌍가래, 시선번지 등의 존재는 16세기말에 이루어진 농구체계의 새로운 발전상을 보여주었던 것이다.

16세기말에 이르면 수전과 한전의 양면에서 모두 '추경(秋耕)으로서의 반경(反耕)'이 행해졌는데, 이렇게 지력 증진을 위한 전면경이 널리 행해지고 있었음은 15세기의 그것과 크게 다른 모습이었다. 천수답에서의 건파(乾播)에서는 시선번지를 끌어 토양의 모세관 현상을 차단함으로서 수분증발을 최대한 억제하였다. 뿐만 아니라 '지력유지를 위한' 초경(初耕)과 '작무(作畝)작업을 위한' 재경(再耕)에서도 유벽려(有鐴犁)에 의한 전면반전경이 보편화되었다. 특히 그 경우에도 유벽려인 중려가, 그리고 간종법을 위한 경기작업으로 양무간을 천경할 때는 한 마리 소가 끄는 소형의 작조려(作條犁)가 사용되었다.

이처럼 『농가월령』의 단계에서는 토지이용률을 크게 증대시킬 수 있는 근경법(根耕法)과 간종법(間種法)이 널리 보급되었는데, 이를 위하여 유벽려에 의한 전면반전경이 보다 널리 사용되었다. 그처럼 조선전기의 노동수단은 역축의 점차적인 보급확대와 더불어 다양한 축력농구와 인력농구의 상호보완적인 분화와 개발로 전개되었으며, 특히 이는 쟁기의 다양한 분화와 더불어 전면반전경이 보편화되었다. 결국 이러한 노동수단의 발달은 농업생산기술의 고도화와 맞물림으로서 이 시대 농업생산력의 발달을 견인하는 중요한 요인 중의 하나가 되었던 것이다.

4. 맺음말

이상의 사실을 종합해 보면 조선전기의 농업생산력은 지속적으로 성장하였다. 그러나 이는 노동생산성을 중심의 성장에서 점차 토지생산성에 기초한 그것으로의 전환이란 성격을 가지고 있었는데, 적어도 조선전기에서는 전자의 모습이 더욱 지배적이었다. 특히 이러한 조선전기의 농업생산력의 성격은 계량적인 자료 분석을 통해서도 충분히 증명될 수 있다.

그에 따라 이 연구에서는 이 시대의 농업환경과 그 성격에서부터 차근차근 분석함으로써 '있는 그대로'를 살펴보았다. 그와 같은 15세기의 조방적인 농업기술이 변화하게된 직접적인 원인은 무엇보다 농학이 발달하였고, 농업생산 기술이 고도화하였을 뿐만 아니라, 노동수단인 역축과 농구가 새로 개발된 데서 기인하였다.

그리하여 더욱 분명해진 것은 15세기의 농법이야말로 다량의 축력을 기반으로 한 노동생산성 중심의 노동절약적 토지집약적 기술에 근거하고 있었다는 사실이었다. 특히,『농사직설』의 농법은 시비의 측면에서 중국 강남의 농법과 비교해 볼 때 토지에 비해 인구의 압력이 비교적 느슨한 보다 노동절약적이며 토지집약적인 성격을 가지고 있었다. 농구체계에 있어서도 두 마리 소를 기본적인 견인동력으로 하는 축력일관 작업체계를 갖추었을 뿐 아니라, 더구나 한국 특유의 지형조건 때문에 그 보조수단으로 다수의 인력 농구도 사용되었다.

또한, 수전농법의 경우는 만도(晚稻)가 주로 수경법과 건경법으로 재배되었던 열등한 수전이 광범위하게 분포하였고, 이는 곧 산림지와 습윤지를 수전으로 개간한 결과였다. 한전의 경우도 지배적인 '1년 1작'식의 작부체계와 더불어 휴한전도 일부 존재하였고, 그 비옥도에 있어서는 중등전이 가장 많았다. 이상의 사실은 15세기 농업을 대표하고 있는『농사직설』농법이 협업적인 집단노동에 기초한 대농법이었음을 보여준다.

16세기 이후의 농업발달은 수전농업과 한전농업의 두 갈래로 추진되었다. 먼저 수전농법에서는 회환농법(回換農法)과 건경(乾耕)법, 그리고 법으로 금지되었던 이앙법의 보급이 점차 확대되어 갔다. 한전농법에서도 근경(根耕)과 간종(間種)이 일반화되었으며, 이를 뒷받침하기 위한 작무법(作畝法)과 시비법의 개선도 두드러졌다. 특히 구비(廐肥)의 보편화를 낳은 시비법의 발달과 역축의 확대 보급, 농구의 분화 및 개발, 전면반전경(全面反轉耕)의 보편화, 역시 이 시대 농업기술의 고도화를 뒷받침한 중요한 원동력이 되었다.

또한 이러한 농경기술의 발달은 처음 중국농서의 보급에서 비롯된 농학 발달과 그 맥을 같이하는 것이었으며, 이는 결국 우리 현실에 맞는 새로운 농서의 편찬 보급으로 이어져갔다. 그 외에도 이 시대 농업생산력의 발전은 인구의 급속한 증가, 농지 공급의 확대란 간접적인 요인에 의해서도 더욱 촉진되었다. 특히 조선전기의 전기간 동안 인구는 2배 가까이 성장하였으며, 이러한 강력한 인구압박은 농업의 성격을 점차 노동집약적인 것으로 전환시키는 압력으로 작용하였다. 뿐만 아니라 조선전기의 농지공급은 강력한 개간정책을 통하여 추동(推動)되었는데, 이는 수전 면적의 지속적인 확대와 신개간지의 숙전화란 질적인 변화를 낳았던 것이다.

　이러한 조선전기 농경기술은 곧 한국농업, 나아가 '동아시아 농업의 한 전형'으로 높이 평가되어야 한다. 그러한 동아시아 농업 전통은 과연 우루과이 라운드 협상에서 얼마나 대접받았으며, 앞으로도 제대로 배려될 수 있을까? 그러나 WTO가 내건 경제적 비교우위라는 잣대 때문에 이러한 한국농업 속에 담긴 지역성과 다양성, 그리고 전통적인 농경문화가 가치 이하로 폄하되고 있다는 점에서 실망스럽기 짝이 없다. 그러나 독특한 농업환경을 지닌 동아시아 농업이 스스로의 전통을 포기하고 단작화와 전업화를 추구하는 데서 빚어질 한계는 너무도 명백하다. 그 때문에 이제라도 동아시아 전통 농법의 참 가치와 제대로 된 문제의식, 그리고 생태계와 국민건강을 지킬 새로운 농업의 건설은 아무리 서둘러도 늦지 않다.

색인

(1)

항목	쪽
10년(Decade)	139
12년 이동 평균 단위의 분석 값	99
150칸(間)의 잠실(蠶室)	194
1523년경의 하삼도 제언	229
15세기의 온돌 보급 수준	191
15세기 벼농사법	240
15세기 시험 농학의 성과	204
15세기 한전농법	242
15세기의 경상도 농법	191
15세기의 농업	224
15세기의 농업생산력	231
15세기의 수도재배법	86
15세기의 원예기술	187
15세기의 이앙법	240
15세기의 조방적인 농업기술	252
15세기의 채소기술	190
15세기초의 전결수	229
1619년 독일의 하이델베르크	211
1650년의 농업 작황	149
1652년의 기후 정황	152
1690년경의 대구부 호적	227
16세기 전반의 수전농법	239
16세기말의 농구	250
16세기말의 벼농사 기술	240
16세기의 이앙법	239
16세기의 창평현(昌平縣)	237
17세기 기후사	126
17세기 수도재배	61, 62
17세기 유럽의 위기	136
17세기 벼 재배 기술	62
17세기 전반기의 기상위기	118
17세기 조선의 기후	123
17세기 프랑스의 포도 수확일	129
17세기의 기후	141
17세기의 농서『한정록』	190
18세기말의 순장 정도성	49
18세기의『산림경제』	190
1910년 이전 한국 재래의 도종수	37
1950년대의 수도재배	62
19세기 초의 농학자 서유구	57
1년 1작식 작부체계	230, 241, 243, 245
1년 2작식 윤작체계	241, 243, 244
1두락	72
1악(握)	74

(2)

20세기 초 수도 재래품종의 특성　63
20평당 종자 1두　72
2년 3작식의 윤작체계　230, 241, 244

(3)

3월 곡우전　45

(4)

40일묘　71

(5)

56품종의 한전작물(旱田作物)　242

(6)

60일도(六十日稻)　52
6월 9일에는 충청도에서 서리　157

(7)

7~8월의 고기온(1636-1989)　144
7~8월의 평균기온　99

(A)

A. E. Douglass　135

A. Wagner　127
Aubonne　129

(B)

B. L. Dzerdzeevskii　127, 135
Bacteria　25
Beet　21

(C)

C. Easton　127
Cabbage　21
Celery　21
Christian Pfister　136

(D)

D. J. Schove　127
D. A. Bunker　23
Daniel Hooibrenk(荷衣白蓮)　16
Dijon　129

(E)

E. Ladurie의 포도 수확일　132
Edmond Schulman　135
Emmanuel Le Roy Ladurie　127, 128, 129
Evert Frager(厚禮節)　21

(F)

Flohn	127

(G)

G. W. Gilmore	23
George C. Foulk(福久)	23
Gordon Manley	127, 128
Gordon Manley의 온도측정	131, 132
Guerrillas성 집중 호우 현상	155
Gustav Utterström	127

(H)

H. H. Lamb	127, 133
H. B. Hulbert	23
Hamilton	42, 57
Harold Fritts	135
Hoinkes	127
Hulbert	42, 57

(J)

J. Enelyn	197, 211

(K)

Kale	21
Kürnbach	129

(L)

Lausanne	129
Lavaux	129
Lliboutry	136
Lucius. H. Foote	19
Luis Alvarez의 학설	140

(M)

M. H. Duchaussoy	127
M. Woillard	136
Matthes	136

(P)

Percival Lowell	19
Pédelaborde	127

(R)

Rossby	127
Roupnel	127

(S)

Salins	129
Scherhag	127
Shapiro	127
Slicher van Bath	127

(T)

Tucson 135

(V)

Von Rudloff 127

(W)

Walcott Model Farm 20
Willet 127
WTO 223, 253

(ㄱ)

가경 시기 69
가내사환노비(家內使喚奴婢) 113, 120, 227
가래질 109, 119, 120
가마솥의 수증기 222
가뭄 현상 131, 149, 150, 151
가열 방식의 난방형 온실 211
가을걷이 158
가자저(茄子菹) 172
가정양계신편(家庭養鷄新編) 18
가지(茄子) 173, 177, 203, 204, 212
가축사양학(家畜飼養學) 18, 235
간이공립농업학교 24
간종법(間種法) 241, 244, 245, 247, 251, 252

감수(堪水) 78
감찰(監察) 남두화(南斗華) 91
갑신정변 24, 27
갑오개혁 18, 27
갓(芥子) 182
강기(姜耆) 234
강남농법 167
강력한 인구압박 253
강수량 125, 135, 142
강원도 흡곡의 붉그스럼한 눈 154
강화도 194
강화도의 겨울철 감귤 재배 온실 199, 206
강희맹(姜希孟) 163, 170, 236
강희안(姜希顔) 201, 237
개간용(開墾用)의 대형 쟁기 250
개간정책 253
개녕(開寧)의 내생이 115
개물성무 화민성속 13
개성류수 89
개자(芥子) 182
개화기 13, 41
객토(客土) 64, 79, 231, 245, 245
갱(粳) 79
거관대요(居官大要) 43, 44, 45, 46, 47, 57
거리실논 103, 105, 108, 110, 111
거북선 209
건경법(乾耕法) 32, 35, 38, 39, 41, 45, 239, 240, 252
건답(乾畓) 39, 66, 77, 87
건답도 37, 38, 39, 40, 41, 42, 45, 56

건답육묘 이앙 재배법	78, 82	경상도 영양 지방	203
건답직파 41, 63, 66, 78, 81, 82, 83, 86		경상도 합천(江陽) 지방	165
		경상도의 제언(堤堰) 관개(灌漑)	229
건묘(健苗)	70, 72, 85, 86	경상좌병영	164
건부종	49	경상화(景上禾)	37
건삶이	32	경세유표(經世遺表)	45, 47
건앙법(乾秧法)	240	경수발출(輕手拔出)	80
건조	77	경응의숙(慶應義塾)	24, 25
건천초(乾川椒)	170	경작의 외연적 한계	231, 233
건파(乾播)	67, 240	경제적 비교우위	55, 223
검불화(黔不禾)	37	경종 부문	169, 205
겨울철에 쓸 채소 저장법	203	경종교대법	16
겨자	182, 190, 205	경지와 9곡	169
견(畎)	244	경지와 품종 및 비료	229
견미외교사절(遣美外交使節)	19	경철(景鐵)	250
견분(犬糞)	72, 80	경칩	180
견사 수출	18	겻불	204
견종법(畎種法)	157	계(稗)	35
결수(結數)	29, 230	계분(鷄糞)	185, 189
겹옷	153	계해반정(1622)	145
경(粳)	35	고온도 복원	127
경(耕)-파(把)-노(撈)	229	고고학(Archaeology)	127
경경발제(輕輕拔除)	75	고기 삶기(烹肉)	173
경기(耕起)	248	고기온	98, 126, 128
경기진휼사 권감	173	고령 객관의 온돌	192
경단(瓊團) 113, 114, 116, 121		고상안(高尙顔)	237
경동호마곡구비(経冬胡麻穀廐肥)	80	고저(高低)	63, 79
경려	228	고전작물	242
경사지	226, 241	고전장원적 생산 관계	113, 120
경상도	192	고추	170
경상도 관찰사	236	고추가 없는 김치무리	172, 205
경상도 밀양(凝川) 지방	198	곡근전(穀根田)	243

곡성(穀性)	50, 58		구미농서	17
곡우(穀雨)	44, 48, 65, 79, 80		구미 농학을 수용한 일본 농학	27
곡태기	75		구미 농학 교육	17, 23, 27
골고리	244		구미의 신농학서	18
골짜기 땅(峽地)	49, 50		구비(廏肥)	231, 246, 247, 248, 252
공목(貢木)	117		구종법(區種法)	175, 177, 178
공물	147		구하수(廏下水)	73
공민왕	68		구한국 삼정국(舊韓國蔘政局)	170
공주도립농업학교	24		구황대책(蟲蝗對策)	235
공주생원 유진목(柳鎭穆)	50		국(菊)	190
공주유학 임박유(林博儒)	36, 49		국가	196, 199
공중가온(空中加溫)	197, 206		국제협상	223
과농소초(課農小抄)	45, 47		국지적인 이상 저온 현상	147, 149, 150
과도기 농서	163, 169		군달(菾蓬)	186, 189
과미(果米)	250		군량미	41, 42
과수재배법(果樹栽培法)	18, 26, 236		군창	41
과숙묘	73		군현	230
과저(瓜菹)	170, 172		권농일	74
과채(瓜菜) 169, 170, 172, 174, 199, 205			권농정구농서(勸農政求農書) 윤음	36
과학적 난방 온실의 시초	221		권업모범장(勸業模範場)	22, 54
과학적 제초법	75		규합총서	203
관개수	239		귤(橙橘)	190, 194
관비유학생	24		그루갈이	107
관수(灌水)	239		그린개	108
관찬농서	165, 171		극심한 한재(가뭄)	97, 146, 150, 157
광범위한 큰물 피해	150		근경법(根耕法) 107, 119, 180, 241, 245,	
광의(廣義)의 구비	247		247, 251, 252	
괭이	250		근대	186, 209, 213, 219, 222
교맥(蕎麥)	247, 249		근대를 향한 위기의 시대	89
교맥경(蕎麥耕)	235		금속활자	209
구뇨(廏尿)	247, 69		금양잡록(衿陽雜錄) 32, 33, 35, 36, 44,	
구들(溫突)	195, 222		82, 163, 192, 206, 228, 230, 236,	

237, 238, 242, 248
『금양잡록』의 차조도(次早稻)　　33
금조　　40
기경용(起耕用) 쟁기　　250
기근　　173, 98
기비　　79
기상 위기　　121, 138
기상 재해로 인한 수확 실패　　152
기상 표기를 분석　　119
기상이변의 시대　　59
기상학(Meteorology)　　127, 225
기송　　108
기온　　93, 125, 129, 135
기온과 강수량　　145
기온저하 현상과 불규칙성　　94, 124
기장(黍)　　230, 241, 242, 244, 247
기후 변동　　90, 118, 123, 137, 225
기후사　　119, 125, 93
기후와 농업　　89
기후와 생산의 불안정성　　99
기후와 역사　　134
기후와 풍토　　225
기후의 불규칙성　　95
기후학(climatology)　　127, 129, 134
길일　　183
김매기　　109, 111, 120
김안국(金安國)　　236
김안로(1481~1537)　　198, 199
김연옥　　138, 139, 141
김연희　　141
김영진　　171, 174
김용섭　　33

김 유　　171
김자점　　89
김진초　　25
김중곤　　173
김치 담기　　170
김치 무리　　166, 195, 236
김해지역　　212
김홍집(金弘集)　　15
김희태　　31, 58
까락(芒)　　54, 242
껍질　　192
끌개(橯)　　184

(ㄴ)

나무새 갊아 두는 법　　203
나이테(tree ring research)　　99, 136, 137, 144
나종일　　136, 141
낙종　　48
낙종시(落種時)　　80
낙질(落帙)　　169
난구목(爛構木)　　186
난로를 이용한 단순 난방 온실　　197, 221
난발지환(難拔之患)　　77
난방형 온실의 역사　　210, 211
난향(蘭香)　　188, 189
날개(飛介)　　198, 201, 206, 250
남이웅가　　91, 103, 104, 108, 113, 114, 116, 118, 119, 120
남평 조씨　　90, 91, 107, 113, 114, 116
남한 농지　　62

남한산성(南漢山城)	94
낮은 땅(低處)	50
내냉성	55
내도복성	79
내병성(稻熱病)	58, 79
내비	79
내수성	55, 57
내수외양(內修外攘)	13
내염성	57
내풍 내한성(耐風 耐寒性)	58
내풍성	50
내한력	54, 63
내한성	40, 50, 55, 57, 58
냉량지수(冷凉指數)	138
냉해	98, 120, 157
노농(老農)의 관행농법	235
노동기술	225
노동능률이 높다는 점	233
노동대상	225, 229
노동력(인구)	225
노동생산력 중심의 대경영	233
노동생산성	250
노동생산성 중심의 대농법	228, 233, 252
노동생산성 중심의 조방적 성격	232, 242
노동수단	225, 228, 248
노동수단과 노동대상	231, 251
노동절약적인 조파법	242
노비경영	90, 91, 113, 114, 116, 118, 121
노비의 도망	114, 115, 116
노비자작농	227
노비적 생산 관계	112, 120
노비전호	227, 228
노비제	118, 121
노비제 유지 비용	115, 121
노숙병반묘	80
노원	35
노주관계	113, 114, 120, 121
녹두	51, 107, 119, 184, 242, 247
녹두의 엄경(掩耕)	247
녹비(綠肥)	231, 242, 245
논의 작부체계	106
농가월령(農家月令)	65, 67, 69, 82, 192, 225, 237, 238, 240, 243, 244, 245, 246, 247, 247, 248, 250
농가집성(農家集成)	33, 34, 38, 45, 63, 66, 69, 77, 82, 125, 195
농구의 분화 및 개발	228, 252
농기(農旗)	115, 228
농담(農談)	18
농림전문학교	24
농목국	21
농무목축시험장(農務牧畜試驗場)	20
농방신편(農方新編)	18
농사 작업과 그 작부체계(作付體系)	103
농사시험 연구	19
농사시험법(農事試驗法)	20
농사시험장	20, 22
농사시험장 관제(農事試驗場 官制)	22
농사시험장 남선지장	37, 54
농사직설(農事直說)	32, 33, 34, 39, 43, 44, 45, 47, 63, 64, 65, 67, 68, 69,

77, 82, 82, 107, 119, 168, 169, 191, 192, 198, 206, 225, 228, 235, 234, 236, 237, 238, 241, 242, 243, 243, 248, 252
농상공부(農商工部 잠업시험장) 14, 22, 23
농상공부 프랑스인 기사 쇼오트씨　21
농상공학교　22
농상공학교 농업　23
농상공학교의 농과　22
농상공학교의 농업과　23
농상사(農桑司)　14, 21
농상아문(農商衙門)　14, 21
농상집요(農桑輯要) 165, 166, 167, 168, 169, 172, 174, 177, 178, 181, 182, 183, 184, 185, 186, 187, 189, 196, 205, 207, 209, 234, 235, 236, 239, 242, 246, 249
농서(農書)　18, 234, 236
농서집요(農書輯要) 168, 169, 225, 236, 239, 242, 243, 246, 248, 249, 250
농시(農時)　189
농업 생산과 식품 소비　90
농업 생산력의 변동　137
농업 위기　121, 223
농업 후진지역　235
농업가치를 폄하　223
농업개방　223
농업경제사학자　127
농업기능론　223
농업기술 교육의 필요성　234
농업기술의 고도화　110, 252

농업노동력　231
농업삼사　15
농업생산 문제 224, 225, 228, 231, 234
농업신론(農業新論)　18
농업의 공익적 기능　61
농장경영　119, 235
농장(農莊)　233
농정신편(農政新編)　16, 17, 23
농정촬요(農政撮要)　17
농학의 발달　225
농학입문(農學入門)　18
높은 땅(高處)　49
누려(耨犁)　176, 184, 185, 189
누에　194
누에똥(蠶矢)　177, 183, 245
눈(眼)　126, 242
눈녹은 물(雪汁)　198
뉴라운드(DDA) 협상　223
능금(林檎)　190
늦벼(晩稻)　233

(ㄷ)

다무첨재　16
다비다수(多肥多收)　55, 58
다섯마지기　110
다수　79
단경기(端境期)　62
단작화와 전업화　224, 253
단책형(短冊型) 앙기　70
달래　209, 213, 219, 219, 221, 222
닭잣골　103

담수육묘	69, 78, 81, 82, 84	도정(搗精)	40, 55
담수직파	63, 64, 66, 78, 82, 83, 86	도종(稻種)	32, 33, 34, 41, 49, 69, 70, 110, 240
답곡(tap-kok and paddy field rice)	41	도초회(稻草灰)	64, 72, 79, 80
답 이모작	67	독립신문	25
당니	79, 83	독일 하이델베르크 온실	207, 212, 221
대경영	233	돌샘골논	103, 105, 108, 109
대구공립농림학교	24	돌이	108
대구조(大邱租)	39, 40	동과침채(冬瓜沉菜)	173
대기순환론	127, 134	동도서기	13
대두(大豆)	176, 230	동등경기조건의 원칙	223
대라복(大蘿葍)	181, 182	동막(東幕)	109
대류난방의 원리	195	동배(童排)	247
대립종	63	동아(冬瓜)	173, 177
대서	187	동아시아 농업	223, 224, 253
대소맥	180, 249	동아시아에서의 17세기	89
대조구	215	동아와 박의 모종	177
대체로 조숙	54	동의화(東宜禾)	36
대추	190	동절양채(冬節養菜)	166, 167, 173, 195, 196, 197, 198, 199, 200, 205, 206, 209, 236
대파(代播)	50, 51, 52, 53		
대한부인회	24		
더덕(沙蔘)	171, 172	동침(冬沉)	170, 172, 195
덕생	108	동학란	18, 27
데쇠	108	두기(豆箕)	178
도(斫刀)	250	두둑(畝)	179, 187, 244
도리깨(打稻便)	250	두락지(斗落地)	107
도묘 이앙 재배	68	두릅	204
도문대작(屠門大嚼)	174	두병	81
도복(倒伏)	55, 63	두어라산도(斗於羅山稻)	37, 49
도상법(Iconography)	128	두응수리화(斗應水利禾)	36
도열병	54, 63	두충조(杜沖租)	50
도장(徒長)	16, 80	두충도(杜沖稻)	37
도전매조도(稻田媒助圖)	16		

득신	108
들깨	181
들나물	173
등유(燈油)	194, 195, 199
땔감(炭柴)	195
땔나무(燒木)	194
떡	114, 171
뜨물(泔水)	186, 187, 203

(ㄹ)

라복(蘿蔔)	172
런던 대화재	132
린산(燐酸)	16

(ㅁ)

마	230
마골수자즙(馬骨水煮汁)	70
마그네슘(麻屈涅矢亞)	16
마늘(蒜)	173, 183, 203
마른 말똥	203
마른 못자리 기술(건앙법)	241
마른 재	203
마병	79, 81
마병면화병(麻餠棉花餠)	83
마신(麻籸)	76
마전(摩田)	233, 249
마전(麻田)	183, 249
마전(麻田)의 새로운 경법	249, 250
마츠나가(松永五作)	25
마학교정(馬學敎程)	18

만기앙묘(晩期秧苗)	73
만도(晩稻)	32, 33, 34, 36, 38, 39, 42, 44, 45, 56, 62, 65, 66, 67, 79, 80, 85, 106, 109, 110, 119, 120, 238, 240, 247, 252
만식(晩植) 재배의 적응성	58
만앙일	74
만엽집(萬葉集)	68, 84
만재	53
만종(晩種)	35, 44, 57, 242, 243
만주족 침입	89
만파 조숙성(晩播 早熟性)	55
망남	108
망종(芒種)	35, 44, 46, 47, 48, 65, 74, 184
매화	190
맥근전(麥根田)	243
맥류 재배	18, 230
맥전(麥田)에 대한 분회(糞灰)	247
메뚜기의 내습	131
메르크롱	71
메밀(蕎麥)	51, 52, 191, 244
메벼	37
면양	21
면화자병	79
모과(木瓜)	190
모내기	151, 239, 247
모범목장(模範牧場)	21
모조(牟租)	39, 40
목면(木棉)	69, 118, 237
목민관(牧民官)	44
목반(木盤)	194

색인   265

목조(槽)	198
묘근(苗根)	78, 239
묘종처(本畚)	69, 73, 75
무(蘿葍)	173, 181, 187, 189, 200, 203, 209, 213, 219, 219, 222
무명 한 필	115
무비(無肥)	55
무삶이	32
무삶이법	44
무역수지	223
무염침채(無鹽沈菜)	170
무풍청명(無風晴明)	72, 85
문견사건(聞見事件)	15
문종실록	165, 186
문헌사학자	125, 135
물관리	81
미곡	61
미나리(芹)	187, 189, 199, 205, 209
미두(米豆)	194
미립(米粒)	40
미조(米租)	40, 56
민어(民魚)	114, 116, 121
민영익	19
민주호	25
밀(小麥)	106, 241, 242
밀개(推介)	249, 250
밀다이당혜회(密多利唐鞋禾)	37
밀달조(密達租)	240
밀보리	100
밀양	149

(ㅂ)

바가지	178
바람	125, 138
바리춘이	108
박(瓠)	177, 178, 205
박원규	141, 99
박정양	15
박흥생(朴興生)	237
반경(反耕)	243, 244, 245, 247, 250, 251
반종(半種)	75, 81, 182
반촉성 재배	212
발아	63, 67, 127, 219
발앙(拔秧)	74, 77
발외(把犂)	249
밤(栗)	190
밥(pap)	41
방	204
방서(方書)	165
방어돌	103
밭농사	233
밭벼(upland rice)	37, 41, 241
밭의 파종법	233
밭작물(田穀)	239
배(梨)	118, 196
배드의 위치	213, 215, 221
배수술	16
배수통(排水筒)	16
배양비록(培養秘錄)	16
배의	48
배재학당(培材學堂)	23

배추(菘, 菘蘆)	181, 182, 187, 189, 203, 209, 213, 219, 222	복종구(覆種具)	240
백문보(白文寶)	68	복토(覆土)	67, 77, 240
백죽(白粥)	173	복합적인 난방	222
버드나무 가지(細柳枝)	245	본답(本畓)	239
버섯(菌)	185, 186, 189	본답의 생력제초	68
번개	138, 151	본답의 토양통기 조장	68
번지판(飜地板)	250	본리지(本利志)	34
법제호(法制戶)	227	봄 가뭄(春旱)	148, 226
벗고개논	103, 106	봄보리	180
벼	31, 106, 118, 119, 230	봄채소(春菜)	199
변수	19, 24	부안(扶安)	114
볏(鐴)	233, 249, 250	부엌(竈)	193
볏짚	183	부역노동	113, 115, 227
병대삽(幷大挿)	250	부족한 비료사정	231
병사(兵使) 류림(柳琳)	91	부족한 수원(水源)	240
병자수호조약	13, 27	부종(付種)	51
병자일기(丙子日記)	89, 90, 93, 94, 95, 99, 100, 102, 112, 118, 119, 160	부진자(浮塵子)	76
병자호란	89, 90, 118, 146	부추(韭)	185, 199
병작(竝作)	107, 116, 119	부치다(付種)	106
병조참지(兵曹參知) 이상급	94	분(糞)	231
병해	40	분얼수(分蘖數)	54, 63
보	228, 249	분재기	227
보리	106, 107, 112, 115, 119, 182, 241	분전법(糞田法)	110, 231, 246
보리 타작	112	분종법(糞種法)	191, 231, 246, 247
보븨살미	109, 111	분회(糞灰)	184, 193, 231, 247
보빙사(報聘使)	19	불규칙성(anomalous weather patterns) 93, 124, 160	
보수사업	229	붉그스름한 눈	154
보습	250	비개(飛盖)	250
복사난방	195	비곡종	70
복숭아	190	비농기(備農器)	250
		비름(人莧)	188, 189

비시(非時) 나물　　　202, 203, 204
비옥한 우등지　　　　　50, 231
비와 우박　　　　　　　　　94
비정상적인 저온 현상　95, 97, 152
빈농층　　　　　　　　　　241
빙하시대　　　　　　　　　134
빙하학(Glaciology)　127, 129, 135, 136
빙허각이씨　　　　　　　　203

(ㅅ)

사농사(司農司)　　　　　　165
사답앙기(沙畓秧基)　　70, 80, 85
사량의압(沙量宜壓)　　　　 72
사립번지　　　　　　　　　240
사민월령　　　　　　　　　183
사복시　　　　　　　　　　 90
사삼(沙蔘, 더덕)　　　　　171
사시찬요(四時撰要) 163, 164, 183, 234
사시찬요초(四時纂要抄)　44, 82, 163,
　　166, 170, 172, 174, 178, 179, 180,
　　181, 182, 184, 185, 187, 189, 191,
　　205, 236
사찬농서　　　163, 164, 171, 205, 237
사토 노부스에　　　　　　　 15
사토 노부유키　　　　　　　 16
사토 노부카게　　　　　　　 15
사토 노부후치　　　　　　　 16
사토(沙土)　　　　　　　　177
사포서(司圃署)　　199, 200, 201, 202
사회적 변동　　　　　　　　137
산가(山家)　　　　　　　　171

산가요록(山家要錄) 164, 166, 167,
　　169, 170, 172, 177, 178, 180, 181,
　　182, 183, 184, 186, 187, 189, 191,
　　195, 196, 200, 202, 205, 206, 207,
　　209, 236
산가요록의 '동절양채' 기술 174, 179,
　　204, 207, 221, 222
산갓(芥子)　　　　　　　　203
산곡(山谷)　　　　　　239, 240
산나물　　　　　　　　　　173
산림경제 35, 36, 47, 63, 64, 65, 66, 67,
　　69, 78, 82, 86
산마늘　　　　　　　　　　221
산삼　　　　　　　　　170, 171
산삼병(山蔘餠)　　　　170, 171
산삼좌반(山蔘佐飯)　　170, 171
산야잡초(山野雜草)　　　　246
산어이화(山於里禾)　　　　 36
산종　　　　　　　　　　　 83
산파(散播)　　　　　　　　238
산화만암(酸化滿庵)　　　　 16
산화철(酸化鐵)　　　　　　 16
살구(梅杏)　　　　　　　　190
살림살이　　　　　114, 116, 121
살창　　　　　　　　　197, 198
살파법(撒播法)　　　　　　242
삶이　　　　　　　　　　　111
삽　　　　　　　　　　　　249
삼(麻)　　　　　　　　241, 242
삼개 논　　　　　　　　　　112
삼남 지방　　　　　　　　　193
삼림학(森林學)　　　　　　 18

삼밭(麻田)	246	서울 외거노비 '개지'	116
삽종법(揷種法)	32	서유구(徐有榘)	33, 52, 53
상경농법(常耕農法)	235	서재필	25
상경전(常耕田)	230	서지(鋤地)	109, 111, 113, 120, 175, 176, 178, 179, 181, 184, 189
상경지대	239		
상림원(上林園)	202	서흘라(鋤訖羅)	250
상수리 열매	173	석류	190
상식(常食)	187	석유자원의 고갈	224
상원	149	선(秈)	35
상전(上典)	114, 115	선물	115
상추(萵苣)	187, 209, 213, 219, 222	선산 월파정(月波亭)의 온돌	192
상하청(上下廳) 식사	114	선진국 곡물메이저	224
색경(穡經)	45, 47, 69, 77, 82	설즙(雪汁)	70, 80, 85, 247
생강(薑)	173, 182, 183	세계 최초의 과학적인 난방 온실	209, 210, 212, 222
생력제초	77, 81, 84, 86		
생물계절학(Phenology)	127, 129	세근(洗根)	74
생산관계	112	세근거니(洗根去泥)	80, 85
생산수단	225	세롱	108
생원 유진목	36	세벌 매기	109
생존의 위기	137	세역(歲易)농법	239
생총침채(生葱沉菜)	173	세조	165
생태계와 국민건강	224	세종	108, 165
서(鋤)	250	세종실록	165, 173, 224
서광범	19	소	115, 248
서루(鋤樓)	175, 189	소금물(鹹水)	187
서리	126, 138, 153	소나기성 호우	149
서병숙	22, 24	소농민경영	192, 233, 236
서북지방	39	소다(曹達)	16
서산(瑞山)의 막석이	114	소두(小豆)	230, 247
서속(黍粟)	247	소려(小犁)	250
서엽(杼葉)	73	소루쟁이(羊蹄子)	204
서울	108, 150	소만(小滿)	35, 45, 74, 177, 178, 180

색인 269

소비수준	43, 90
소빈농층(小貧農層)	229, 248
소빙기(Little Ice Age)	89, 93, 98, 102, 118, 119, 123, 124, 125, 132, 138, 140, 142, 146, 148, 160
소서(小署)	46, 48, 181
소시랑	250
소우마분회(燒牛馬糞灰)	193
소주	113, 114, 116, 121
소주밀식	81
소주화	74
소채(蔬菜)	173
소채재배전서(蔬菜栽培全書)	18
소현세자	92
소형의 작조려(作條犁)	251
속미(粟米)	184
속효성 비료	64, 69, 70, 79, 83
손순효	165
솔거노비(率居奴婢)	107, 112, 114, 116, 119, 120, 227
솔하노비(率下奴婢)	228
솜저고리	155
솥(鼎釜)	194, 195, 199, 200
솥의 수증기를 유입	222
쇠똥(牛糞)	177
쇠산	108
쇠스랑(鐵齒擺)	109, 120, 179, 249, 250
쇠아내	108
쇼시랑	229
수경	45
수경(水付種)된 만도	
수경(水播, 水付種)	33, 32, 35, 38, 39, 41, 44, 45, 238
수경구(手耕具)	228, 249
수공	114
수도(水稻)	37, 38, 39, 41, 42, 56, 61, 62, 239
수도적 아생기관(水稻的 芽生器官)	40
수도품종	29, 38, 110, 238
수라복(水蘿蔔)	181
수리사업	66
수리불안전답	66, 78, 83, 86
수리사업, 시설	229
수리안전답	66
수목의 나이테연구	128, 142
수목의 연륜연대학적인 연구(Tree Ring Research)	93, 98, 119, 161
수박(西瓜)	173, 177, 189
수부(水付)	44
수분매조	16, 63
수분을 공급(保澤)	178
수불여화(水不如禾)	36
수야	108
수운잡방(需雲雜方)	171
수원농림학교	22
수원의 노비	115
수의 속성과	23
수입 벼품종	53
수입론	49
수재	57, 112, 126, 149
수전(水田)	61, 108, 230
수전 직파법(水田直播法)	106, 233, 238
수전과 한전의 직영지 경영	107, 119
수전농법	225, 230, 237, 238, 252

수전의 제초	109, 120	식료찬요(食療纂要)	164, 165, 172, 172, 196
수전종맥법	112, 119, 120	식물생리	16
수확	69, 77, 110, 113, 120	식미가양(食味佳良)	55
숙기(熟期)	62	식초 만들기	170, 205
숙박지	90	식품서	202, 205, 236
숙분(熟糞)	177, 179, 183, 191	신감채(辛甘菜)	201
숙전화(熟田化)	238	신개간지의 숙전화	253
숙치(熟治)	181, 183, 244, 245, 249	신공(身貢)	114, 115, 117, 118, 121, 227
순무(蔓菁)	173, 180, 182, 200, 203	신기선(申箕善)	17
순안	149	신사유람단	15
순장 정도성	36	신속	164
순창도(淳昌稻)	37, 49	신아추출묘(新芽抽出苗)	73, 80
순화군	147	신역(身役)	118, 121, 227
술	114, 116, 121	신편집성마의방(新編集成馬醫方)	237
술 담기(酒方)	170	신해영	25
숯(熾炭)	194	신흥사족층(新興士族層)	234
습도	219	심경	183
승검초(辛甘草, 辛甘菜, 當歸)	200, 201, 203, 204	심수홍도(深水紅稻)	53
승지(承旨) 이경석(李景奭)	94	십자호분배예(十字號糞培例)	16
시골(土邑)식 침채(沉菜)	195	쌍가래	250
시금치(菠稜)	188, 189, 201, 209, 213, 219, 219, 222	써레(所訖羅)	250
시베리아	221	쑥	221
시비(施肥)	110, 120, 187, 191, 231, 252, 255	쓰다센(津田仙)	15
시선(柴扇)	67, 79, 84, 240, 250		
시설 농업	193, 196	**(ㅇ)**	
시작(時作)	107	아궁이재(窯下灰)	247
시찰기류(視察記類)	15	아랫목	215
식량문제의 실상	63, 224	아미타불에 복장(復藏)된 볍씨	30
식료찬요		아욱(葵)	178, 179, 185, 189, 199, 205

아욱씨(葵子)	178	양잠강습소	24
아종(Sub-Species)	41	양잠경험촬요(養蠶經驗撮要)	234
아주 야문 땅(剛强地)	184	양잠방(養蠶方)	235
아카카베(赤壁次郞)	22, 23	양잠실험설(養蠶實驗說)	18, 25
안개	138	양제자	204
안남조도(安南早稻)	53	양조	41
안동	149, 150	양화소록(養花小錄)	190, 200, 201, 206, 237
안동 장씨	202, 203		
안동부사 이우	168	어산	108
안종수	15	얼갈이(凍畊)	180
안주	114	얼보리, 凍麥	244
안주 용천조	40	얼음	126
알렉산드리아(Alexandria)	211	엄창(掩窓)	198
알젓	114	여경(犁耕)	108, 109, 111, 113, 120, 180, 181, 183, 185, 243, 244, 249, 250
알프스 빙하의 확장과 축소	129		
앙기	70		
앙묘근	77	여구(犁口)	250
앙묘소속(秧苗小束)	74	여뀌(茳蓼)	188, 189
앙종부양(秧種浮釀)	70	여름 장마(夏雨)	58, 226
앙판(秧坂, 못자리)	45, 47	여름-홍수	148
애남이	108, 115	여산(礪山)	114
앵도	190	여술화(如術禾)	36
야생벼(wild rice)	41	역축	228, 248, 250, 251, 252
약초	169, 172, 205	연강수량	66
양건앙법(養乾秧法)	78	연등	181
양계법촬요(養鷄法撮要)	18	연륜연대학(Dendrochronology)	98, 102, 127, 128, 135, 143
양계신론(養鷄新論)	18		
양루중구(兩樓重構)	184	연산군일기	201, 206
양맥근전(兩麥根田)	243	연작	238
양묘처(養苗處)	69, 72, 80, 239	연총	108
양반	91, 116, 118, 119, 227	열등지	230, 238
양잠(養蠶)	169, 172, 194, 199, 205, 206	열매	242

열악한 소농법	228	왕의 행장(行狀)	125, 145
염교(薤)	184, 185, 189, 199, 205	왕정『농서』	167
염득	108	외	228
염득어미	108	외거 노비(外居 奴婢)	91, 113, 114,
염색하기	170, 205	115, 116, 119, 227, 228	
염장하기	170	외국인 농학 및 농림 기술자의 고빙 26	
염화비닐 하우스	212	외방(外方) 종	114
영남농서(嶺南農書)	236	외양간거름(廏肥)	245
옆채류	199	요백수도(料白水稻)	53
예안	150	요회(尿灰)	110, 120, 191, 193, 231,
예조(芮租)	39, 40	245	
오리선생(五厘先生)	39, 40	용산의 잠상시험장	24
오얏	190	용수	103, 107, 108, 116
오이(瓜)	173, 174, 175, 177, 180, 200,	용수아내	108
203, 211, 212		용재총화	192
오이씨	175	용조	40
오장	108	용천담적기(龍泉談寂記)	198
옥산도(玉山稻)	37	용주현(龍洲縣)	237
옥저광화(玉著光禾)	36	용천조(龍川租)	39, 40
온도 곡선	129	용틀	103
온도계	16, 128, 131	우경구(牛耕具)	228, 249
온돌(溫突)	191, 193, 194, 195, 196,	우등지	231, 241
197, 198, 199, 206, 211		우등한 한전	241
온방(溫房)	192, 195	우량 수도품종 보급론	49
온실(土宇)	20, 197, 201, 212, 215, 216,	우량품종	31, 52, 58
218		우레	151
온처(溫處)	83	우루과이 라운드	223, 253
온탕수	83	우리 나라 음식 조리법	170, 172, 209
온풍 난방 방식의 온실	197	우리 나라 조선초기 온실	222
올벼	103, 106, 109, 110, 119	우리 농산물의 가공법	171
옹항내수침수일	83	우리 농서의 편찬과 간행	237
왕실의 수용	199	우리 식의 술 담기	205

우리 전통 벼품종과 재배법	30
우리문화가꾸기회	209
우마구(牛馬廏)	246
우마뇨(牛馬尿)	70
우마분(牛馬糞)	73, 191, 192, 246
우마의서(牛馬醫書)	237
우박	119, 125, 138
우부승지 이숭지(李崇之)	186
우엉(芋)	173
우침채(芋沉菜)	172
운대(芸薹)	182
운도(耘稻)	75
운모와 활석	211
움(窖)	182, 204
원산학사	23
원예농업	164, 167, 172, 191, 193, 205, 236
원예시험장(園藝試驗場)	22
원유(苑柳)	202
원의 세조	165
월령체	163, 236
월별 서리 강하표	143
위도(緯度)	63, 79
위빈명농기(渭濱明農記)	69, 75, 77, 78, 82, 86
윗목	215
유기(柳器)	194
유길준	19
유럽	126, 221
유묘기(幼苗期)	66, 68
유벽반전려(有鐴反轉犂)	249, 251
유분(柔糞)	178
유산(硫酸)	16
유생원 홍판사(洪判事)	91
유성과 운석의 소빙기 원인설	140
유연지(柳軟枝)	73
유우(Jersey)	21
유지(油紙)	194, 198, 200, 206, 215, 218
유진	75, 77
유진목(柳鎭穆)	37, 51, 84
육도(旱稻)	37, 39, 40, 41, 42, 56
육도적 아생기관(陸稻的 芽生器官)	40
육묘	78, 85, 86
육부경종법(六部耕種法)	16
육십선도(六十仙稻)	53
육십일도(六十日稻)	53
육영공원(育英公院)	23
윤답(輪畓)지대	239
윤목(輪木)	238
윤봉(尹鳳)	186
윤숙경	171
윤작	243
윤정식	25
은행	190
을미사변	18, 27
을사조약	27
음식 디미방	172, 202, 203, 205
응용비료학(應用肥料學)	18
응지진농서(應旨進農書)	47, 49, 84
의방유취(醫方類聚)	164, 165, 196
의봉	108, 115
의성 지방	149
이괄의 난(1624)	145
이동성 고기압	148, 149

이두(吏讀)	167, 168, 169
이른 서리	119
이른개의 남편	108
이모작(二毛作)의 형태	106
이병묘(罹病苗)	73
이삭 필 때	242
이상 저온 현상	142, 147, 149, 152, 153
이성우	164
이안 지방	106, 107, 108, 109
이암(李嵒)	234
이앙	
이앙 재배	
이앙 재배법	68
이앙 적기	74
이앙(移秧)	35, 45, 46, 48, 49, 50, 51, 64, 68, 69, 74
이앙법(移秧法)	29, 30, 32, 36, 38, 41, 48, 51, 68, 69, 77, 86, 106, 111, 119, 157, 239, 240, 252,
이엉	198
이우(李偶)	236
이월이(노비)	108
이중구조	228
이중의 가온법	197
이중적 난방 효과	222
인간회복	224
인공양잠감(人工養蠶鑑)	18
인구 변동	137, 226, 232
인뇨(人尿)	73
인도형 벼	56
인력농구	252
인문과학자	126
인분뇨(人糞尿)	247, 248
인삼	170
인성군	147
인조	89, 100, 125, 145, 148
일기온차(日氣溫差)	216
일반 관행	107
일본 구마모토(熊本)농학교	23
일본 벼품종	30, 55
일본 사신	198
일본의 잠업 진흥	18
일본형 벼	37, 56, 58
일봉	108
임박유(林博儒)	37, 51
임업	205
임오군란	27
임원경제지(林園經濟志)	33, 35, 36, 45, 46, 47, 170
임진왜란	40
임학속성과	23
임해군	147
입분(入糞)	246, 73
입신토(入新土)	73
입춘	185
입하	44, 45, 74, 183
입형척소(粒形瘠小)	55

(ㅈ)

자갈화(赭葛禾)	37
자리(薦席)	194, 195, 199
자반	171

자연 재해	124	재(灰), 재거름	110, 191
자연과학자	126	재래수도조사	37, 54
자연호(自然戶)	227	재배법	183, 225
자연환경	225, 231	재복토	67, 84
자주적 구미 농학 수용	27	재상(栽桑)	169, 172, 205
작도(斫刀)	250	재상전서(栽桑全書)	18
작무법(作畝法)	179, 244, 249, 251, 252	재소	108
작물의 월동	226	재식거리	74
작부체계 고도화	230, 243	쟁기(犁)	184, 233, 250
작업	109	쟈바형 수도(벼)	56
작은 고랑	244	저습지(低濕地)	238
작조려(作條黎)	243	저온 현상	97, 130, 152
잘갖옷	145	저장용(陸稻)	42, 43
잠상시험장	21	저지에서 재배된 벼(lowland rice)	41
잠상실험설(蠶桑實驗說)	18	저택윤습황지(沮澤潤濕荒地)	238
잠상집요(蠶桑輯要)	18	적재적소의 한전	241
잠상촬요(蠶桑撮要)	18	적지적종(適地適種)	50, 58
잠서(蠶書)	18, 236	전곡(田穀, chun-kok)	41, 42
잠실(蠶室)	194	전다적세역(田多的歲易)	243
잠업	205	전면경(全面耕)	243, 244, 245, 249, 250, 251, 252
잠업대요(蠶業大要)	18		
잠업시험장	21	전순의(全循義)	164, 165, 197, 209, 236
잡령(雜令)	247	전주공립농림학교	24
잡설(雜說)	246	전통적인 농업역할론	223
잡초무성(雜草茂盛)	240	전환국	21
잡초의 비료화	247	절이	108
장 담기	170, 205	점(苫)	201
장간(長稈)	63	점박	194
장남, 장남아내	108	점습(沾濕)	73
장류수	83	접목신법(接木新法)	18
장망종	63	정금도(正金稻)	37, 50
장원서(掌苑署)	200, 201, 202	정금화(正金禾)	36

정도성(鄭道星)	37, 49	조도 유수경	64
정량분석	129	조도 청명	85
정묘호란(1627)	145	조도(早稻)의 수경법	65, 238
정병하(鄭秉夏)	17	조도(早稻)의 앙기(秧基)	248
정부 비축분	147	조랑말(Shetland)	21
정부의 조세 감면과 구제 대책	126	조망도(鳥芒稻)	53
정수 3형제	107, 108, 119	조방적인 성격	231, 233, 240, 249
정약용	45	조병직	15

- 정장이 밭 107
- 정조의 '구농서윤음(求農書綸音)' 47
- 정조식 74
- 정지법(整地法) 244
- 정진홍 22
- 정초(鄭招) 235
- 제민요술(齊民要術) 68, 84, 167, 182, 183, 185, 228, 246
- 제분 및 양조용(乾畓稻) 42, 43
- 제언(堤堰) 229
- 제주공립농림학교 24
- 제초 35, 67, 86, 109, 120
- 조(粟) 118, 230, 241, 242, 244
- 조건불리 지역 56, 58
- 조구도(鳥口稻) 53
- 조기 수확 77
- 조기 육묘 70
- 조기 이앙 48, 80
- 조기화 48, 63
- 조도(早稻) 32, 33, 34, 36, 38, 38, 39, 42, 44, 56, 57, 62, 65, 71, 79, 80, 106, 109, 110, 120, 247
- 조도 담수직파 64, 65, 69
- 조도 앙기(早稻 秧基) 45, 247

- 조선 벼품종 29, 30, 38, 53, 55, 56, 57, 58, 59, 167, 169
- 조선 벼품종의 구축 54
- 조선 전기 43, 172, 174, 191, 193
- 조선 정부의 농정 방향 168
- 조선각본『사시찬요』 164
- 조선도품종일람 37
- 조선미작(朝鮮米作)의 특이성 31
- 조선왕조실록(朝鮮王朝實錄) 119, 125, 138, 139, 144, 160, 161, 224, 234
- 조선전기 고문서 227
- 조선전기 노비의 존재형태 227
- 조선전기 농경기술 223, 224, 225, 233, 237, 242, 251, 253
- 조선전기 농구 233
- 조선전기 농서 234
- 조선전기 농업 224, 225
- 조선전기 농업 생산력 224, 231, 232, 234, 251
- 조선전기 수도작 62, 233
- 조선전기 시비법 231, 245
- 조선전기 인구의 계급구성 227
- 조선전기의 노동대상 229
- 조선전기의 노동력 226

색인 277

조선전기의 농업환경	225	종합 농업시험 연구	22
조선전기의 농지공급	253	좋은 땅(良地)	180
조선전기의 인구	226, 227	좌익원종 공신	165
조선전기의 자연환경	225	주가(主家)	116, 227
조선전기의 조파법	242	주곡(主穀)	236
조선전기의 주요한 역축	228	주당 묘수	74
조선전기의 토지이용방법	230	주목하는 시비법	238
조선전기의 한전 작부체계	241	주방(酒方)	171
조선총독부	17	주식(住食)에 관한 기록	90
조선총독부 권업모범장	37	주작화(主作化)	62
조선판『농상집요』	234	주찬	115
조선후기 농서	29	주침야수법(晝浸夜收法)	71
조선후기 도종	30, 31, 33, 38, 42, 43, 51	죽목(竹木)	169, 172, 205
조선후기 벼농사	29, 30, 31	중간낙수(中間落水)	75, 81
조선후기 수도육종의 방향	30	중국 강남 농법	252
조선후기의 수도작의 확산	29	중국 농서 보급	234
조세 부역	147, 228	중국 벼품종 수입	53
조숙 다수성(早熟 多收性)	53, 58, 63	중국 화북 농법	166, 167, 242, 235
조제	77	중국농서	236, 237
조종(早種)	35, 44, 45, 57, 57, 235, 242	중국의 농법(農法)·농시(農時)	169
조파		중국 선진농법	234
조파법(條播法)	78, 83, 233, 242	중도(中稻)	34, 36, 38, 42, 56
족종법(足種法)	240, 242, 249	중등전	242
좁쌀	184	중려(中犁)	250, 251
종교맥(種蕎麥)	191	중맥설(重麥說)	17
종도(種稻)	191	중앙아시아	221
종목국	21	중종(中種)	44, 57
종이(紙地)	115, 118, 195	중체서용	14
종자(種子)	245	즙저(汁菹)	170
종포	80	증보문헌비고(增補文獻備考)	138, 139, 170
종합 농서	167, 170	증보산림경제(增補山林經濟)	35, 36,

45, 47		짚(穀桔)	191, 198
지당수(池塘水)	83	쪽(藍)	190
지대가 높은 곳(高處)	50	쭉정이(糠秕)	191, 192
지력유지를 위한' 초경(初耕)	251		
지리학(Geography)	126, 127		

(ㅊ)

지방관(勸農官), 지방관아	196, 234	차조도(次早稻)	32, 34, 36, 62, 65, 71,
지배 계급	118		110, 240, 247
지상과 기상적 재변	139	찰벼	37
지석영(池錫永)	17	찰진 모래땅(沙糯地)	181
지속가능한 농업(Low Input Sustainable Agriculture)	59	참깨(胡麻)	242, 247
		참외(甘瓜)	189
지역성과 다양성	223	찹쌀	110, 120
지종법(漬種法)	33, 191	창호지에 유지	211
지주소작제	233	채광법	194
지중가온(地中加溫)	197	채소	173, 182, 200, 236
지지(紙地)	194, 199	채소 가공식품	166, 236
지질학(Geology)	127	채소 기술	166
지초(芝草)	190	채소 농사	117, 163, 172, 236
지품연약(地品軟弱)	70, 80, 85	채소 소비	166, 173, 196
지협주사(知夾州事)	234	처서	180
지황	190	척박한 땅(瘠地)	50, 231
직영지(直營地)	90, 103, 108, 118	천경(淺耕)	244, 251
직파법 36, 48, 50, 51, 63, 65, 67, 77,		천경용(淺耕用) 쟁기	250
106, 112, 119, 238, 240		천관수(淺灌水)	81
진력(眞轢)	73	천둥	138
진만	108	천방(川防)	229
진맥(陳麥)	235	천상도(天上稻)	37, 49, 53
진부『농서』	167	천수답	57, 251
진휼청	147	천식	74, 81
질그릇단지(陶盆)	194	천초(川椒)	170, 205
집약농법	231, 232, 233, 249	철치파	110
집중 호우기의 홍수 조절	61		

청량(靑粱) 241
청명(淸明) 35, 44, 47, 65, 80, 83
청우도(靑芋稻) 53
청일전쟁 27
청풍(淸風)의 노비(奴婢) 세미 114, 115, 121
청한몽(淸漢蒙) 연합군 89
초(鍬) 110
초경(初耕) 33, 246
초목무밀처(草木茂密處) 238
초목비(草木肥) 69, 78, 231, 245, 246, 247
초복 182
초여름 서리 152
초역(抄譯) 234
초회분(草灰糞) 193, 231, 245
촉개(蜀芥) 182
찰요신서(撮要新書) 163, 169, 237
최경석 19, 20
최만종(最晚種) 46, 53
최아법(催芽法) 71, 79, 80, 83, 85
최우등지 241
최초의 종합 농서 207
추경(秋耕) 235, 250
추국(推鞫) 199
추맥(秋麥) 243, 244
추비시용(追肥施用) 75
추수(秋收) 106
추수기 108
추운 겨울 226
추의 조냉(早冷) 55
축력 229, 233

축력농구와 인력농구 251
축산(仔畜) 172, 169, 205
축약 182
축이 108
춘분 44, 179, 187
춘분~청명 47
춘의 한발(旱魃) 55
춘종(春種) 177, 182, 184, 242, 243
춘하절(春夏節) 246
춘한 77, 81
출수 54, 63
충신, 충신아내, 충신어미 108, 113
충이 108
충일, 충일아내 108, 117
충주 이안지역 91
충주(忠州) 113
취사용(水稻) 42, 43
측간(厠間) 구조 개량 247
치자(梔子) 190
치전 35
침강법(沉薑法) 173
침구택일편집(鍼灸擇日編集) 164
침동아(沉冬瓜) 173
침산(沉蒜) 173
침서과(沉西果) 173
침장고(沈藏庫) 199
침저(沈菹) 170
침종 64, 79, 83
침즙저(沈汁菹) 170
침지 80

(ㅋ)

콩(大豆)	230, 241, 242, 244
콩껍질(太殼)	195
크로르(格魯兒)	16

(ㅌ)

타도편(打稻便)	250
타케조에	16
탁영지(託營地)	90
탄소 동화 작용	194
탄소연대측정학(Radiocarbon dating)	127, 128
탄시(炭柴)	194, 199
탈립	63, 77
태양의 흑점 활동	137
태인도회(泰仁都會)	194
템즈강의 수위	132
토건폭쇄(土乾曝曬)	81
토란(芋)	178, 189
토막번지(木橔)	67, 79, 84, 240
토성변(土性辨)	15
토송불밀(土鬆不密)	79, 84
토양 조건(土品)	50
토우(土宇)	201
토지 비옥도	245
토지개량 설비	228, 229
토지생산성	232, 239
토지와 인구	224, 231
토지의 숙전화(熟田化)	230
토지이용방식	230
토지조사사업	29
토품(土品)	58
통리교섭통상사무아문	14
통리군국사무아문	14
통리기무아문	14
퇴비	202

(ㅍ)

파(葱)	173, 184, 199, 203
파김치(沈葱)	184
파씨(葱子)	184
파자(把子)	109, 110
파종	44, 69, 72, 86, 108, 113, 120, 180, 182, 183, 184, 187, 240
파종구(播種構)	243
파종기	48, 49, 69
파종기와 이앙기의 분화	43
파종대비 수확량	127
파종된 종자의 손실 방지	67
파종량	72
파종일	187, 79
파종처	78
판중추원사 이순몽(李順蒙)	194
팥(小豆)	241, 242
패초택출	74
페이퍼하우스(Paper house)	212
편동풍	134
편모(編茅)	194
편서풍(Westerly)	134
편호(編戶)	227, 228

평민호	227
평안도	235
평야(野地)	49
평양도립농학교	24
포도	190
포도 수확일(wine harvests dates)	127, 129, 130, 131, 136, 137
포타시움(剝篤亞斯)	16
폴리에틸렌 필름	212
표고(蔈古)	186
품앗이	107, 108, 116, 119
품종분화	230, 242
품질(粳, 粘)	63
풍기군수(豊基郡守)	237
풍재	57
풍토부동(風土不同)	169
프랑스의 포도 수확일	129, 161
플라스틱 필름	212
피(稷)	230, 241, 242
피난살이	90, 91, 115, 118
피란기의 남이웅가	103
필사본	170

(ㅎ)

하계 고온 다우형인 한국 기후	61
하늘의 이상 현상	139
하니	79, 83
하마다(濱田秀男)	40, 55, 56, 58
하삼도(下三道)	227, 230, 235
하수(河水)	80
하습지	241
하의 출수(出水)	55
하이델베르크	197
하인 몽득이	113
하일즙저(夏日汁菹)	170
하지(夏至)	46, 182
학이	108
학제간 연구(interdisciplinary study)	128
한국농업의 전체 역사	224
한냉한 여름	143
한도(山稻, 陸稻)	39
한도(旱稻)	38, 238
한로	182
한미수호통상조약	13, 19
한반도 서북지방	67
한반도의 연강수량	66
한발	40, 48
한복려	171
한상덕(韓尙德)	234
한성의 본가	91
한성학당 농업속성과	23
한악	163
한일합방조약 체결	27
한재	53, 57, 68, 126
한전	108, 109, 119, 230
한전농법	225, 235, 237, 241, 243, 252
한전의 간종법	111, 120
한전의 근경법	111
한전의 무간(畝間)	241
한전작물	242
한정록(閑情錄)	35, 69, 82, 173, 174
한해	40
함길도	235

함흥도립농업학교	24	홍수	151
합천(陜川)	209	홍영식	19
항아리(瓮)	198	화경(火耕)	244
해도(海稻)	53	화과(花果)	202
해동역사	170	화구뇨목면자(和廐尿木棉子)	80
해조(海租)	40	화기도해(花器圖解)	16
해주도립농업학교	24	화누법	75, 81
햇순	204	화분(火糞)	247
행랑	113	화분학(Palynology)	127, 136
행장	147	화실(火室) 재배	211
향생	108	화전법(火田法)	242
향약집성방	165	화혼양재(和魂洋才)	14
향호만도(香好晚稻)	53	화훼의 수장법(收藏法)	201
허균의 『도문대작』	190	환경인자	59
현종	125	황무지를 수전으로 개간	238
현흥택	19	황조(荒租)	39, 40, 110, 120
협업적인 집단노동에 기초한 대농법 252		황충(蝗虫)	71, 76, 150
		황토 흙벽	211, 222
형태학(Morphology)	127	회분(灰糞)	72, 76, 78, 80, 81
혜성 출현의 증가	140	회환농법(回換農法)	239, 240, 242, 243, 252
혜아	108		
호마곡 구비(胡麻穀廐肥)	69	효신, 효신어미	108
호미(鋤)	233, 250	효종	125, 148
호미질(鋤地)	184, 185	후쿠자와(福澤諭吉)	24
호병추	16	훈민정음	209
호유(胡荽)	187, 189	휴종수요(畦種水澆)	179
호장(戶長) 박상	91	휴한법	230, 233, 241, 243
호치파(虎齒把)	250	흉작	124
호미	229	흑점화(黑秥禾)	36
혹심한 가뭄과 이어지는 홍수	147	흑조	40
혼다(本田幸介)	22	흙당골논	103, 105, 108, 110, 111
홍만선	74	흙집(土宇)	200, 202

흥농종묘	213
희고 부드러운 땅(白軟地)	183, 185
희배	108
흰미나리(白芹)	187
히시모토(菱本長次)	40

(ㄱ)

ᄀ래	249

(돍)

돍오려(鷄鳴稻)	35

(싸)

싸긔경ᄒ기	249
싸보	249

한국농업사학회 원고투고 규정

1. 제목, 필자이름, 필자소속 및 지위, E-mail 주소, 국문초록, 영문초록, 본문, 참고문헌의 순서로 원고를 작성한다. 표와 그림의 위치는 본문 중에 표시한다. 부표 또는 자료의 제시가 필요한 경우에는 참고문헌 뒤에 붙인다.
2. 원고는 한글 97이상으로 작성하며, A4 용지 단면으로 제출해야 한다. 글자 크기는 10으로 하며 여백은 좌우상하 각각 35, 30, 30mm로 하고, 줄간격은 160%로 하며, A4 용지 25매를 초과하지 않도록 한다.
3. 한글논문인 경우에 본문은 한글 사용을 원칙으로 하고, 한자는 불가피한 경우에만 사용하고 가급적 10% 이내로 한다.
4. 한글논문의 경우, 영문제목 및 영문성명을 한글제목의 바로 아래와 한글 성명 옆의 괄호 속에 각각 표기한다. 감사의 말이나 연구비의 출처를 밝힐 필요가 있을 경우에는 논문제목 옆에 별표(*)를 부기하여 각주로 기재할 수 있다. 필자의 소속, 지위 및 E-mail 주소는 필자 이름 옆에 별표(* 또는 **)를 부기하여 첫페이지에 기재할 수 있다.

5. 영문초록

　국문초록(500자) 다음에 150단어(words)내외의 영문초록을 붙일 수 있다.

6. 핵심주제어

　국문초록과 영문초록 하단에 논문의 핵심주제어를 국문 및 영문으로 각각 5개 이내로 제시한다.

7. 장·절 번호의 표기방식

　Ⅰ. Ⅱ.＞1. 2.＞1), 2)＞(1), (2)＞가. 나.(영문의 경우는 A. B.)

　단, 본문 중의 나열은 ① ② ③으로 한다.

8. 표와 그림의 작성

　(1) 표와 그림은 70칼럼 이내에서 작성한다. 단, 그림은 네모 속에 작성한다.

　(2) 표와 그림의 표기는 <표 1>, <그림 1>과 같이 하고, 표와 그림이 여러 부분으로 구성되어 있을 경우 각 부분을 A, B 등으로 표기한다.

　(3) 零인 경우는 표 속에 '0'을 표기한다. 不明인 경우는 표 속에 '－'을 표시하고 주에 설명을 단다.

　(4) 註를 먼저 표시한 다음에 자료를 표시한다. 주의 표기는 10번 항목의 주 표기를 따른다.

　(5) 표, 그림의 제목은 위에 붙인다.

9. 철자법 및 표기법

　(1) 현행 교육부 규정 및 국정교과서의 표기에 따른다.

　(2) 복합명사나 한자숙어 등은 붙여 쓴다.

　　　예: 조선시대, 설상가상

　(3) 중략 표시

　　　1) 한 문장 이내의 중략: …

　　　2) 두 문장 이상의 중략: ……

　(4) 부터 까지: '～'기호를 쓴다.

예: 15~18세기
(5) 숫자표기

아라비아 숫자를 쓰되, 본문 중에서 이해가 쉽도록 한글을 섞어 표기할 수 있다.

예: 3,000명 - 본문 중에서는 3천명 또는 삼천명

예: '123천'과 같은 표기는 피하고, '12만 3천'이란 식으로 표기한다.

(6) 연대의 표기

가급적 서력 연대를 사용하고 왕기(王紀) 등의 연대를 사용할 때에는 서기 연대를 사용하고 ( )속에 왕기 등의 연대를 사용할 수 있다.

예: 1902년(광무6년)

(7) 단위표기

가. 미국의 화폐단위는 달러로 한다.

나. 퍼센트는 %로 한다.

다. 킬로미터, 킬로그램과 같은 미터법 도량단위는 km, kg 등으로 표기한다.

(8) 한글과 음이 다른 한자의 표기는 [ ]로 처리한다.

예: 봇짐장사[負商]

10. 주 표기

(1) 본문과 관련되는 저술을 소개하는 주는 본문 내에서 해당되는 곳에 저자의 이름, 출판연도 및 관련 페이지를 괄호에 넣는다. 단, 페이지의 제시가 불필요할 때는 그 해당 부분을 빼도록 한다.

가. 저자의 이름이 본문에 나와 있지 않은 경우에는 이름과 출판연도 및 관련 페이지를 모두 괄호안에 제시한다.

예: (홍길동, 1985: 105), (홍길동, 1985)

나. 저자의 이름이 본문에 나와 있는 경우에는 본문에 있는 저자 이름

다음에 출판연도 및 관련 페이지를 괄호 안에 제시한다.
예 : 홍길동(1985: 105), 홍길동(1985)
(2) 두 개 이상의 다른 저술을 인용할 때는 연도순으로 세미콜론(;)을 사용하여 저술을 구분한다.
예: (일지매, 1985; 김삿갓, 1998)
(3) 필자 자신의 주석을 부연할 필요가 있는 경우에는 각주로 처리할 수 있다.
(4) 저자의 명기가 곤란한 문헌을 제시할 필요가 있는 경우, 문헌명을 괄호 안에 제시할 수 있다.
예: (『동아일보』, 1923. 3.1), (『명종실록』12, 명종 6. 9.28)

11. 참고문헌 표기
(1) 참고문헌은 본문에 인용 또는 언급된 것을 위주로 정리한다.
(2) 참고문헌의 배열순서
  가. 저자를 기준으로 하여, 국문 및 중문, 일본 문헌을 가나다순으로 먼저 제시하고, 다음에 영문 등의 알파벳문화권의 문헌(이하, 영문 문헌으로 略)을 알파벳순으로 제시한다.
  나. 논문과 단행본은 구별하지 않고 함께 제시한다.
  다. 저자를 명기하기 곤란한 문헌(신문, 고문서 등)의 제시가 필요한 경우, 논문, 단행본 앞에 일괄하여 정리하되 구분을 위하여 논문, 단행본 사이에 빈 줄을 하나 삽입한다. 배열순서는 문헌명을 기준으로 논문, 단행본의 경우에 준하여, 가나다순 또는 알파벳순으로 한다.
  라. 참고 문헌이 두 줄 이상이 될 경우, 두 칸 내어쓰기로 한다.
(3) 단행본
  가. 국문 및 중문, 일문의 책제목은 겹꺾쇠(『 』)로 표기한다.
  나. 영문문헌은 기호 없이 이탤릭체로 한다.

다. 저자의 및 편자의 성명, 발행연도, 책제목, 출판사 순으로 표기한
다. 영문성명은 last name(성)을 먼저 쓴다. 1판, 2판 등은 책제목
바로 다음에 쓴다. 영문문헌의 경우 출판사 바로 앞에 출판자를
표기한다.

편, 또는 ed, eds.는 발행연도 앞에 표기한다.

예: 홍길동(1999), 『한국농업사』, 법문사.

North, Douglass C.(1981), Structure and change in Economic History, New York: W.W. Norton & Company.

三鳥康雄 編(1981), 「三麥財閥」, 日本經濟新聞社.

Eastern, Richard A., ed. (1976), Population and Economic Change in Developing Countries, Chicago and London: The University of Chicago Press.

라. 번역문헌일 경우 원저자, 발행연도, 언어책명, 출판사를 쓰고, 번
역자, 발행연도, 번역책명, 출판사 순으로 표기한다.

예: Cameron, Rondo(1993), A Concise Economic History of the World, 2nd edn., Oxford: Oxford University Press, 이헌대 역 (1996), 『간결한 세계농업사』, 법문사.

(4) 논 문

가. 국문논문(학위논문) 또는 중문, 일어논문인 경우는 꺾쇠(「 」)로
표기하고, 그 논문이 게재된 학술지나 단행본이 국문 또는 중·
일문 일 경우에는 겹꺾쇠(『 』)로 표기한다.

나. 영문 논문은 겹따옴표 (" ")로 표기하고, 그 논문이 게재된 학술지나
단행본이 영어문헌일 경우에는 기호없이 이탤릭체로 표기한다.

다. 학술지에 실린 논문은 저자성명, 발행연도, 논문제목, 학술지명,
권(호)수 순으로 표기한다. 영어성명은 Last name(성)을 먼저 쓴다.

예: 홍길동(1985), "19세기 철도산업의 경쟁과 연방규제", 『농업

사연구』9.

Lee, Chulhee(2000), "A note on the Effect of Union Army Pensions on the Labor Force Participation of Older Males in Early-Twentieth-Century America," seoul Journal

라. 편집한 책에 실린 논문은 저자성명, 출판연도, 논문제목, 편자성명, 책제목, 출판사 순으로 표기한다.

예: 홍길동(1996), "영국 산업화, 1800~60", 김영진 편, 『한국의 도작문화(Ⅰ)』, 경문사.

Todaro, Michael P.(1976), "International Migration in Developing Countries: A Survey," in Richard A. Eastern, ed., Population and Economic Change in developing Countries, Chicago and London: The University of Chicago Press.

마. 학위논문은 성명(연월), "논문제목", -대학교 -학 박사학위논문으로 표기한다.

예: 홍길동(1998.2), 「조선에서의 잠사업 발전과 양잠가」, 서울대학교 경제학 박사 학위논문.

(5) 저자 이름이 2-3명일 경우 모두 쓴다. 한국어, 중국어, 일본어 등의 경우는 저자 이름사이에 가운데 점을 넣는다. 영문일 경우 두 번째 사람부터는 first name부터 쓴다. 4명 이상의 경우 한글 문헌은 '필자 이름외'로, 영문 문헌은 필자이름 et al.로 표기한다.

예: 홍길동·구마적(1998), "일본의 농업정책과 조선인 이민", 『농업사연구』 12.

홍길동 외(1998), "일본의 농업정책과 조선인 일본 이민", 『농업사연구』 12.

Ransom, Roger L. and Richard Sutch(1977), One Kind of Freedom: The Economic Consequence of Emancipation,

Cambridge: Cambridge University Press.

(6) 같은 저자의 복수문헌을 제시할 때는, 두 번째 문헌부터 저자 이름을 생략하고 대신 그 부분을 공백으로 두고 밑줄을 넣는다. 또한, 같은 저자가 같은 해 발표한 복수의 문헌을 제시할 경우, 발행연도 다음에 a, b, c를 붙여 구별한다.

예: 홍길동(2000a), "일제의 농업정책", 『농업사연구』 28.

　　(2000b), "皇室租稅國家の成立 -韓國と日本との比較-", 「社會經濟史學」66(2).

12. 여기에 규정되지 못한 의문사항이 있을 때에는 편집위원회에 문의하여 처리한다.

한국농업사학회 회칙

제1조 (명칭) 본회는 한국농업사학회(Korean Agricultural History Association) 라 칭한다.

제2조 (목적) 본회는 한국농업의 역사와 발전, 그리고 그와 관련된 이론을 연구하고 그 연구성과를 보급하는 것을 목적으로 한다.

제3조 (위치) 본회의 사무소는 한국농촌경제연구원에 두며, 필요에 따라 지방에 사무소를 둘 수 있다.

제4조 (회원)

1. 본회의 회원은 농업사와 농업발전학, 그리고 그와 인접 학문의 연구자로서 정회원, 준회원, 기관회원, 자료회원 등으로 구분한다.
2. 정회원은 대학의 전임교수와 박사과정 이상 및 이에 준하는 연구경력을 가진 자로 하며, 준회원은 석사과정 이상 및 이에 준하는 연구경력을 가진 자로 한다. 기관회원은 관련 일반 연구기관 및 기업체로 하며, 자료회원은 대학 도서관과 대학 연구소로 한다.
3. 본회의 회원으로 가입하고자 하는 자는 운영위원회의 제청 후 이사회의 승인을 받아야 한다.

제5조 (임원)
1. 본회에는 다음과 같이 임원을 둔다.
   (1) 회장 1인 (2) 부회장 1인 (3) 이사 20명 이내 (4) 감사 2인
2. 회장·이사·감사는 총회에서 선출하며, 부회장과 각 위원장은 회장이 지명하여 총회의 동의를 얻는다.
3. 각 임원과 감사의 직무는 다음과 같다.
   (1) 회장은 본회를 대표하고 총회 및 이사회를 주재한다.
   (2) 부회장은 회장의 유고시 회장의 직무를 대행한다.
   (3) 감사는 본회의 주요 업무와 회계를 감사하며, 그 내용을 정기총회에 보고한다.
4. 회장과 부회장, 그리고 감사와 평의원 및 위원장의 임기는 3년으로 한다.

제6조 (총회)
1. 총회는 회칙개정, 사업계획 및 예산 결산에 관한 사항을 의결하고, 임원을 선출한다.
2. 총회는 정기총회와 임시총회로 나뉘며, 정기총회는 연 1회, 임시총회는 회장이 필요하다고 인정하거나 회원 4분의 1 이상의 요구가 있을 때 회장이 소집한다.
3. 총회의 의결은 정회원 과반수의 출석과 출석 정회원 과반수의 찬성으로 한다.

제7조 (이사회)
1. 이사회는 총회의 부의안건을 심의하고, 총회에서 위임된 사항과 기타 사업집행에 관한 사항을 의결한다.
2. 이사회는 회장·부회장·이사 및 위원장으로 구성되며, 회장이 필요하다고 인정하거나 이사 3분의 1 이상의 요구가 있을 때 회장이 소집한다.

제8조 (위원회)
  1. 위원회는 운영위원회, 기획연구위원회, 편집위원회를 둔다.
  2. 운영위원회는 예산편성 등 학회 운영에 관한 전반적 사항과 학회 사무 일반을 관장하며, 운영위원회 산하에 사무국을 둔다.
  3. 기획연구위원회는 사업기획과 국제업무 등 본회의 제반 연구기획에 관한 사항을 관장한다.
  4. 편집위원회는 회보와 회지의 발간, 자료 수집·정리, 그리고 홈페이지 운영 등에 관한 사항을 처리한다.
  5. 각 위원회의 위원은 5명 내외로 구성하며, 위원장이 추천하여 회장이 임명한다.
제9조 (명예회장) 본회는 명예회장을 둘 수 있다.
제10조 (사업) 본회는 제2조에 규정한 목적을 달성하기 위하여 다음과 같은 사업을 한다.
  1. 연구발표
  2. 학회지 및 기타 간행물 발간
  3. 국내외 관련 학술단체와의 교류
  4. 기타 본회의 목적에 부합하는 사업
제11조 (경비) 본회의 경비는 회비 및 기타수입으로 충당한다. 회원은 회비 납부의 의무가 있으며, 회비는 이사회에서 결정한다.
제12조 (부칙)
  1. 본 회칙에 규정되지 않은 사항은 일반 관례에 따른다.
  2. 본 회칙은 창립총회(2001.12.22)에서 확정된 날부터 시행된다.
  3. 본 회칙은 정기총회 (2003. 2.14)에서 개정된 날로부터 시행된다.

한국농업사학회 연혁

○ 2001년 11월 28일~12월 2일 : 중국 북경 중국농업박물관에서 개최된 "2001년 동아시아농업사연토회"에 참가한 한국 농업사학자들 사이에서 한국농업사학회 창립을 협의함.
○ 2001년 12월 22일 : 서울 양재동 외교안보센터 내 인문사회연구회 회의실에서 창립총회 개최
○ 2002년 2월 5일 : 제1회 학술세미나 개최
　<주제> 박세당의 색경 번역서 출간기념 세미나
　<장소> 농촌진흥청 도서관 3층 정보화 교육장
　　1. 색경의 현대적 의미(김영진, 인문사회연구회 이사장)
　　2. 박세당의 농학사상 (이호철, 경북대 교수)
○ 2002년 3월 30일 : 제2회 학술세미나 개최
　<주제> 조선초 과학영농 온실복원 기념학술심포지움
　<장소> 경기도 남양주시 서울종합촬영소 영상관 7층 세미나실
　　1.『산가요록』분석을 통해서 본 편찬연대와 저자(한복려, 궁중음식연구원 원장)

2. 『농상집요』와 『산가요록』(김영진, 한국업사학회 명예회장)

3. 조선조 명의 전순의에 관한 의사학적 고찰(안덕균, 경희대 한의대 교수)

4. 산가요록의 원예농법과 온돌(이호철, 경북대 교수)

5. 복원된 조선초기 과학영농온실의 실증적 고찰(김용원, 계명문화대 교수)

○ 2002년 5월 24일 : 3회 학술세미나 개최
<주제> 한국농업사의 전통과 변화
<장소> 한국농촌경제연구원 본관 2층 중회의실

1. 한국에 있어서 서구농업과학기술의 도입(김영진, 한국농업사학회 명예회장)

2. 17세기 조선의 기후와 농업(1649~1674)(박근필, 밀양대 강사)

3. 15세기 조선의 동절양채 기술과 온돌(이호철, 경북대 교수)

4. 고대한국의 한전 작무법과 농작법에 대한 초탐(최덕경, 부산대 교수)

○ 2002년 5월 24일 : 제1회 이사회 개최(농촌경제연구원)
○ 2002년 5일 29일~6월 3일; 일본 오사카경제대학에서 열린 제2회 동아시아 농업사연구회에 본학회 회원 6명(김영진, 박근필, 이호철, 최덕경, 박석두, 김이교)이 참석하여 논문 발표와 토론을 행함.
○ 2002년 8월 30일 : 제1회 국제세미나 개최
<주제> 개화기 서양농학의 수용과 의의
<장소> 농촌진흥청 제2회의실(본관 2층)

1. 기조발표 : 개화기의 농학사상
(김영진, 한국농업사학회 명예회장)

2. 개화기의 서양능금 및 과수재배기술의 수용
(이호철, 경북대 교수)

[토론 : 김용원 계명문화대 교수, 신용억 농촌진흥청 원예연구소 과수재배과장]

3. 개화기 서양농학의 수도작 재배기술로의 적용 (박근필 밀양대 강사, 석태문 경북도청 전문위원)

[토론 : 전정일 신구대 교수, 강양순 작물시험장 수도재배과장]

4. 개화기 일본에서의 서양농학의 수용 (內田和義, 일본 시마네대학 교수)

[토론 : 박석두 한국 농촌경제연구원 연구위원]

5. 개화기 농사시험연구와 지도 (이한기 농촌진흥청 농촌생활연구소 과장)

[토론 : 전운성 강원대 교수, 송경환 순천대 교수]

6. 조선시대의 온실 (전희·남윤일 농촌진흥청 원예연구소)

7. 종합토론 (좌장 이두순, 한국농업사학회 부회장)

○ 2002년 10월 22일 : 제2회 국제세미나 개최

<주제> 농업의 가치와 소농문제

<장소> 농촌경제연구원 본관 2층 중회의실

1. 중국농업의 전통과 가치 (카오 슁시, 중국농업박물관 연구소장)

[토론 : 이두순 한국농업사학회 부회장]

2. 소농경영은 무엇으로 지속가능한가? (프란체스카 브레이, 미국 켈리포니아주립대 산타바바라분교 교수)

[토론 : 정기환 농촌경제연구원 연구위원]

3. 농업의 세계화와 유럽농업정책의 개혁 (제럴드 비아테, FAO 자문관)

[토론 : 임송수 농촌경제연구원 부연구위원]

4. 한국 농업성장의 원천 (박정근, 전북대 교수)

[토론 : 전운성 강원대 교수]

○ 2002년 10월 22일 : 제2회 이사회 개최(농촌경제연구원)
○ 2002년 11월 25일 : 출판사 국학자료원(대표 정찬용)과 "한국농업사학회 연구총서" 출간계약 체결
○ 2002년 12월 30일 : 학회지 "농업사연구" 창간호 발간
○ 2003년 2월 14일 : 제3회 이사회 및 임원회의 개최(농촌진흥청)
○ 2003년 2월 14일 : 제4회 학술발표회 개최
  <장소> 농촌진흥청 농업경영관실 회의실
    1. 개화기 이후의 우리 나라 농업기술 변천의 연구(채재천, 단국대학교 교수)
    [토론 : 이두순 한국농업사학회 부회장]
    2. 『농가월령』을 통해본 16세기 후반 한국농업의 한 사례(염정섭, 서울대학교 규장각 책임연구원)
    [토론 : 오인택 부산교대 교수]
○ 2003년 2월 14일 : 제1회 정기총회 개최(농촌진흥청)
○ 2003년 4월 24일 : 제4회 이사회 및 임원회의 개최(농촌진흥청)
○ 2003년 4월 24일 : 제5회 학술발표회 개최
  <장소> 농촌진흥청 농업경영관실 회의실
    1. 기경용 농기계 도입 후 전통농법의 지속과 변천(배영동 안동대 국학부 민속학전공 교수)
    [토론 : 박우동 과장 농업기계화연구소]
    2. 일제하 일본인 지주의 일 존재형태 - 부민협회의 설립과 농장경영(소순열 전북대 농업경제학과 교수)
    [토론 : 박석두 박사 한국농촌경제연구원]
    3. 지역 박물관이 지역발전에 미치는 영향(이한성 밀양대 산업경제학과 교수)
    [토론 : 강경하 박사 농촌진흥청 농촌생활연구소]

〈저자 소개〉

김영진, 서울대 농과대학을 졸업하고 동아대학교에서 작물학박사 취득. 한국농촌경제연구원장, 인문사회연구회 이사장 등을 역임, 현재 한국농업사학회 명예회장.『조선시대 전기농서』,『한국고농서비고』,『조선시대농업과학기술사』등 농업사 관련 저서를 다수 발표.

김용원, 건국대 원예학과를 졸업하고 같은 학교에서 농학석사, 경희대 대학원에서 농학박사를 취득, 현재 계명문화대 교수. 우리문화가꾸기회와 함께『산가요록』의 조선시대 온실을 최초로 복원, 채소재배 실험을 통해 그 과학성을 입증하였음. 자생식물 개발분야에서 다수 논문을 발표하였으며, 저서로는『경북식물도감』등이 있음.

박근필, 경북대 농업경제학과를 졸업하고, 같은 대학에서 농업사 연구로 경제학석사 및 박사를 취득. 현재 경북대학교 및 밀양대학교 강사.『19세기초 조선의 기후변동과 농업위기』,『병자일기의 기후와 농업』등 농업사와 기후 관련 논문을 다수 발표.

이호철, 서울대 농업경제학과를 졸업하고, 같은 대학에서 경제학 석사와 박사를 취득. 미국 코넬대, 버클리대, 일본 오사카대, 중국 북경대 초빙교수 역임. 현재 한국농업사학회 회장.『조선전기 농업경제사』,『농업경제사연구』,『한국능금의 역사, 그 기원과 발전』등 농업사관련 저서와 논문을 다수 발표하였음.

한국농업사학회 연구총서 ①
조선시대 농업사 연구

인쇄일 초판 1쇄 2003년 05월 25일
　　　　 2쇄 2015년 04월 20일
발행일 초판 1쇄 2003년 06월 01일
　　　　 2쇄 2015년 04월 23일

지은이 한국농업사학회
발행인 정 찬 용
발행처 　국학자료원
등록일 1987.12.21, 제17-270호

서울시 강동구 성내동 447-11 현영빌딩 2층
Tel : 442-4623~4 Fax : 442-4625
www.kookhak.co.kr
E- mail : kookhak2001@hanmail.net
ISBN 978-89-541-0062-5 *93520
가 격 16,000원

*저자와의 협의 하에 인지는 생략합니다.